Vom Menschen zum Kristall

Vom Menschen zum Kristall

**Konzepte der Lebenswissenschaften
von 1800 – 2000**

Herausgegeben von Christoph Cremer

Ein Symposium der Heidelberger Akademie der Wissenschaften
in Verbindung mit der
Goethe-Gesellschaft Heidelberg

**AIG I. Hilbinger Verlag
Edition Wissenschaft**

«Ich habe schon in meinen Wanderjahren
kristallisiertes Menschenvolk gesehn»

«Wäre die Natur in ihren leblosen Anfängen
nicht so gründlich stereometrisch, wie wollte
sie zuletzt zum unberechenbaren und unermeßlichen Leben gelangen?»

GOETHE

Vom Menschen zum Kristall. Konzepte der Lebenswissenschaften von 1800 bis 2000. Hrsg. von Christoph Cremer.
Wiesbaden: AIG I. Hilbinger-Verlag, 2007.
ISBN 978-3-927110-26-7

© Christoph Cremer, Universität Heidelberg

Gestaltung und Satz: Frank Pfeifer Artdirektion
Herstellung: PBtisk s.r.o, Příbram (CZ)

Printed in Czechia

Inhalt

Christoph Cremer und Dieter Borchmeyer
Einleitung   9

Letizia Mancino
Geleitwort: Leben zwischen Polaritäten   19

Manfred Osten
War Goethe mit der Physik gesegnet?   37

H. Günter Dosch
War die Physik mit Goethe geschlagen?   47

Peter Huber
«Was wär' ein Gott, der nur von außen stieße?»
Zur Goethe-Rezeption in der Naturwissenschaft,
insbesondere in der Physiologie des 19. Jahrhunderts   57

Brigitte Lohff
«Die Natur füllt mit ihrer Produktivität alle Räume.»
Die Rolle des Vitalismus in den Lebenswissenschaften   85

Thomas Cremer
Von der «generatio spontanea» zu Virchows «omnis cellula
e cellula»   105

Ulrich Mahlknecht und Anthony D. Ho
Stammzellen, Alterung und regenerative Medizin   159

Horst Seller
Physiologie am Ende des 20. Jahrhunderts – vom System
zum Molekül   171

Christoph Cremer
Ewiges Leben: Der Mensch eine unsterbliche Maschine?   185

H. Mohr
Natürliche Grenzen statt Ewiges Leben   205

Dieter Borchmeyer
Verjüngung durch Liebe?   213

Anhang
Die Natur   223

Kurzbiographien der Autoren   231

Einleitung

Die leidenschaftlichen Diskussionen um Gentechnik und Gentherapie, Stammzellforschung und ihre erwünschten oder befürchteten Anwendungen in allen Gebieten der Biowissenschaften wie der Medizin haben deutlich gemacht, wie Entscheidungen von größter praktischer Bedeutung in allgemeinen Konzepten von Natur und Leben gegründet sind. Die Auseinandersetzung mit diesen Fragen ist nicht neu. Die Epoche um 1800 stellt einen Umbruch in der Geschichte der Wissenschaft und der Konzepte der Natur dar: In den Vordergrund der Forschung treten Fragen der Organisation des Lebendigen, insbesondere in seiner Beziehung zu den physikalisch-chemischen Grundgesetzen, aber auch mit ihren religiösen, philosophischen und ethischen Implikationen.

In den letzten 200 Jahren war es die Strategie der Biowissenschaften, erst den Organismus in seine einzelnen Zellen zu zerlegen und in diesen Zellen immer kleinere Einheiten zu charakterisieren, bis zu den einzelnen Molekülen, aus denen sie bestanden. Dank neuer chemisch-physikalischer Methoden wurde im letzten Jahrhundert entdeckt, daß viele dieser Moleküle wiederum aus Tausenden von Atomen bestehen, die hoch komplexe Strukturen bilden, bei denen jedes Atom seinen genau vorgeschriebenen Platz hat. Dies ist eine wesentliche Eigenschaft von Kristallen, daher können solche *Makromoleküle* auch die *Kristalle* des Lebendigen genannt werden. In der Tat: Werden solche Moleküle aus den Zellen isoliert, so bilden sie unter gewissen Bedingungen sogar sichtbare kleine Kristalle. In solchen Kristallen wiederholt sich periodisch die räumliche Anordnung der Atome; die Entdeckung der Röntgenstrahlen hat es möglich gemacht, diese Anordnung festzustellen. Auf diese Weise gelang die Bestimmung der atomaren Struktur von Protein-Kristallen. Die Untersuchungen von Rosalind Franklin und Maurice Wilkins (1953) mit Röntgenstrahlen spielten auch eine entscheidende Rolle bei der Entschlüsselung der kristallinen Eigenschaften des Erbmoleküls Desoxyribonukleinsäure (DNA): Sie führten 1953 durch Watson und Crick zur Postulierung der DNA Doppelhelix als Grundmolekül der Vererbung, der bislang größten Umwälzung in der Geschichte der Biowissenschaften. Bereits der Physiker Erwin Schrödinger (1887–1961), einer der Väter der modernen Quanten-Physik, hatte Anfang der 1940er Jahre in seinem Buch *Was ist Leben?* vorausgesagt, die Erbinformation müsse einen *aperiodischen* Kristall bilden: «In physics we have dealt hitherto only with periodic crystals... Yet compared with the aperiodic crystal, they are rather plain and dull. The difference in structure is of the same kind as between an ordinary wallpaper in which the same pattern in repeated again and again in regular periodicity and a master piece of embroidery, say a Raphael tapestry, which shows no dull repetition, but an elaborate, coherent, meaningful design traced by the great master.» Die moderne Molekularbiologie hat diese Vision Schrödingers bestätigt. Heute ist bekannt, daß die DNA-Struktur aus sich periodisch wiederholenden Elementen besteht (dem Zucker-Phosphat-Rückgrat), an das sich die vier Bausteine Adenin, Thymin, Guanin, Cytosin in einer *aperiodischen* Abfolge (Sequenz) binden. Francis Collins, der Leiter des Humangenomprojekts, hat diese Sequenz als *die Sprache Gottes* bezeichnet. Er äußert sich auch über die Schönheit der kristallinen Grundelemente des Lebens: «Wie tief befriedigend ist die digitale Eleganz der DNA! Wie ästhetisch anziehend und künstlerisch sublim sind die Komponenten lebender Dinge» (F. S. Collins, *The Language of God*, New York 2007). Damit knüpft er an eine lange Tradition an, die versucht, mit Goethe zu reden, in den Teilen das geistige Band wieder zu finden.

Der Weg der Biowissenschaften in den letzten 200 Jahren ging überwiegend vom ganzheitlichen Menschen zum einzelnen Molekülkristall. Wir verdanken dieser Forschung tiefe Einsichten in die Grundlagen der Lebensprozesse und in ihrer Folge wesentliche Fortschritte in der Bekämpfung schwerster Krankheiten. Es besteht jedoch die Gefahr, daß die Gesellschaft aufgrund dieser Erfolge nur noch solche Projekte fördert, die sich mit der physikalisch-chemischen Analyse der Kristalle des Lebendigen befassen, und von dieser Hauptrichtung abweichende Projekte unterbindet: Dies bedeutet, daß das *Ganze* – in moderner Sprache das biologische *System* – nicht mehr als wesentlicher Gegenstand der Naturforschung betrachtet wird. In diesem Geist wurde in führenden Lehrbüchern der molekularen Zellbiologie die Zelle, die lebendige Grundeinheit eines jeden Organismus, einem Reagenzglas verglichen, in dem diese Moleküle gelöst sind und chemische Reaktionen bewirken. Wenn in einer radikalen Konsequenz der gesamte Organismus – das heißt die Vielheit der Zellen – nur als eine große Ansammlung von *Reagenzgläsern* aufgefasst wird, besteht die Gefahr, daß ein *humanes* Bild des Menschen in Frage gestellt wird.

Doch ist in jüngster Zeit eine Gegenrichtung immer stärker geworden: die Systembiologie. Sie versucht, biologische Organismen in ihrer Gesamtheit zu verstehen. Ihr Ziel ist es, ein integriertes Bild aller Lebensprozesse auf allen Ebenen zu gewinnen, angefangen bei der DNA über die Gesamtheit der einzelnen Proteine und die aus ihnen aufgebauten Makromolekülkomplexe zu noch größeren Untereinheiten der Zellen, weiter zu den noch komplexeren Eigenschaften des Systems einer unvorstellbar großen Zahl miteinander interagierender Zellen in einem menschlichen Organismus. Notwendige Voraussetzung hierfür ist es, die höchst verwickelten und hochdynamischen Vorgänge zu verstehen, die sich aus der Interaktion der jetzt zum guten Teil bereits sogar in ihren *kristallinen* Strukturen bekannten Moleküle ergeben. Denn nur auf diese Weise wird es möglich werden, unser Wissen von den Molekülen und den vielfältigen biochemischen Reaktionen in ein wirkliches Bild der materiellen Grundlagen des Lebens zu integrieren. Dies ist von größter Bedeutung für die Medizin der Zukunft. Eines ihrer Hauptprobleme wird *die Zukunft des Alterns* sein (siehe hierzu auch das 2007 von Peter Gruss herausgegebene gleichnamige Buch). Dabei ergeben sich viele Einzelaspekte, angefangen bei allgemein gesellschaftlichen Gesichtspunkten wie denen der demographischen Entwicklung über die Zukunft der sozialen Sicherungssysteme oder die Wettbewerbsfähigkeit alternder Volkswirtschaften bis zu den biologischen Ursachen des Alterns, dem Alterungsprozeß einzelner Zellen und Gewebe und seinen molekularen Ursachen. Ganz offensichtlich ist es, daß unsere Vorstellungen von den biologischen Grundlagen des Alterns und seinen Konsequenzen aufs engste mit molekularen und systembiologischen Konzepten des Lebens zusammenhängen.

Das Ziel einer auf der Kenntnis der Kristalle aufbauenden Erkenntnis des Lebens als eines ganzheitlichen Systems mag bereits Goethe vor Augen geschwebt haben, wenn er auf den engen Zusammenhang zwischen den *gründlich stereometrischen* – d. h. kristallinen – *leblosen Anfängen* und dem *unberechenbaren und unermeßlichen Leben* hinweist.

Das vorliegende Buch versucht, die oben aufgeführten Themen und ihre Problematik einem breiteren Publikum nahezubringen. Die interdisziplinären Beiträge sollen es ermöglichen, das Verhältnis zwischen Physik, Chemie, Molekularbiologie, Gentechnik, Zellbiologie und Medizin besser zu verstehen und das Konzept des lebendigen Organismus als System zu vermitteln, das – bezogen auf seine Größe – das komplexeste Gebilde unseres Universums darstellt. Dabei wurde Goethe als Ausgangspunkt gewählt, der – einem Wort Carl Friedrich von Weizsäckers folgend – in naturwissenschaftlicher Hinsicht zwar nicht als *Leuchtturm* geeignet sein mag, als *Leitstern* jedoch weiter aktuell bleibt. Dies gilt insbesondere im Hinblick auf den Brückenschlag zwischen Natur- und Geisteswissenschaft, die für ihn noch eine Einheit bildeten, ein Brückenschlag, der aber im Laufe des 19. Jahrhunderts auf immer größere Ablehnung gestoßen ist.

In seiner berühmten Rektoratsrede von 1882, der er – an Goethes großen Shakespeare-Essay anknüpfend – den Titel gab: *Goethe und kein Ende*, hat Emil Du Bois-Reymond das berüchtigte Verdikt über die unheilvolle Wirkung der Goetheschen Naturforschung gefällt – im Namen einer Naturwissenschaft, die sich nun als die neue, die eigentliche Kultur der Zukunft verstand. Du Bois-Reymonds Fach: die Sinnesphysiologie, die sich lange immer wieder auf Goethe berufen hatte, sollte von ihren naturphilosophischen und vitalistischen Ursprüngen gänzlich befreit, eine reine *Physik des Organischen* sein und so Physik und Chemie gleichgestellt werden; «keine anderen Kräfte als die physisch-chemischen» wollten Du Bois-Reymond und seine Weggefährten im Organismus anerkennen. «Es gibt kein anderes Erkennen als das mechanische, keine andere wissenschaftliche Denkungsform als die mathematisch-physikalische.» So das Axiom der neuen Physiologie.

In seinem Essay *Goethe und die Naturwissenschaften* (1932) hat Gottfried Benn in poetischer Zuspitzung den Beginn der radikal mit der naturphilosophischen und vitalistischen Physiologie aufräumenden mathematisch-physikalischen Naturwissenschaft ins Jahr 1847 verlegt: «Die eigentliche Geburtsstunde dieses Seinsbildes wurde der 23. Juli 1847, jene Sitzung der Berliner Physikalischen Gesellschaft, in der Helmholtz das von Robert Mayer aufgeworfene Problem von der Erhaltung der Kraft mechanisch begründete und als allgemeines Naturgesetz vorrechnete. An diesem Tag begann die Vorstellung von der völligen Begreiflichkeit der Welt, ihrer Begreiflichkeit als Mechanismus.» Helmholtz selber hat darin freilich auch schon eine Gefahr gesehen: die Steigerung des homme machine der materialistischen Aufklärung. Der Scylla der Naturphilosophie entronnen, drohte man nun der Charybdis des reinen Materialismus zu verfallen: «Unsere Generation hat noch unter dem Druck der spiritualistischen Metaphysik gelitten, die jüngere wird sich wohl vor dem der materialistischen zu wahren haben.» So Helmholtz 1877 in seiner Rede *Das Denken in der Medizin*.

In diesen Zusammenhängen spielte im 19. Jahrhundert der Name Goethes immer wieder eine bedeutende Rolle. Er war – zumal nach der Reichsgründung 1871 – die nationale und kulturelle Identifikationsfigur in Deutschland schlechthin. Wer geistig etwas bedeuten wollte, mußte sich an ihm orientieren, sich auf ihn berufen, sich durch ihn legitimieren. Man kann begreifen, daß die gewaltig aufstrebende, zur unangefochtenen Weltgeltung gelangende mathematisch-physikalische Naturwissenschaft in Deutschland sich hier herausgefordert sah, zumal Goethe nicht auf das andere Ufer des Stroms der Kultur – hier Wissenschaft, da Dichtung – zu verweisen war.

Goethes deskriptive, am Phänomen in seiner Gesamtheit ausgerichtete Farbenlehre, seine scharfe Polemik gegen Newton, sein

Argwohn gegenüber der Mathematik als Instrument der Naturbeschreibung mußten ihn als Widersacher der modernen, mathematisch-quantitativen Naturwissenschaft erscheinen lassen, zumal die Naturphilosophen, gegen deren Dominanz sich die Naturwissenschaftler vehement zu wehren hatten, die Goethesche Naturforschung, zumal die Farbenlehre weitgehend fast bedingungslos akzeptierten.

Die Trennung der beiden Kulturen – der natur- und der geisteswissenschaftlichen –, die für Goethe noch eins waren, hat hier einen ihrer Gründe, obwohl beide in Deutschland in der Philosophischen Fakultät bis an die Schwelle des 20. Jahrhunderts verbunden waren – eine Synthese, die sich in diesem Jahrhundert auflösen mußte, da sie immer unter der Vorherrschaft einer Philosophie stand, von der sich die Naturwissenschaft nun emanzipieren wollte. Die Auseinandersetzung der beiden Kulturen vollzog sich aber gerade im Blick auf Goethe, seine Vereinnahmung durch die überständigen Vertreter eines spiritualistisch-vitalistischen Bildes der Natur. Bis heute ist deshalb die Meinung nicht verstummt – auch im vorliegenden Bande nicht –, die Naturwissenschaft habe in Deutschland durch die Wirkung Goethes ernsthaften Schaden genommen. Doch kann man angesichts ihres Siegeszuges, von Einzelfällen angesehen, wirklich davon reden, könnte man nicht auch folgern, sie habe – wenn auch vielleicht institutionell eine Zeit lang gehemmt – durch Goethe herausgefordert, entschiedener ihr Profil gewonnen?

Im übrigen ist Goethes Naturforschung nicht auf einen Nenner mit den *Übergriffen* der idealistischen Philosophie auf das Gebiet der Naturwissenschaft – wie in Hegels Dissertation über die Planetenbahnen oder der spekulativen Physik Schellings – zu bringen, auch wenn er zumindest für Schellings Naturphilosophie Sympathie empfand. Die *Gruppe 47* um Helmholtz und Du Bois-Reymond (siehe ihre von Gottfried Benn so bezeichnete *Geburtsstunde*) sah Goethe nämlich anfänglich durchaus als Bundesgenossen im Widerstand gegen die Naturphilosophie à la Schelling und Hegel. Das zeigt etwa Helmholtz' Schrift *Ueber Goethe's naturwissenschaftliche Arbeiten* von 1853, in der er eingehend begründet, warum Goethe trotz des Grundfehlers seiner physikalischen Farbenlehre naturwissenschaftlich durchaus aktuell geblieben ist.

In seiner Gedächtnisrede auf Helmholtz' und Du Bois-Reymonds epochemachenden Lehrer (und in seiner Jugend dezidierten Goetheaner) Johannes von Müller preist im Jahre 1859 ausgerechnet jener Du Bois-Reymond Goethe – mit dessen Werk er zeitlebens eng vertraut war – als Retter des durch spiritualistische Spekulation bedrohten «Prinzips der Beobachtung für die Naturwissenschaften». Das war im Jahre 1859. In diesem Jahr stand das geistige Deutschland gänzlich im Bann des in beispiellosem Überschwang gefeierten 100. Geburtstages von Schiller. Und dieses Jahr bildete zugleich den Tiefpunkt in der Wirkungsgeschichte Goethes, der völlig in den Schatten des jüngeren Freundes geraten war.

Man kann es als ein Zeichen der Opposition von Du Bois-Reymond gegen den Zeitgeist ansehen, daß er sich nun gerade auf Goethe beruft. Dreiundzwanzig Jahre später: 1882, im Jahr der Rektoratsrede von Du Bois-Reymond hatten sich die Zeichen der Zeit entschieden geändert. Goethe war seit der Reichsgründung die geistige Zentralgestalt in Deutschland geworden. Und nicht zuletzt in seinem Namen hatte sich eine neue naturwissenschaftliche Auffassung ausgebildet, die sich Monismus nannte und deren Führungsgestalt Ernst Haeckel wurde. Sie ist eigentlich gemeint (wie ein Beitrag des vorliegenden Sammelbandes plausibel macht), wenn Du Bois-Reymond nun gegen Goethe – als Berufungsinstanz der Monisten – polemisiert. Hatte er sich 1859 aus Widerspruch gegen den wissenschaftlichen Zeitgeist auf Goethe als Bundesgenossen berufen, so muß er ihn 1882 aus Opposition gegen einen neuen Zeitgeist, der sich seinerseits auf ihn berief, in den wissenschaftlichen Orkus verbannen.

Es bleibt erstaunlich, wie stark sich im 19. Jahrhundert die führenden Naturwissenschaftler – nicht nur in Deutschland – auf Goethe beriefen oder an ihm rieben. Daß gar die bis heute zumal auf dem Gebiet der biologischen Forschung prominenteste naturwissenschaftliche Zeitschrift *Nature* 1869 ihre erste Ausgabe mit dem Goethe zugeschriebenen Fragment *Die Natur* eröffnete, von dem sein Übersetzer, der große Biologe Thomas Huxley, in seinem Nachwort schreibt, es werde noch dann seine Bedeutung nicht verloren haben, wenn alle in *Nature* abgedruckten Spezialartikel vergessen seien, ist bezeichnend.

Zu den wichtigsten Naturwissenschaftlern, von denen in diesem Band die Rede ist, gehört der Anatom und Physiologe Johannes Müller. Daß die Physiologie als *Physik des Lebendigen,* wie sie im 19. Jahrhundert zur Blüte gelangte und die besten Naturwissenschaftler in Deutschland an sich zog, von Goethe entscheidende Impulse empfangen hat, ist nie bestritten worden. «Ich meinesteils trage kein Bedenken, zu bekennen, wie sehr viel ich den Anregungen durch die Goethesche Farbenlehre verdanke und [...] daß ich der Goetheschen Farbenlehre überall dort vertraue, wo sie einfach die Phänomene darlegt und in keine Erklärungen sich einläßt», schreibt der junge Müller 1826 in seiner Schrift *Zur vergleichenden Physiologie des Gesichtssinnes des Menschen und der Tiere.* Müller sollte einer der bedeutendsten Naturwissenschaftler seiner Zeit werden. Ihm erst ist es zu verdanken, daß sich die Physiologie als selbständiges Fachgebiet in Deutschland etablierte, ja zur Paradedisziplin der deutschen Naturwissenschaft wurde. Aus seiner Schule gingen auch Helmholtz, Du Bois-Reymond und Virchow hervor – sämtlich Gelehrte, die sich zeitlebens intensiv mit Goethe auseinandersetzten. Sollte seine Wirkung also immer noch ein solches Verhängnis für die Naturwissenschaft gewesen sein, wie bis heute gern behauptet wird?

Johannes Müller begann als ein noch im Banne Goethes sowie der idealistischen und romantischen Naturphilosophie stehender Gelehrter, ehe er sich zur exakten Naturwissenschaft bekehrte. Diese Wende ist zumal von seinen Schülern Virchow und Du Bois-Reymond in ihren Gedächtnisreden auf ihn in den Jahren 1858/59 betont worden. Ob diese Wende wirklich so radikal war, ob sich nicht hinter dem Empiriker Müller ein heimlicher Naturphilosoph verbarg, ist bis heute strittig. Ganz verborgen geblieben sind seinen Schülern derartige *Inkonsequenzen* nicht, sie wurden als Rückfall in anachronistische vitalistische Denkmuster bedauert. Was aber Goethe betrifft: auch wenn Müller die Fehler seiner Farbenlehre in ihrem physikalischen Aspekten natürlich durchschaut hatte, nahm er seine physiologischen Beobachtungen und Methodik bis an sein Lebensende sehr ernst, wie auch Virchow und Du Bois-Reymond nicht verkennen. Daß «das Ausgehen von den subjektiven Erscheinungen» bei Goethe prinzipiell legitim ist, daß er «dieselben zuerst mit Nachdruck in ihr Recht als physiologische Phänomene eingesetzt» hat, leugnet Virchow nicht. Die Rückwendung zu Goethe wird von ihm anders als die naturphilosophisch-vitalistischen *Rückfälle* des Lehrers toleriert. Den definitiven Übergang vom vitalistischen zum mechanistischen Paradigma in den Lebenswissenschaften kann diese Toleranz jedoch nicht verschleiern.

Mit dem Ende der klassischen Physik ist der Streit um Recht oder Unrecht der Goetheschen Naturforschung weithin verstummt. Freilich wird von niemandem mehr bestritten, daß Goethes Ablehnung der von Isaac Newton, Christian Huygens und anderen eröffneten Wege zur Physik des Lichtes mittels einfacher, mathematisch analysierbarer Modellvorstellungen lange Zeit hindurch wenig hilfreich war. Ernst Cassirer, philosophisch, naturwissenschaftlich und als Goethe-Experte gleich kompetent, sah im Verhältnis Goethes zur mathematischen Naturwissenschaft einen «tragischen Einschlag in dessen Leben und Aufbau der theoretischen Weltsicht». Gleichwohl bleibt es erstaunlich, wie stark die bedeutenden Repräsentanten der modernen Physik – wie Niels Bohr und Werner Heisenberg – sich den Prämissen des Goetheschen Denkens verpflichtet fühlen.

Die Lebenswissenschaften als Erben der im 19. Jahrhundert etablierten Physiologie sind mehr und mehr in eine zwar nicht fachwissenschaftliche, aber ethische Krise geraten. Die Genforschung, die Debatte um Recht und Grenzen des Klonens hat nicht nur alte Menschheitsträume vom Jungbrunnen und ewigen Leben inmitten des Zeitalters der exakten Naturwissenschaften aktualisiert, sondern auch das Problem der Instrumentalisierung des Lebens auf die Spitze getrieben. Die einschlägige ethische Auseinandersetzung trifft nicht nur von außen auf die Wissenschaft, sondern bricht in ihr selber immer wieder auf. Rigide Positionen stehen hier ethischem Laxismus gegenüber: wenn etwa ein führender Mediziner den Embryonenschutz durch eine bloße Sprachregelung zu umgehen sucht – indem man einen Embryo eben nicht mehr Embryo nennt, sondern als *totipotenten Zellverband* bezeichnet und das therapeutische Klonen *gezielte Zellvermehrung* nennt.

Hier ist das Aufeinanderzugehen der Naturwissenschaften und der Geisteswissenschaften, die einstens Humaniora hießen und in der angelsächsischen Welt sinnvoller Humanities genannt werden, mehr denn je gefragt. Die *beiden Kulturen* müssen wieder zusammenkommen, und dafür mag der Name Goethe vorbildlich sein. Das Symposion, das von der Goethe-Gesellschaft Heidelberg in Verbindung mit der Heidelberger Akademie der Wissenschaften im Juli 2004 veranstaltet wurde und dessen Beiträge der vorliegende Band vereinigt, möge ein Baustein zu der Brücke zwischen den beiden Wissenschaftswelten sein, die lange genug einander entfremdet waren und nun mehr und mehr einander bedürfen.

Heidelberg, im Sommer 2007   Dieter Borchmeyer
Christoph Cremer

Geleitwort:
Leben zwischen Polaritäten – Stirb und Werde, Verwandlung und Entwicklung

Letizia Mancino, Vorsitzende der Goethe-Gesellschaft Heidelberg

Goethes Denken ist von dem Prinzip der Polarität geprägt: seine Denkart ist aber nicht aus einer philosophischen Spekulation entsprungen, sondern aus seiner eigenen Erfahrung mit der Natur.

Er hat dieses Prinzip in ihr gefunden und beobachtet. Darauf baute er seine ganze Naturforschung auf. Auch seine Gedanken über die Entwicklung sind in dieses Polaritätsprinzip eingebettet. In seinem Werk «Farbenlehre» werden sie anschaulich dargestellt: Polaritäten entstehen so, daß eine Polarität sofort die andere (zur Erscheinung) hervorruft: Wie z.B. bei den farbigen Schatten. Farben entstehen auch durch Mischung oder eine Steigerung der Farbpolaritäten: Gelb und Blau.

Auch physikalische Kräfte treten als Polaritäten auf: sie bilden zusammen ein Wirkungs-Spannungsfeld. Naturforschung besteht nach Goethe auch darin, Polaritäten zu entdecken und ihre Zusammengehörigkeit zu erkennen. Das Prinzip der Polarität zusammen mit dem Prinzip der Steigerung sind die Konzpte, die Goethes Naturforschung kennzeichnen.

Ein weiteres höheres Prinzip waltet in der Natur: es ist die Kraft der Verwandlung. Sie tritt uns stets gegenüber. Aber daß diese Kraft in der Natur vorhanden ist, grenzt an ein Wunder. Goethe deutet in seinem Gedicht *Parabase* diese Kraft:

> Und es ist das ewig Eine,
> Das sich vielfach offenbart:
> ...
> Immer wechselnd, fest sich haltend;
> Nah und fern und fern und nah;
> So gestaltend, umgestaltend –
> ...

Das Prinzip der Verwandlung ist dem Ewig-Einen innewohnend. Durch dieses offenbart sich das Eine in vielen Gestalten. Goethe spricht von diesem Prinzip als einem geheimen Gesetz, als einem heiligen Rätsel:

> Alle Gestalten sind ähnlich, und keine gleichet der andern;
> Und so deutet das Chor auf ein geheimes Gesetz,
> Auf ein heiliges Rätsel....[1]

In Goethes Gedicht *Vermächtnis* wird das gleiche Prinzip angesprochen:

> Kein Wesen kann zu Nichts zerfallen!
> Das Ewge regt sich fort in allen,
> Am Sein erhalte dich beglückt!
> Das Sein ist ewig: denn Gesetze
> Bewahren die lebendgen Schätze,
> Aus welchen sich das All geschmückt.

Wenn wir uns mit dem folgenden Vers Goethes befassen «Kein Wesen kann zu Nichts zerfallen», können wir die Frage aufwerfen: Was hindert es daran? Was bedeutet «Das Ewige regt sich fort in allen?» Ist vielleicht damit das Prinzip der Verwandlung, welches das Wesen stets am Sein erhält, gemeint? Ist das Sein das unvorstellbare Eine, ist das Prinzip der Verwandlung der unverlierbare Grund aller Dinge: sie mögen sterben, sie zerfallen nicht in Nichts. Diese Kraft ist Ewiges Leben. Es gibt in der Natur ein Wesen, das diese

---

[1] Aus der Metamorphose der Pflanzen

Verwandlung bis zu den äußersten Grenzen des Möglichen durchmacht: die Raupe eines Schmetterlings. Sie wird auch in der Dichtung als Gleichnis der Verwandlung besungen. In der Verpuppung zieht sich die Raupe vom Tageslicht zurück und löst sich allmählich fast gänzlich auf. Die Raupe stirbt als Gestalt, der Schmetterling wird als neue Gestalt geboren: Das Sein-Wesen geht aber durch den Tod unversehrt. Verwandlung ist im Sein, wie Sein in der Verwandlung ist. Sie sind Eins. Leben und Tod gehören beide dem Sein.

In der Puppe des Schmetterlings sehen wir, daß der Tod Übergang ist: der scheinbare Sieger ist der verborgene Ort, wo das Leben sich verhüllt und neue Gestalten vorbereitet. Es offenbart sich mit neuen Formen, die vollkommen überraschend sind: Wie verschieden ist ein kriechendes von einem geflügelten Wesen! Wie verschieden ist die Frucht, die aus der welkenden Blume reift!

Die Kraft der Verwandlung waltet in der Welt der Pflanzen: sie sind fähig, das Verwesende dem Nutzen ihrer Entwicklungs-Gestaltungskraft vorzüglich zu unterwerfen.

Offenbarung und Verborgenheit scheinen auch Polaritäten zu bilden: Zwischen ihnen webt die Natur, das Sein, das Lebendige. Verwandlung entsteht aus Polaritäten: Sterben und Werden. Eindrucksvoll ist dies im Gedicht *Selige Sehnsucht* in Goethes Westöstlichem Divan zu lesen:

Sagt es niemand, nur den Weisen,
Weil die Menge gleich verhöhnet,
Das Lebendige will ich preisen,
Das nach Flammentod sich sehnet.

In der Liebesnächte Kühlung,
Die dich zeugte, wo du zeugtest,
Überfällt dich fremde Fühlung,
Wenn die stille Kerze leuchtet.

Nicht mehr bleibest du umfangen,
In der Finsternis Beschattung,
Und dich reißet neu verlangen,
Auf zu höherer Begattung.

Keine Ferne macht dich schwierig,
Kommst geflogen und gebannt,
Und zuletzt, des Lichts begierig,
Bist du, Schmetterling, verbrannt.

Und so lang du das nicht hast,
Dieses: Stirb und werde!
Bist du nur ein trüber Gast
Auf der dunklen Erde.

Im Gedicht vollzieht der Schmetterling eine weitere Metamorphose. Aus der Raupe entstanden sehnt er sich zu «einer höheren Begattung»: Die Vereinigung mit etwas, was er nicht ist, ermöglicht ihm eine weitere Verwandlung. Er muß sich selbst in der Flamme aufgeben und im Feuer sterben. Das Gedicht aber endet nicht mit dem Tod: die letzte Strophe deutet auf ein höheres Leben, das nur aus dem Tod entstehen kann: es ist die Wiedergeburt nach der Reinigung im Geist. Die höhere Begattung ist die mystische Hochzeit im Bereich des Ewigen. Goethes Gedicht ist eine Umgestaltung eines Gedichts des persischen Dichters Hafis (1326–1390).

In Hafis *Divan* bewirkt die Verwandlung der «Chymiker der Liebe». Die Kraft der Liebe durchdringt auch die Natur: Sie ist Chemie, sie ist Alchimie.

Bis du nicht wie Schmetterlinge
Aus Begier verbrennest,
Kannst du nimmer Rettung finden
Von dem Gram der Liebe....
Sieh, der Chymiker der Liebe
Wird den Staub des Körpers,
Wenn er noch so bleiern wäre,
Doch in Gold verwandeln.
O Hafis! kennt wohl der Pöbel
Großer Perlen Zahlwert?
Gib die köstlichen Juwelen
Nur den Eingeweihten.« [2)]

Der Dichter Hafis spricht von einer Verwandlung durch Liebe: Sie bewirkt die Metamorphose vom Blei zum Gold. Sterben ist daher als endgültiger Zustand nur eine Täuschung: Es ist untrennbar mit seiner Polarität «Werden» verbunden, ja sogar die Voraussetzung der Fortentwicklung.

Goethe und Hafis geben mit ihren Gedichten eine Antwort auf die Frage nach ewigem Leben. Beide Dichter stellen auch eine Polarität von Westen und Osten dar.

Verwandlung und die Wandelbarkeit des Stoffes teilen sie in ihrem Denken. Diese Gedanken gehören auch zur Religion des östlichen Dichters und Mystikers Hafis, dem Islam, und zum Christentum. Beide Religionen verkünden die Verklärung durch die Liebe. Im Christentum ist der Gedanke der Verwandlung noch radikaler: Der Logos selbst ist Mensch geworden. Die Verwandlung vollzieht sich im christlichen Denken nicht nur in der Auferstehung am letzten Tag, sondern auch jeden Tag bei dem Abendmahl: es ist die tägliche Erinnerung der Verwandelbarkeit von Geist und Materie.

Goethe war insofern ein religiöser Mensch, als er versuchte, diese Verbindung, das Eins-Werden von Welt und Geist zu erleben: er hat es als Naturforscher praktiziert und als Dichter in die Sphäre der Kunst aufgenommen. Als forschender Geist hat er Materie und Geist als Welt-Polaritäten erfaßt und erlebt: «Die Materie nie ohne Geist, der Geist nie ohne Materie existiert und wirksam sein kann.»[3]

Goethes Naturerfahrung unterscheidet sich daher grundsätzlich von vielen anderen Naturforschern und Dichtern.

An einigen Zitaten aus Goethes *Maximen und Reflexionen* – sie sind numeriert nach der *Hamburger Ausgabe* – wird im Folgenden versucht, dies zu erläutern. «Weder Mythologie noch Legenden sind in der Wissenschaft zu dulden. Lasse man diese den Poeten, die berufen sind, sie zu Nutz und Freude der Welt zu behandeln. Der wissenschaftliche Mann beschränke sich auf die nächste klarste Gegenwart. Wollte derselbe jedoch gelegentlich als Rhetor auftreten, so sei ihm jenes auch nicht verwehrt.»[4]

2) II, 90f.
3) Fragment; 4) 546

Der Aphorismus zeigt, wie streng der Dichter mit den Naturwissenschaften verfahren wollte. Auch wenn er gleichzeitig mit zwei Welten, der «Dichtung» und der «Wahrheit», vertraut war, zog er stets eine strenge Zäsur zwischen den beiden. Wenige haben diese Intentionen von Goethe richtig erkannt, unter ihnen war sein Jugendfreund, Merck: «Dein Bestreben, deine unablenkbare Richtung ist, dem Wirklichen eine poetische Gestaltung zu geben; die andern suchen das sogenannte Poetische, das Imaginative zu verwirklichen, und das gibt nichts als dummes Zeug».[5]

Dieser Satz ist von großer Bedeutung: Goethes Anliegen ist, die gegebene Wirklichkeit zu erkennen und ihr in der Sprache «poetische Gestalt» zu geben. Die Dichtung ist mehr als Sprache: sie kleidet die Wirklichkeit so, daß das Erkannte sich als ein Glied einer höheren allumfassenden Wirklichkeit offenbaren kann. Die Dichtung aber kann keine Wirklichkeit, wie wir sie in der physisch-sinnlichen Welt kennen, erzwingen. Diese Grenze hat Goethe erkannt.

Welche Grenzen hat Goethe der Naturwissenschaft gesetzt, welche hat er erkannt? Diese Frage können wir nur beantworten, wenn wir seinen Begriff von «Wissenschaft» näher studieren und erklären. Wissenschaft hatte für den Dichter eine höhere Aufgabe als die Dichtung, denn sie kann die Wirklichkeit verändern: Zum Nutzen oder zum Schaden der Natur und des Menschen. Moralische Instanzen sollen sie begleiten.

Goethe setzt der Wissenschaft «a priori» keine feste Grenzen. Er bleibt dem Entwicklungsgedanken stets treu. Goethe sucht dagegen Voraussetzungen, nach denen Wissenschaft entstehen kann.

Die erste Bedingung ist diese: Wissenschaft muß stets gegründet sein und zwar auf dem Boden der Sinneswahrnehmungen, der scharfen Beobachtungen, verbunden durch «produktives» Denken.

Goethe hat präzise Regeln in den langjährigen Erfahrungen mit der Naturwissenschaft entwickelt, danach richtet er sein Forschen. Vorbild für die Naturforschung ist für Goethe die Natur. Sie ist die große Lehrerin: Sie schafft das Leben webend zwischen Extremen,

---

5) Wahrheit und Dichtung, IV, 18. Buch

Gegensätzen, Polen und Rhythmen. Stets sind in der Natur Polaritäten vorhanden: Zwischen ihnen entsteht eine fortdauernde Bewegung. «Ist das ganze Dasein ein ewiges Trennen und Verbinden so folgt auch, daß die Menschen im Betrachten des ungeheuren Zustandes auch bald trennen, bald verbinden werden.»[6]

Dies gilt für das Betrachten der Natur, aber auch für das Denken. Unversöhnliche Gegensätze sind ihm fremd: Er sucht lieber nach dynamischen Beziehungen und versucht Gegensätze in seinem Denken durch eine höhere Synthese aufzuheben. «Gehalt ohne Methode führt zur Schwärmerei; Methode ohne Gehalt zum leeren Klügeln; Stoff ohne Form zum beschwerlichen Wissen, Form ohne Stoff zu einem hohlen Wähnen.»[7]

Methode und Gehalt, Stoff und Form sind im Denkprozeß nicht zu trennen: nur gemeinsam führen sie zur Erkenntnis. Die Synthese ist das Entscheidende. Sie ist das ausgleichende Element: Fehlt ein Pol, so fehlt auch die notwendige Gegenwirkung, die zur Herstellung eines Gleichgewichtes führen soll.

Der Gedanke der Polarität ist eine notwendige Voraussetzungen in Goethes Naturforschung. Er betrachtet auch Welt und Geist im Zusammenhang: Die Natur, die geschaffene Welt als Gleichnis des schaffenden Geistes.

Unzureichend ist nach Goethe die Naturforschung, wenn sie nicht auf dem Wahrheitsgefühl gegründet wird. Von ihm hängt die Reinheit der Ergebnisse ab.

Täuschungen oder Verfehlungen bestehen nach Goethe auf dem Gebiet der Sinneswahrnehmung durch vereinzeltes Betrachten, im Gebiet des Denkens durch einseitige Denkprozesse: Im Handeln entstehen aber die größten Irrtümer. «... im Durchschnitt bestimmt die Erkenntnis des Menschen, von welcher Art sie auch sei, sein Tun und Lassen; deswegen auch nichts schrecklicher ist, als die Unwissenheit handeln zu sehen».[8]

Wahrheitsgefühl führt die Menschen zur Wissenschaft und erfüllt sie auch mit dem Gefühl des Glücks. «Alles, was wir Erfinden, Entdecken im höheren Sinne nennen, ist die bedeutende Ausübung,

6) 411
7) 435
8) 254

Betätigung eines originalen Wahrheitsgefühles, das, im stillen längst ausgebildet, unversehens, mit Blitzesschnelle zu einer fruchtbaren Erkenntnis führt. Es ist eine aus dem Innern am Äußern sich entwickelnde Offenbarung, die den Menschen seine Gottähnlichkeit vorahnen läßt. Es ist eine Synthese von Welt und Geist, welche von der ewigen Harmonie des Daseins die seligste Versicherung gibt.»[9)]

Wahrheitsgefühl stellt in den Naturwissenschaften die Frage nach dem «Wie». Im Faust wird sie von Homunculus an seinen Urheber, Wagner gestellt: «Das Was bedenke, mehr bedenke Wie».

In einem Gedicht zur Sammlung *Gott und die Welt* faßt Goethe seine Naturforschung so zusammen:

Weite Welt und breites Leben,
Langer Jahre redlich streben,
Stets geforscht und stets gegründet,
Nie geschlossen, oft gerundet,
Ältestes bewahrt mit Treue,
Freundlich aufgefaßtes Neue,
Heitern Sinn und reine Zwecke:
Nun! Man kommt wohl eine Strecke.

Das Gedicht beginnt mit einer zweifachen Feststellung: «Weite Welt und breites Leben» deuten auf das «Was», das zu erforschen ist. Welt und Leben werden in ihrer Ganzheit räumlich erfasst, wie sie sich dem Augenmensch unmittelbar offenbaren.

Die Beziehung zwischen Forscher und Forschung tritt aber gleich im zweiten Vers auf. «Langer Jahre redlich Streben, stets geforscht und stets gegründet.»

Das Gedicht spricht über moralische Instanzen, welche die Forschung begleiten sollen. Es beginnt mit den Worten «Redlich streben»: Voraussetzung für eine moralische Haltung des Tuns in Forschung und Wissenschaft. Die moralische Haltung des Strebens hat für Goethe als Ziel eine moralische Handlung. «Die Wissenschaft hilft uns vor allem, daß sie das Staunen, wozu wir von Natur berufen sind, einigermaßen erleichtere; sodann aber, daß sie dem

[9)] 364

immer gesteigerten Leben neue Fertigkeiten erwecke zu Abwendung des Schädlichen und Einleitung des Nutzbaren.»[10]

Das in uns eingeborene Staunen ist der Anfang der Philosophie, die Wissenschaft ist ihre Fortsetzung. Da sie aber die «Abwendung des Schädlichen und Einleitung des Nutzbaren» als eigentliche Ziele haben soll, fördert sie von dem Forscher «gegründete» Forschungsergebnisse. Selbstgefällige Spekulationen stoßen bei Goethe auf eine scharfe Kritik. Nach ihm soll die Naturwissenschaft zweifach gegründet werden: auf genauen zahlreichen Beobachtungen – Goethe zeigt sogar die notwendigen Voraussetzungen dafür – und auf Begriff und Idee, die das geistige Band, den Zusammenhang, bilden. «Wissen» ist aber dafür unzureichend und es ist nicht Wissenschaft. Goethe unterscheidet das Wissen von der Wissenschaft: Sie sind für ihn verschieden, aber doch keine Gegensätze: sie sind notwendige Polaritäten. «Das Wissen beruht auf der Kenntnis des zu Unterscheidenden, die Wissenschaft auf der Anerkennung des nicht zu Unterscheidenden.» [11]

Auch die Vernunft und der Verstand bilden in Goethes Denken Polaritäten: «Die Vernunft ist auf das Werdende, der Verstand auf das Gewordene angewiesen; jene bekümmert sich nicht: wozu? Dieser fragt nicht: woher? – Sie erfreut sich am Entwickeln; Er wünscht alles festzuhalten, damit er es nutzen könne.»[12]

Goethes Naturforschung strebt nach Wirklichkeit: ihr muß jede Hypothese irreführend erscheinen. «Alle Hypothesen hindern (...) das Wiederbeschauen, das Betrachten der Gegenstände, der fraglichen Erscheinungen von allen Seiten»[13]

«Es gibt Hypothesen, wo Verstand und Einbildungskraft sich an die Stelle der Idee setzen.»[14]

Auch die Zeit ist unter diesem Aspekt ein relevanter Faktor. Sie ist der Ewigkeit polar entgegengesetzt; sie ist die Dimension, wo Veränderungen und Entwicklung der Dinge stattfinden. Wichtig ist sie aber auch für die Naturforschung: «In der Geschichte der Naturforschung bemerkt man durchaus, daß die Beobachter von der Erscheinung zu schnell zur Theorie hin eilen und dadurch unzulänglich, hypothetisch werden.» [15]

10) 303; 11) 305; 12) 538; 13) 556; 14) 559; 15) 547

Entfernt sich der Forscher aus der Welt der Sinne zu früh, fällt er in die Netze unwirklicher Gedanken (Spekulationen).

Übereilte Theorien sind die Folge von zu schnellen Beobachtungen. Eine Erscheinung muss vielfältigen räumlich-zeitlichen Bedingungen unterworfen werden, um die wesentlichen Merkmale in ihr zu entdecken. Die innere Gesetzmäßigkeit soll damit erfasst und von äußeren beliebigen Wirkungen unterschieden werden. Das heißt, die Erscheinung selbst muß unter Rahmenbedingungen verschiedenster Art gestellt werden.

Goethe verfolgte in seinem langen Leben mit Interesse die Welt der Naturwissenschaft seiner Zeit. Die Distanz zwischen Goethes Art des Herangehens an die Natur und derjenigen der Naturforscher seiner Zeit war groß. Goethe stützt sich durch und durch auf lebendiges Anschauen, wie es im folgenden Zitat deutlich wird: «Es gibt jetzt eine böse Art, in den Wissenschaften abstrus zu sein: man entfernt sich vom gemeinen Sinne, ohne einen höheren aufzuschließen, transzendiert, phantasiert, fürchtet lebendiges Anschauen, und wenn man zuletzt ins Praktische gehen will und muß, wird man auf einmal atomistisch und mechanisch.» [16]

Er versuchte, Vertretern der zwei großen Bewegungen, der «Singularisten» und der «Universalisten», wie er sie nennt, zu helfen, gemeinsam eine höhere Einsicht in die Natur zu gewinnen. Sein Rat ist seiner Denkweise gemäß: Trennen und Verbinden.

«Wenn ein Wissen reif ist, Wissenschaft zu werden, so muß notwendig eine Krise entstehen; denn es wird die Differenz offenbar zwischen denen, die das Einzelne trennen und getrennt darstellen, und solchen, die das Allgemeine im Auge haben und gern das Besondere an- und einfügen möchten ... Diejenigen, welche ich die Universalisten nennen möchte, sind überzeugt und stellen sich vor: daß alles überall, obgleich mit unendlichen Abweichungen und Mannigfaltigkeiten, vorhanden und vielleicht auch zu finden sei; die anderen, die ich Singularisten benennen will, gestehen den Hauptpunkt im allgemeinen zu, ja sie beobachten, bestimmen, lehren hiernach; aber immer wollen sie die Ausnahmen finden da, wo der ganze Typus nicht ausgesprochen ist, und darin haben sie recht.

[16] 575

Ihr Fehler ist aber nur, daß sie die Grundgestalt verkennen, wo sie sich verhüllt, und leugnen, wenn sie sich verbirgt.

Da nun beide Vorstellungsweisen ursprünglich sind und sich einander ewig gegenüberstehen werden. So wiederhole ich die meinigen: daß man auf diesen höheren Stufen nicht wissen kann, sondern tun muß....»[17]

Goethe setzt dem Wissen Grenzen, die nur durch Tätigkeit zu überwinden sind. Auf das Tun kommt es letztendlich an. Bis ins hohe Alter hat er diese Ansicht vertreten. Als Beweis sei hier das Gespräch mit Eckermann am 21. Dezember 1831 zitiert:

«Mit Goethe zu Tisch. Wir sprachen, woher es komme, daß seine ‹Farbenlehre› sich so wenig verbreitet habe. ‹Sie ist sehr schwer zu überliefern› sagte er, ‹denn sie will, wie Sie wissen, nicht bloß gelesen und studiert, sie will getan sein, und das hat seine Schwierigkeit› ...

Ein einfaches Urphänomen aufzunehmen, es in seiner hohen Bedeutung zu erkennen und damit zu wirken, erfordert einen produktiven Geist, der vieles zu übersehen vermag, und ist eine seltene Gabe, die sich nur bei ganz vorzüglichen Naturen findet.»

Wissenschaft gelingt nur dem produktiven Geist: Produktivität besteht aber nicht nur in einer tüchtigen Beschäftigung mit dem Gegenstand, sondern in einer geistigen Eigenschaft, in der schöpferischen Kraft seines Geistes: Goethe nennt sie Ideenvermögen, d.h. Intuition.

Zu den «vorzüglichen Naturen» zählen nach Goethe diejenigen Menschen, die sich selbst zur Selbstlosigkeit erzogen und das Wahrheitsgefühl entwickelt haben.

Selbstlosigkeit ist sogar die allererste Voraussetzung: sie ist der selbstlose Zustand in unseren Bewusstsein, der ermöglicht, daß die Gegenstände vor unserer Sinneserfahrung «rein» auftreten.

«Bei Betrachtung der Natur im Großen wie im Kleinen hab' ich unausgesetzt die Frage gestellt: Ist es der Gegenstand oder bist du es, der sich hier ausspricht? ... »[18]

17) 407; 18) 513

Selbstlosigkeit ist Produkt einer Übung: der Forschende soll lernen, sich ganz zu vergessen und nur «Augen, Ohren» zu werden «Die Sinne trügen nicht, das Urteil trügt.»[19] Diese Maxime Goethes gewinnt nur im Zusammenhang mit der Selbstlosigkeit ihre Deutung und Bedeutung.

Die reine Erfahrung ist das Ziel von Goethes Naturforschung: eigentlich ist sie ein außerordentlicher Ausnahmezustand.

«Gewöhnliches Anschauen, richtige Ansicht der irdischen Dinge ist ein Erbteil des allgemeinen Menschenverstandes; *reines* Anschauen des Äußeren und Innern ist sehr selten.»[20]

Sie widerspricht vielfach dem üblichen Verfahren in der Naturforschung: Diese ist oft durchdrungen von persönlichen Interessen und Zielen der Forscher.

«Es gibt wohl zu diesem oder jenem Geschäft von Natur unzulängliche Menschen; Übereilung und Dünkel sind jedoch gefährliche Dämonen, die den Fähigsten unzulänglich machen, alle Wirkungen zum Stocken bringen, freie Fortschritte lähmen. Dies gilt von weltlichen Dingen, besonders auch von Wissenschaften»[21]

Ein weiterer wichtiger Aspekt von relevanter Bedeutung ist für Goethe die Geschichte. Auch sein größtes naturwissenschaftliches Werk *Zur Farbenlehre* ergänzt er mit der sehr umfassenden Abhandlung: *Materialien zur Geschichte der Farbenlehre.* Sie ist sehr gründlich und beginnt mit einem Kapitel *Zur Geschichte der Urzeit* und endet mit der des XVIII. Jahrhunderts. Undenkbar wäre es für Goethe gewesen, seine eigene Forschung aus der Entwicklung der Geschichte herauszureißen.

«Die Geschichte der Wissenschaften ist eine große Fuge, in der die Stimmen der Völker nach und nach zum Vorschein kommen»[22]

Wer sich ernsthaft mit Goethes Denken befasst, stellt fest, wie sich sein Denken organisch aus den Wurzeln der Geschichte entwickelt, gleich wie die Pflanzen das in der Natur tun. «In den Wissenschaften ist es höchst verdienstlich, das unzulängliche Wahre, was die Alten schon besessen, aufzusuchen und weiterzuführen.»[23]

19) 295; 20) 243; 21) 430; 22) 391; 23) 398

«Der törigste von allen Irrtümern ist, wenn junge gute Köpfe glauben, ihre Originalität zu verlieren, indem sie das Wahre anerkennen, was von andern schon anerkannt worden ist.»[24]

«Alles Gescheite ist schon gedacht worden, man muß nur versuchen, es noch einmal zu denken».[25]

Das letzte Zitat gibt eine Antwort zu den beiden ersten: Es handelt sich wieder um eine Denkübung: es geht «nur» darum, durch die eigene individuelle Tätigkeit des Denkens das Alte neu zu denken. Goethe spricht hier von einem «Versuch»: Aus eigener Erfahrung wusste er, wie mühevoll das ist.

Welche Gefühle widersetzen sich – sie sind als Polaritäten aufgefaßt – dem Denkenden?

«Es sind zwei Gefühle die schwersten zu überwinden: gefunden zu haben, was schon gefunden ist, und nicht gefunden zu sehen, was man hätte finden sollen.»[26]

Es gibt auch Grundhaltungen im Denken, die zu Fehlern führen: «Der Fehler schwacher Geister ist, das sie im Reflektieren sogleich vom Einzelnen ins Allgemeine gehen, anstatt daß man nur in der Gesamtheit das Allgemeine suchen kann.»[27]

Unser Erkennen hat Grenzen, Goethe hat sie so verstanden: «Das schönste Glück des denkenden Menschen ist, das Erforschliche erforscht zu haben und das Unerforschliche ruhig zu verehren»[28]

Trotz Einschränkungen in der Erkenntnismöglichkeit spricht er nur von Glück und Verehrung statt vom Versagen: Dies ist ein Beweis, daß Goethe seine Disziplin, die Selbstlosigkeit, bis zu den letzten Konsequenzen geführt hat.

Es gibt Grenzen in der Wissenschaft, die wir nicht beeinflussen können. Es gibt aber auch Grenzen des «redlichen Strebens». Damit soll sich der Mensch abfinden: «Nicht alles Wünschenswerte ist erreichbar, nicht alles Erkennenswerte erkennbar».[29]

Trotzdem soll der Glaube an die Entwicklung der Forschung in uns nie aufhören: «Der Mensch muß bei dem Glauben verharren, daß das Unbegreifliche begreiflich sei; er würde sonst nicht forschen.»[30]

---

24) 371
25) Aus *Wilhelm Meisters Wanderjahre*
26) 369; 27) 490; 28) 718; 29) 302; 30) 298

Schwierig ist eine ausführliche und befriedigende Antwort auf die Frage zu geben, was Goethe mit «Stets gegründet» gemeint hat. Denn Goethes Begriff «Erfahrung» hat eine eigene Prägung: «Begriff ist *Summe*, Idee *Resultat* der Erfahrung; jene zu ziehen, wird Verstand, dieses zu erfassen, Vernunft erfordert»[31]

Auch Idee ist für ihn Resultat der Erfahrung. «Erfahrung» ist umfassend und schließt Denken ein. Erfahrung stützt sich auf ein Vermögen, Ideenvermögen, das ihm eigen war. Er sagt, es sei dies eine «seltene Gabe». Deswegen ist für diejenigen Menschen, die dieses Vermögen nicht besitzen, auch Goethes Geistesart und Naturerfahrung unbegreiflich.

«Ein großes Übel in den Wissenschaften, ja überall entsteht daher, daß Menschen, die kein Ideenvermögen haben, zu theoretisieren sich vermessen, weil sie nicht begreifen, daß noch so vieles Wissen hiezu nicht berechtigt.

Sie gehen im Anfange wohl mit einem löblichen Menschenverstand zu Werke, dieser aber hat seine Grenzen, und wenn er sie überschreitet, kommt er in Gefahr absurd zu werden.

Des Menschenverstandes angewiesenes Gebiet und Erbteil ist der Bezirk des Tuns und Handelns.

Tätig wird er sich selten verirren; das höhere Denken, Schließen und Urteilen jedoch ist nicht seine Sache.»[32]

Die Erfahrung von Welt und Natur ergibt sich für Goethe erst aus genauen Beobachtungen. Aber relevant ist für Goethe «wie» unser Denken die Beobachtungen in Zusammenhang bringt. Dieses «wie» ist möglich nur durch das Vorhandensein eines besonderen «was»: Dies ist das «höhere Denken».

Die Grenze der Erkenntnis setzt Goethe daher nur dem Verstand: seine Gültigkeit ist im Bereich der Tätigkeit jedoch voll berechtigt.

Goethe spricht von seiner Erfahrung der ideellen Welt: sie ist ungewöhnlich. Seine Worte sind Vielen rätselhaft, wenn er sagt: «Idee ist Resultat der Erfahrung». Dies war sogar einem großen Geist, wie Friedrich Schiller, unzugänglich.

Goethe berichtet in einer autobiographischen Schrift *Glück-*

---

31) 537; 32) 574

liches Ereignis über seine erste – ungewollte und doch schicksalhafte – Begegnung mit Schiller:

«Schiller zog nach Jena. Zu gleicher Zeit hatte Batsch durch unglaubliche Regsamkeit eine naturforschende Gesellschaft in Tätigkeit gesetzt, auf schöne Sammlungen, auf bedeutenden Apparat gegründet. Ihren periodischen Sitzungen wohnte ich gewöhnlich bei; einstmal fand ich Schillern daselbst, wir gingen zufällig beide zugleich heraus ein Gespräch knüpfte sich an ... er bemerkte ... wie eine zerstückelte Art die Natur zu behandeln, den Laien, der sich gern darauf einließe, keineswegs anmuten könne. Ich erwiderte darauf ... daß doch wohl noch eine andere Weise geben können, die Natur nicht gesondert und vereinzelt vorzunehmen, sondern sie wirkend und lebendig, aus dem Ganzen in die Teile strebend darzustellen ... Wir gelangten zu seinem Haus, das Gespräch lockte mich hinein; da trug ich die Metamorphose der Pflanzen lebhaft vor, und ließ, mit manchen charakteristischen Federstrichen, eine symbolische Pflanze vor seinen Augen entstehen. ... Als ich aber geendet, schüttelt er den Kopf und sagte: ‹Das ist keine Erfahrung, das ist eine Idee› ... ich nahm mich zusammen und versetzte: ‹Das kann mir sehr lieb sein, daß ich Ideen habe ohne es zu wissen, und sie sogar mit Augen sehe.›»

Was ist für Goethe die Idee? «Was man Idee nennt: das, was immer zur Erscheinung kommt und daher als Gesetz aller Erscheinungen uns entgegentritt.»[33]

«Die Idee ist ewig und einzig; daß wir auch den Plural brauchen, ist nicht wohlgetan. Alles, was wir gewahr werden und wovon wir reden können, sind nur Manifestationen der Idee; Begriffe sprechen wir aus, und insofern ist die Idee selbst ein Begriff.»[34]

«Das Wahre ist gottähnlich: es erscheint nicht unmittelbar, wir müssen es aus seinen Manifestationen erraten.»[35]

Wenn wir die Erscheinungen in der physischen Welt betrachten, ist uns zugleich die Möglichkeit gegeben, daß wir nach einer gesteigerten Betrachtung auf das in ihnen liegende Gesetz stoßen können: Wir «sehen» die gestaltende Wirksamkeit der Idee in der sinnlichen Welt. Es gibt Grenzen und Bedingungen dafür:

33) 13; 34) 12; 35) 11

«Nur im Höchsten und im Gemeinsten trifft Idee und Erscheinung zusammen; auf allen mittleren Stufen des Betrachtens und Erfahrens trennen sie sich. Das Höchste ist das Anschauen des Verschiednen als identisch; das Gemeinste ist die Tat, das aktive Verbinden des Getrennten zur Identität.» [36]

«Daß es dem Menschen selten gegeben ist, in dem einzelnen Falle das Gesetz zu erkennen. Und doch, wenn er es immer in tausenden erkennt, muß er es ja wieder in jedem einzelnen finden. Die großen Umwege erspart sich der Geist.» [37]

Es gibt eine Trennung zwischen Idee und Erscheinung, diese ist die Folge unseres Betrachtens und Erfahrens, sie liegt in unserer subjektiven Organisation.

Wie kann die Trennung aufgehoben werden? Es ist eine geistige Eigenschaft notwendig, die in unserem Denken liegt. Dies ist kein passives sondern ein aktives Tun, was das Subjekt leisten muß: Es ist ein aktives Verbinden.

Den Boden dafür bietet aber das genaue Betrachten der Erscheinungen in ihrer Mannigfaltigkeit. Nie ist Wissenschaft ohne Denken, nie ist sie ohne Sinne möglich.

Als Bindeglied zwischen Ideenwelt und Erscheinung ist das Gesetz: es ist ewig und wirkt doch in der Zeit in die Wirklichkeit hinein. Es offenbart sich nicht unmittelbar unseren Sinnen, sondern offenbart sich dem höheren Denken, der Vernunft. Nach Goethe erscheint die Idee «immer» in der zeitlichen Dimension: Die Möglichkeit einer Ausnahme wird von ihm damit verneint.

In jeder Erscheinung, in jedem Entwicklungsstadium ist sie als Gesetz tätig. Die Idee senkt in die Welt, in die Natur, ihr Potential an Fruchtbarkeit. Die Natur bietet der Idee den Raum, die Zeit, die Möglichkeiten zur Verwandlung.

Für Goethe ist der Begriff «Erscheinung» ohne den Begriff «Idee» undenkbar. Denn ohne die Idee würde die Erscheinung nicht existieren können. Das Gesetz der Erscheinung hat einen objektiven Charakter, vom Subjekt unabhängig. Aber ohne das erkennende Subjekt würden wohl die Erscheinungen existieren, aber die Idee würde verborgen bleiben.

36) 14; 37) 566

Wie die Kunst Offenbarung geheimer Gesetze ist, so ist die Wissenschaft auch die Enthüllung der Naturgesetze. Es gibt keine Trennung zwischen Ideenwelt und Erscheinungswelt: Es gibt im Goethes Denken keinen Dualismus.

Goethes Entwicklungsgedanke hebt jede Trennung auf. Dies erklärt, warum Goethe unbedingt den Zwischenkieferknochen auch im Menschen gesucht hat. Als er ihn endlich gefunden hatte, fand er die Bestätigung der Einheit der Natur, des Seins nach dem Prinzip des Ewig- Einen. Auf diese Entdeckung konnte er widerspruchslos seine monistische Weltanschauung aufbauen und begründen.

Goethes Geistesart widerspricht dem Dualismus seiner Zeit und kann sich trotzdem zu keiner der monistischen Philosophien gesellen, die entweder den Geist oder die Materie leugnen, um ein einheitliches Weltbild zu erlangen: Goethes Monismus ist Dynamik, Bewegung, Entwicklung, Metamorphose.

Was ist wahr? In seinem Gedicht *Vermächtnis* gibt Goethe auch die Antwort auf diese höchste Frage. Das Gedicht bildet eine Synthese zwischen Goethes Naturerfahrung und seiner inneren Haltung: die poetische Gestalt drückt, die Liebe und die Ehrfurcht aus, welche Goethe vor der Welt und dem Geist empfunden hat.

Das Gedicht spricht von den fundamentalen Polaritäten des äußeren und inneren Lebens:

Das Wahre war schon längst gefunden,
Hat edle Geisterschaft verbunden,
Das alte Wahre, faß es an!
Verdank es, Erdensohn, dem Weisen,
Der ihr die Sonne zu umkreisen
Und dem Geschwister wies die Bahn.

Sofort nun wende dich nach innen,
Das Zentrum findest Du da drinnen,
Woran kein Edler zweifeln mag.
Wirst keine Regel da vermissen,
Denn das selbständige Gewissen
Ist Sonne deinem Sittentag.

Den Sinnen hast du dann zu trauen,
Kein Falsches lassen sie dich schauen,
Wenn dein Verstand dich wach erhält.
Mit frischem Blick bemerke freudig,
Und wandle sicher wie geschmeidig
Durch Auen reichbegabter Welt.

Genieße mäßig Füll' und Segen,
Vernunft sei überall zugegen,
Wo Leben sich des Lebens freut.
Dann ist Vergangenheit beständig,
Das Künftige voraus lebendig,
Der Augenblick ist Ewigkeit.

Und war es endlich dir gelungen,
Und bist du vom Gefühl durchdrungen:
Was fruchtbar ist, allein ist wahr,
Du prüfst das allgemeine Walten,
Es wird nach seiner Weise schalten,
Geselle dich zur kleinsten Schar.

Was fruchtbar ist, allein ist wahr.

Nicht in seiner Einzelforschung, sondern in seiner Auffassung von Geist-Materie und in ihrer lebendigen Erfahrung liegt Goethes Vermächtnis an die künftige Welt.

«War Goethe mit der Physik gesegnet?»
Manfred Osten

Würde Goethe es wagen, sich in Heidelberg gegenüber Physikern als Physiker zu empfehlen, so erginge es ihm wie Oscar Wilde, der nach der erfolglosen Aufführung eines seiner Theaterstücke in sein Tagebuch notierte: «My piece was a smashing succes, but the audience was a complete failure.»

Goethe war, wie Sie wissen, in der Tat davon überzeugt, daß seine Idee der Farbenlehre gegenüber der Optik Newtons so etwas war wie ein «smashing success». Und es liegt auf der Hand, daß alle, die ihm widersprachen, als «complete failure» anzusehen waren. Gleichwohl sei heute die Frage erlaubt, ob Goethe nicht dennoch als «mit der Physik gesegnet» betrachtet werden könne. Bei der Beantwortung dieser Frage soll unter anderem zurückgegriffen werden auf Erläuterungen Albrecht Schönes, der Goethes Farbenlehre subsumiert hat unter dem Begriff der «Farbentheologie». Das heißt, Goethe selber stellt im sogenannten «chromatischen Bekenntnis» am Ende des historischen Teils seiner *Farbenlehre* seine eigene Ansicht über die Entstehung der Farben als plötzliche Offenbarung dar. Es handelt sich also keineswegs um eine Einsicht als Ergebnis methodologischer Reflexionen und wissenschaftlicher Experimente.

Newtons Behauptung, daß das Sonnenlicht aus Bestandteilen zusammengesetzt sei, erklärte Goethe für absurd. Gegen Newtons Theorie vom siebenfarbig zusammengesetzten und also in diese sieben Spektralfarben zerlegbaren weißen Licht stellte er seine Überzeugung, daß erst dort und nur dort, wo durch prismatische «Verrückung des Bildes» eine helle Fläche gegen einen angrenzenden dunklen Rand (ebenso eine dunklere Fläche gegen einen hellen Rand) verschoben werde oder wo dem Licht in Gestalt von Rauch, Dunst, Wasser, Glas etc. ein trübes Medium entgegenstehe, dieses weiße Licht der Sonne «durch äußere Bedingungen in den Fall gesetzt wird, ohne die mindeste Veränderung seiner selbst, jene bekannten Erscheinungen hervorzubringen.» «Die Farben sind Taten des Lichts, Taten und Leiden.» So lautet dann Goethes berühmte Formel.

Angesichts dieser in der Physik als Wissenschaft scheinbar unhaltbaren Farbentheologie Goethes stellt sich daher die Frage, was Goethe wohl gemeint hat, als er gegenüber dem Düsseldorfer Philosophen Jacobi gleichwohl behauptete: «Dich hat Gott mit der Metaphysik geschlagen, mich hat er mit der Physik gesegnet.»

Es spricht jedenfalls auf den ersten Blick alles gegen Goethes Segnung mit der Physik, wenn man bedenkt, auf welche Weise er 1790 die Grundlagen seiner *Farbenlehre* gelegt hat. Ein Jenaer Professor hatte damals dem soeben aus Italien heimgekehrten Goethe eine Reihe von Prismen geliehen.

Erst als der Bote erschien, sie wieder abzuholen, packte der Säumige sie und nahm in Eile ein solches Prisma zur Hand, Anfang 1790. Goethe war damals nur unzulänglich informiert über die 1704 von Newton in seinen *In Optick*s mitgeteilten Experimente und Einsichten und erwartete, daß infolge der prismatischen Brechung die weiße Wand seines Zimmers ihm vielfältig farbig erscheinen werde. Er hielt also dieses Prisma vors Auge, schaute hindurch auf die weiße Fläche und sah, daß sie «nach wie vor weiß blieb, daß nur da, wo ein Dunkles daran stieß, sich eine mehr oder weniger entschiedene Farbe zeigte».

Wenig beachtet worden ist, daß sich durchaus auf der Grundlage dieser Newtonschen Theorie genau das erklären lässt, was Goethe 1790 in seinem hellen Zimmer beim Blick durch das Prisma gesehen hatte. Denn es ist einerseits im Sinne Newtons richtig, daß jeder Punkt einer durchs Prisma betrachteten weißen Wand ein farbiges Spektrum bildet – ganz so also, wie es Goethe ursprünglich erwartet hatte. Isaac Newton hatte festgestellt, daß sich unter bestimmten Versuchsbedingungen das weiße Licht durch prismatische Brechung in ein aus monochromatischen Bestandteilen zusammengesetztes Farbenspektrum zerlegen lässt und hatte das zurückgeführt auf unterschiedliche (mathematisch bestimmbare) Brechungswinkel der Spektralfarben (Dispersion des weißen Lichts). Aber dies ist eben nur die halbe Wahrheit. Die ganze Wahrheit bedeutet, daß sich alle diese Einzelspektren überlagern und zu Weiß zurückmischen. Allein bei unvollkommener Überlagerung, an den Rändern nämlich, kann die prismatisch verschobene Fläche farbige Säume zeigen. Was Goethe wahrzunehmen vermochte, war also wirklich nur eine weiße Wandfläche – mit Farbsäumen, dort, wo das Licht ans «Dunkle» grenzte. Und er vertraute der Sinneswahrnehmung.

Goethe hatte also immerhin die halbe Newtonsche Wahrheit durchaus wahrgenommen. Und dies auf Grund jenes Prinzips der sinnlichen Wahrnehmung, das er im *West-östlichen Divan* gefeiert hat mit den Worten: «Den Sinnen darfst Du trauen / Kein Falsches lassen sie Dich schauen / Wenn der Verstand dich wach erhält.»

Goethe hat dieses Prinzip der sinnlichen Wahrnehmung an anderer Stelle sogar zu einem Gedanken erweitert, der geeignet wäre, die moderne Pädagogik vom Kopf auf die Füße zu stellen: «Erst Empfindung, dann Gedanken. / Erst ins Weite, dann in Schranken.»

Eine Einsicht, die Alexander von Humboldt 1810 gegenüber Goethe im Hinblick auf die Natur auf die Formel gebracht hat: «Die Natur muss gefühlt werden; wer sie nur abstrahiert, wird ihr ewig fremd sein.»

Womit er letztlich Goethes Überzeugung zum Ausdruck bringt, daß ein enger Zusammenhang besteht zwischen dem Ansehen der Natur und ihrem Ansehen. Das heißt, Goethe hat zeitlebens versucht, gegenüber der mathematisch-physikalischen Erkenntnismethode auf eine komplementäre Sichtweise der Natur hinzuweisen.

Dies ist ein Prinzip der sinnlichen Wahrnehmung, das Goethe immerhin erlaubt hatte, die halbe Wahrheit Newtons wahrzunehmen. Allerdings mit falschen Schlussfolgerungen: weil er sich weigerte zu akzeptieren, daß sich das Licht in ein Farbenspektrum zerlegen lässt. Was sich seinerseits erklären lässt auf Grund unterschiedlicher mathematisch bestimmbarer Brechungswinkel der Spektralfarben des weißen Lichtes. Goethe war also die andere Hälfte der Wahrheit u. a. verborgen geblieben auf Grund seiner Aversion gegenüber der Mathematik. Was Goethe also als Segnung mit der Physik empfand, war seine Überzeugung von der sinnlichen Wahrnehmung als Primärquelle der Wahrheitsfindung. D. h. Goethe war einerseits gesegnet mit der sinnlichen Wahrnehmung der physikalischen Welt, aber er lief gleichzeitig Gefahr, geschlagen zu sein mit der Nicht-Wahrnehmung der mathematischen Voraussetzungen der physikalischen Welt Newtons.

Die mathematisch-experimentell verfahrende moderne Physik bezeichnet demgegenüber ihr Verfahren als Primärquelle der Wahrheitsfindung. Sie beruft sich hierbei auf Newton und übersieht, daß auch er ganz offensichtlich auf Grund seiner mathematisch-experimentellen Verfahrensweise zumindest teilweise zu einer falschen Schlussfolgerung gelangte. Newton behauptet nämlich, daß die Lichtausbreitung nicht ein Schwingungsvorgang ist, sondern daß es sich um die Aussendung schnell fliegender Teilchen handle.

Auch Newtons Annahme, im Licht der Sonne seien alle Farben enthalten, und seine Vorstellung, dieses Farbspektrum bestehe (in Analogie zur harmonischen Unterteilung der Oktave in sieben Grundtöne) aus sieben unvermischten Primärfarben, hat sich als nicht haltbar herausgestellt. Wobei seine Theorie genau genommen nicht diese Farben an sich betraf, sondern ausdrücklich diejenigen Eigenschaften der Lichtstrahlen, welche unsere Farbempfindungen hervorrufen. Also auch bei der Natur steht letztlich die sinnliche Wahrnehmung an erster Stelle, Newton war insoweit Goethe näher als dieser ahnte.

Aber auch die moderne Physik steht bei der Deutung der Natur des Lichts offenbar vor einem Problem, das auf völlig unverhoffte Weise auf eine ganz andere zusätzliche Segnung Goethes mit der Physik zurückverweist. Er war nämlich gesegnet mit Mentalreservationen gegenüber jeder Theoriebildung der physikalischen Welt. Denn die moderne Physik gelangt zum überraschenden Ergebnis, daß sich die Natur des Lichts jeweils bestimmt nach der Fragestellung des Experimentators und der darauf basierenden Versuchsanlage. In einem Falle manifestiert sich das Licht als Welle. Im anderen Falle manifestiert es sich als Teilchen. Im ersten Falle erklärt sich das Licht im Sinne der Undulationtheorie (Maxwellsche elektromagnetische Lichttheorie). Im zweiten Falle erklärt sich das Licht im Sinne der Korpuskulartheorie (in Form der Einsteinschen Lichtquantenvorstellung). Nur auf diese Weise, also im Wechsel der Fragestellung des Experimentators und der Versuchsanordnung, lassen sich alle optischen Interferenzen und Beugungserscheinungen, alle Emissions- und Absorptionsvorgänge erklären.

Wir befinden uns damit im geheim-offenbaren Zentrum dessen, was man bei Goethe als Segnung mit der Physik bezeichnen könnte. Es ist ein ambivalentes Zentrum, weil Goethe im Falle der Farbenlehre sich selber dagegen versündigt hat. Denn wie schon gezeigt, hat er eben nicht reflektiert über seine eigene Fragestellung als Experimentator, geschweige denn über seine Versuchsanordnung. Genau dies aber hatte er 1792 in seinem bedeutenden, leider wenig bekannten Aufsatz mit dem Titel *Der Versuch als Vermittler von Objekt und Subjekt* gefordert. Ein Aufsatz, der ausgerechnet im Zusammenhang mit Goethes erster Publikation zur Farbenlehre entstand! Er ist von grundlegender Bedeutung, weil Goethe hierin im Interesse einer größtmöglichen Gerechtigkeit gegenüber den zu erforschenden Phänomenen der Natur eindringlich warnt vor übereilten Schlussfolgerungen, Hypothesen und Theorien, d. h. Erwartungen und Zielsetzungen des Subjekts im Zusammenhang mit Versuchen, die als Beweis von Theorien des Experimentators angelegt sind. Goethe lenkt bewusst den Blick vom Objekt der naturwissenschaftlichen Erkenntnis zurück zum erkennenden Subjekt und gelangt dabei zu einem grundsätzlichen Verdacht, den jetzt, im 21. Jahrhundert, die Hirnforschung bestätigt: daß das Subjekt nur einen verschwindend geringen Teil der Wirklichkeit wahrnimmt und den großen fehlenden Rest durch Konstrukte füllt. Goethe hat diesen Sachverhalt auf die kategorische Formel gebracht: «Alles Faktische ist bereits Theorie», oder wie es im Vorwort zur *Farbenlehre* heißt: «So kann man denn sagen, daß wir bei jedem aufmerksamen Blick in die Welt theoretisieren.»

Goethe hat diese Einsicht in den *Maximen und Reflexionen* im Hinblick auf die Physik auf den lapidaren Satz reduziert: «Das größte Unheil der neueren Physik (ist es), daß man das Experiment gleichsam vom beobachtenden Subjekt abgesondert hat.»

Eine Einsicht, die Goethe im erwähnten Aufsatz über den *Versuch als Vermittler von Objekt und Subjekt* denn auch zum Anlass nimmt zu einem kritischen Blick auf die Geschichte der Naturwissenschaften und ihre langlebigen Theoriegebäude.

Es wird vielleicht überraschen, daß diese Einsicht im 20. Jahrhundert mit anderen Worten von einem berühmten Physiker wiederholt worden ist. Von Niels Bohr stammt das Wort: «Die Naturwissenschaften handeln nicht von der Natur, sondern von dem, was Menschen über die Natur aussagen.»

Das heißt, auch die Naturwissenschaft verfährt letztlich metaphorisch und ist daher eine andere Art von «Literatur».

Goethe hat die Ursache dieses Theorie-Syndroms als einen ontologischen Defekt der menschlichen Ratio dingfest gemacht. In seinen *Maximen und Reflexionen* heißt es hierzu: «Theorien sind gewöhnlich Übereilungen des Verstandes, der die Phänomene gerne loswerden möchte [...].»

Im Hinblick auf die Physik hat Goethe diese Einsicht im *Entwurf zur Farbenlehre* (5. Abt.) als eine Warnung formuliert, wenn er sagt, der Physiker solle sich hüten, das Anschauen in Begriffe, den Begriff in Worte zu verwandeln und mit diesen Worten umzugehen, als wären es Gegenstände.

Goethe ist beim Theorie-Syndrom allerdings nicht stehen geblieben. Er hat hieraus die grundsätzliche Folgerung gezogen, daß wir uns letztlich «ironisch» verhalten sollten gegenüber unseren Theorien, um ihnen den Charakter zu verleihen, der ihnen gemäß ist, nämlich den Charakter der Vorläufigkeit und Relativität.

Im Vorwort zur *Farbenlehre* steht daher dann auch der kühne Satz, daß wir das Theoretisieren stets mit Ironie tun sollten. Der ironische Vorbehalt ist bei Goethe verschränkt mit der Einsicht, die er im *West-östlichen Divan* formuliert hat: «Wir sind nie klug zur rechten Zeit. / Wären wir klug zur rechten Zeit, / wäre Weisheit weit und breit.»

Diese nachhinkende Einsicht in die Relativität jeder Art von

Theorie lässt sich auch wissenschaftshistorisch demonstrieren an der Tatsache, daß die ausschließliche Gültigkeit der Newtonschen Physik durch die rasante Entwicklung der Naturwissenschaften im 20. Jahrhundert widerlegt worden ist. Vor allem die Quantenphysik Max Plancks und die Relativitätstheorie Einsteins haben das physikalische Weltbild verändert. Es überrascht daher nicht, daß 1941 Heisenberg zu einem besonders kritischen Zeitpunkt seines Lebens angesichts der sich andeutenden Möglichkeiten von Energiegewinnung durch Uranspaltung an den Historiker Hermann Heimpel brieflich bereits das antizipiert, was wir heute unter Technikfolgenabschätzung verstehen. Es ist ein Brief, der bei Licht besehen Goethes Mahnung (an den böhmischen Graf Sternberg) wiederholt: «Lassen Sie uns das Positive nicht zu sehr verehren, sondern lassen Sie es uns ironisch behandeln und ihm dadurch den Charakter des Problematischen erhalten.» Heisenberg schreibt an Heimpel: «Vielleicht erkennen wir... eines Tages, daß wir tatsächlich die Macht besitzen, die Erde vollständig zu zerstören.»

Er deutet mit diesem Satz an, daß an sich jeder Fortschritt in den Naturwissenschaften und in der Technik begleitet werden müsste von einer gedächtnisgestützten Urteilskraft, die nicht Teile, sondern das Ganze im Sinne der Humanität im Blick behält. Und nicht zufällig war es Heisenberg, der bereits 1934 in seinem Vortrag vor der Gesellschaft Deutscher Naturforscher und Ärzte auf Goethes *Nachtrag zur Farbenlehre* (*Chromatik* von 1820) hinwies. Heisenberg hatte dort in Hannover selber am Beispiel eines zufällig vom Dach auf die Schulter eines Passanten herabstürzenden Ziegelsteins erläutert, daß man nur dann zu einem grenzenlosen Widerspruch zwischen seiner sinnlichen Anschauung und der exakten physikalischen Naturwissenschaft gelangen muss, wenn man die unzähligen Wirkungen physikalischer Phänomene in der Wirklichkeit streng von einander trennt und sie ausschließlich mathematisch und theoretisch-physikalisch betrachtet. Heisenberg hatte die zahlreichen Aspekte zur Arbeit Goethes gewürdigt, die vom Mechanisch-Physikalischen bis zum Religiösen reicht, und war zu dem Ergebnis gelangt: «Trennt man die Wirklichkeit in verschiedene Gebiete, so löst sich der Widerspruch zwischen der Goetheschen und der Newtonschen Farbenlehre von selbst.»

Man müsse Goethes Methodik als gleichberechtigt mit der exakten Naturwissenschaft erkennen. Es bestehe eine gegenseitige Unvergleichbarkeit. In diesem Sinne haben sich dann auch Adolf Portmann und Carl Friedrich von Weizsäcker geäußert.

Goethe war also nicht im exakt naturwissenschaftlichen Sinne «gesegnet» mit der Physik. Er war vielmehr gesegnet mit einem komplementären, d.h. sinnlich-sittlichen Verständnis gegenüber der physikalischen Welt. Und er war zugleich gesegnet mit einer ironischen Mentalreservation gegenüber jeder Art von Theorie-Bildung im Sinne Alexander von Humboldts, der über Hegel gesagt hat: «Die gefährlichste Weltanschauung ist die Anschauung derjenigen, die die Welt nie angeschaut haben.»

Und schließlich war er in Sachen Farbenlehre gesegnet mit einem Dogmatismus, der in krassem Widerspruch stand zu seiner eigenen ironischen Mentalreservation gegenüber jeder Art von Theoriebildung. Das hat Goethe allerdings nicht gehindert, auf Grund seines hoch entwickelten sinnlichen Wahrnehmungsvermögens im Umfeld der Farbenlehre Erkenntnisse zu gewinnen, die eindeutig als Fortschritt angesehen werden können. Vor allem gilt dies für seine Beobachtungen über so genannte physiologische Farben, zu den Nachbildern auf der Netzhaut, über Farben-Psychologie, Farbenblindheit und Farben-Ästhetik. Ja er hat auf seltsam poetisch-intuitive Weise schon vor 200 Jahren im *West-östlichen Divan* den Urknall «als mit großem Ach / das Weltall auseinanderbrach» metaphorisch beschrieben. Ähnliches gilt von seiner poetisch-intuitiven Beschreibung eines Phänomens der modernen Solarphysik, daß nämlich die Sonne auf Grund des langsam rotierenden Heliummantels tönt, d.h. in einer tiefen Tonfrequenz «hörbar» ist. Ganz zu schweigen von seiner Entdeckung des os intermaxillare und seiner poetischen Antizipation molekularbiologischer und evolutionshistorischer Gedanken. Darwin hat in *The Origin of Species* Goethe jedenfalls bezeichnet als «a strong partisan of similar ideas.»

Wie überhaupt Goethes dominierende Bereiche der Naturforschung die Morphologie, die Farbenlehre und die Geologie waren.

An Physik war er ebenfalls grundsätzlich interessiert, aber mit den erwähnten Vorbehalten gegenüber einer rein mathematischen Physik mit so genannten «künstlichen Instrumenten». Im Grunde wollte er den Physiker verpflichten, auch philosophisch, sinnlich, ästhetisch und ironisch an seine Erkenntnisgegenstände heranzutreten, d.h. holistisch, ganzheitlich. Für seine physikalische Praxis gilt: Sie führte von frühen Versuchen mit der Elektrisiermaschine, den Leipziger Vorlesungen J. H. Wincklers und W. H. S. Buchholz' Weimarer Luftballon bis zu einer Teilnahme an physikalischen Experimenten, besonders 1812 mit T. J. Seebeck, und zur Förderung der Physiker und der physikalischen Labors der Universität Jena.

War die Physik mit Goethe geschlagen?

Hans Günter Dosch, Institut für Theoretische Physik der Universität Heidelberg

Ich muß gleich zu Beginn des Vortrags gestehen, daß die provozierende Frage: «War die Physik mit Goethe geschlagen?» eher einer Lust am steten Verneinen als einem echten Leidensdruck entstammt. Ich will es wagen, die hier beschworene Fülle der Geschichte zu stören, zumal Goethe-Faust meinem Kollegen Wagner dafür seinen Dank abstattete – wenn auch widerwillig und nicht ohne Verwendung von Verbalinjurien[1].

Der Titel ist nicht nur eine Provokation, sondern impliziert auch eine enorme Verengung der naturwissenschaftlichen Aktivitäten Goethes, nämlich auf die Physik. Diese Verengung ist vertretbar, denn es bleibt fürwahr immer noch genügend übrig: Im didaktischen Teil der Farbenlehre nimmt die Abteilung über physische Farben den größten Teil ein, und der polemische Teil ist ausschließlich der – heftigen – Auseinandersetzung mit dem Physiker Newton gewidmet. Auch Goethe selbst spricht ja, nach der Steigerung des Sonnenlichtes vom Gelben ins Rote hinter dem Ettersberg, in guter und liebenswürdiger Stimmung, von dem Erbe, daß ihm durch den Irrtum der Newtonschen Lehre zuteil wurde[2].

Goethe und kein Ende nannte der bedeutende Physiologe Emil

---

1) «für dießmal dank ich dir, / Dem ärmlichsten von allen Erdensöhnen.»
2) Woldemar und Flodoard von Biedermann. *Goethes Gespräche*. Biedermann, Leipzig, 2. Aufl., 1909 (III, p. 105).

du Bois-Reymond seine berühmt-berüchtigte Berliner Rektoratsrede von 1882. Dort vergleicht er Goethe und seine Verehrer mit Voltaire und dessen Bewunderern:

«Während dann bekanntlich Goethe auf seine Naturstudien einen ganz unverhältnismäßigen Wert legte, und ein Ring blinder Nachbeter ihm den schlechten Dienst erwies, auch hierin ihn zu vergöttern, waren Voltaire und seine Bewunderer klug genug, von seinen naturwissenschaftlichen Verdiensten nicht mehr Aufhebens zu machen als nötig.»[3]

Ich möchte mich diesem Urteil du Bois-Reymonds' anschließen und seinem Motto «ich will in Kunst und Wissenschaft / Wie immer protestieren» folgen. Den von Eckermann überlieferten Worten über Goethes Segnung mit der Physik möchte ich eine Stelle aus den Konfessionen des Verfassers im historischen Teil der Farbenlehre gegenüberstellen, die seine Beschäftigung mit der Farbenlehre besser charakterisiert:

«So gewiß ist es, daß die falschen Tendenzen den Menschen öfters mit größerer Leidenschaft entzünden, als die wahrhaften, und daß er demjenigen weit eifriger nachstrebt was ihm mißlingen muß, als was ihm gelingen könnte.»[4]

Doch zurück zum Vergleich mit Voltaire. Auch der hatte, wie Goethe, eine Periode, in der er seine naturwissenschaftlichen Interessen über die schriftstellerischen stellte und 1738 veröffentlichte er seine Elemente der Philosophie Newtons[5]. In der Widmung an die Marquise de Chatelet dichtete er:

«Je renonce aux laurier, que long-tems au Théâtre
Chercha d'un vain plaisir mon esprit idolâtre.»[6]

Zugunsten wessen gibt er das intrigante Theater auf? Nach einigen Zeilen gelehrter mythologischer Anspielungen kommt die Antwort:

---

3) Emil du Bois-Reymond. *Reden.* Veit, Leipzig, 2 edition, 1912. 2 Bände, mit Gedächtnisrede von Julius Rosenthal.
4) *Johann Wolfgang von Goethe's Werke.* Böhlau, Weimar 1987 ff. Weimarer Ausgabe. (II, 4, p. 286)
5) Voltaire. *Elements de la Philosophie de Neuton.* Ledet, Amsterdam, 1738.
6) Dem Lorbeer entsag ich, den lang am Theater Gesucht mein verblendeter Geist mit eitlem Vergnügen

«Le charme tout-puissant de la Philosophie
Eleve un esprit sage au-dessus de l'envie
Tranquille au haut des Cieux que Neuton s'est soumis,
Il ignore en effet s'il a des Ennemis.»[7]

Mit seinem Werk über die Philosophie Newtons übte Voltaire einen gewaltigen Einfluß auf das französische und damit das ganze europäische Geistesleben aus. Es ist kein Zufall, daß auch der Preuße Alexander von Humboldt eine kongeniale Umgebung für die Herausgabe seiner Werke letztlich nur in Paris fand. Während also die Naturwissenschaft in Frankreich blühte, wurde – wie du Bois-Reymond bemerkte – die deutsche «Wissenschaft vom Taumeltrank der falschen Naturphilosophie bewältigt noch tiefer in ihre ästhetischen Träumereien eingewiegt».[8]

Dies war auch die Konsequenz einer unheiligen Allianz zwischen dem extremen Phänomenologen Goethe und den spekulativen Naturphilosophen Schelling und Hegel. Einer der Gründe für diese Verbindung war die gemeinsame Gegnerschaft gegen Newton. Ich zitiere nur kurz aus Schellings *System der Philosophie* von 1802. Er schreibt über das dritte Keplersche Gesetzt, das Kepler empirisch gefunden hatte, und das nur approximativ gültig ist, das aber Schelling für absolut und spekulativ hält: «Die Verunstaltung, welche diese Gesetze durch die Newtonische Attractionslehre und den Versuch, sie auf mechanisch-mathematische Weise aus zufälligen und empirischen, willkürlich angenommenen, Bedingungen herzuleiten, erlitten haben, ist in Hegels Abhandlung de orbitis Planetarum, erkennbar und scharf genug gezeigt worden.»[9] Ein anderer Grund für das Bündnis war sicher die bedingungslose Akzeptanz der Goetheschen Farbenlehre durch die Naturphilosophen.

Ich will nun die Goethesche Farbenlehre nicht in die Nähe der spekulativen Physik Schellings oder gar Hegels berüchtigter Dissertation über die Planetenbahnen rücken, doch ist sicher, daß sich

---

[7] Der allgewaltige Zauber der Philosophie erhebt über den Neid den weisen Geist. Ruhig von der Höhe des Himmels, dem Newton sich verschrieb nimmt er die Feinde nicht wahr.
[8] du Bois-Reymond, a. a. O
[9] Schelling. *Darstellungen aus dem System der Philosophie*. Gabler, Jena, 1902. Zeitschrift für Speculative Physik II, 7 (1802, p. 63).

die Naturphilosophen durch Goethe bestätigt fühlten, wie z.b. aus einer Notiz Schlegels hervorgeht; er bemerkt anlässlich eines Besuches Goethens in Jena im Juli 1800, der spreche von Schellings Naturphilosophie «immer mit besonderer Liebe»[10]. Die Naturwissenschaft in Deutschland hat jedenfalls durch diese Episode echten Schaden genommen, der z. B. durch die Lebensgeschichte von Georg Simon Ohm nachweisbar ist.[11]

Diese Verbindung von Goethe und der spekulativen Naturphilosophie erklärt auch manche harsche Formulierung von Seiten der Naturwissenschaftler. In seiner zweiten Rede über Goethe, auf die wir noch ausführlicher eingehen werden, schreibt Hermann Helmholtz, daß es sich bei seiner zu Beginn seiner wissenschaftlichen Laufbahn gehaltenen ersten Rede über Goethe «überwiegend um eine Verteidigung des wissenschaftlichen Standpunktes der Physiker gegen Vorwürfe, die der Dichter ihnen gemacht hatte handelte».[12]

Die offiziell ministeriellen Stellungnahmen Goethens, wenn auch vielleicht nicht ganz ernst gemeinst, waren ebenfalls nicht geeignet, die Wogen des Disputs zu glätten. Goethe forderte z. B. 1822 die Studenten auf, Physikvorlesungen zu boykottieren, wenn dort der Newtonsche Bocksbeutel verzapft werde und er erwog es 1820 das Handbuch Biots, eines bedeutenden zeitgenössischen französischen Physikers, in Sachsen ministeriell verbieten zu lassen[13].

Nach diesen, doch eher historischen Reminiszensen komme ich nun zu einem entscheidenden Punkt: der Auseinandersetzung Goethes mit dem Zugang zur Naturwissenschaft, den der große Mathematiker und mathematische Physiker Hermann Weyl «Die Wissenschaft als symbolische Konstruktion des Menschen» nannte. Hier möchte ich auf den Wiederstreit der Seele des Dichters und der des Naturforschers in der Brust Goethes hinweisen und ich möchte betonen, daß die Seele des Dichters der modernen Physik viel näher steht als die des Naturforschers.

10) Woldemar und Flodoard von Biedermann. *Goethes Gespräche*. Biedermann, Leipzig, 2. Aufl., 1909. (1, p. 284)
11) s. z. B Christa Jungnickel and Russell McCormach. *Intellectual Mastery of Nature*. Chicago University Press, Chicago, 1986. (p. 55)
12) H. Helmholtz, Goethe's Vorahnung kommender Naturwissenschaftlicher Ideen, Berlin 1892 (p. 2 f)
13) Albrecht Schöne. *Goethes Farbentheologie*. Beck, München, 1987. (p. 43)

Der vielleicht einzige Kulturphilosoph, der die moderne abstrakte Wissenschaft ganz verstanden hatte, Ernst Cassirer, war auch ein glühender Verehrer Goethes; er sah im Verhältnis Goethes zur mathematischen Naturwissenschaft gar einen «tragischen Einschlag in dessen Leben und Aufbau der theoretischen Weltsicht».[14]

Die Erkenntnis, daß jede empirische Naturforschung auf einer symbolischen Konstruktion beruht, geht wohl auf Hermann Helmholtz zurück, angeregt durch die Sinnesphysiologie. Seine Zeichentheorie wurde auf physikalisch mathematischer Seite von Heinrich Hertz, dem Entdecker der Radiowellen, sowie dem bereits erwähnten grossen Mathematiker Hermann Weyl weiterentwickelt, und auf philosophischer Seite vor allem von Ernst Cassirer. Außerhalb der zentraleuropäischen Tradition sind in dieser Richtung vor allem die Namen Henri Poincaré und Pierre Duhem in Frankreich und Charles Peirce in den USA zu nennen.

Ich kann und will hier keine Kurzbeschreibung der Philosophie der symbolischen Formen geben und beschränke mich auf die Punkte, die Helmholtz in seiner Rede vor der Generalversammlung der Goethegesellschaft zu Weimar am 11. Juni 1892 selbst erwähnte[15]. Er ging dabei aus von den sinnesphysiologischen Erkenntnissen des Physiologen Johannes Müller und schreibt: «Ich habe deshalb die Beziehung zwischen der Empfindung und ihrem Objecte so formulieren müssen geglaubt, daß ich die Empfindung nur für ein Zeichen von der Einwirkung des Objectes erklärte. Zum Wesen eines Zeichens gehört nur, daß für das gleiche Objekt immer dasselbe Zeichen gegeben werde. Übrigens ist gar keine Art von Ähnlichkeit zwischen ihm und seinem Object nöthig, ebensowenig wie zwischen dem gesprochenen Wort und dem Gegenstand, den wir dadurch bezeichnen. Wir können die Sinneseindrücke nicht einmal Bilder nennen; denn ein Bild bildet Gleiches durch Gleiches ab.»[16]

Diesen Ausgangspunkt der Zeichentheorie hat Helmholtz im *Handbuch der phyiologischen Optik*[17] und insbesondere in seiner

---

14) E. Cassirer, *Idee und Gestalt,* Berlin 1924, Repr. Darmstadt 1989 (hier p. 35)
15) Herrmann von Helmholtz *Goethe's Vorahnung kommender naturwissenschaftlicher Ideen.* Paetel, Berlin, 1892.
16) Helmholtz, a.a.O (p.46)
17) Hermann von Helmholtz. *Handbuch der physiologischen Optik.* 2. edition, 1892.

Berliner Universitätsrede von 1878 [18)] ausführlich entwickelt.

Während der Vorbereitung zu dieser «großen Rede, in der er – nach seinem Biographen und Freund Königsberger – frei und rückhaltlos sein philosophisches Glaubensbekenntnis abzulegen gedachte»[19)], schrieb er an seine Frau: «Den Titel werde ich erst zuletzt machen, ich weiß ihn noch nicht. Vielleicht: ‹Was ist wirklich›, oder ‹Alles Vergängliche ist nur ein Gleichnis› oder ‹Ein Gang zu den Müttern› oder vielleicht auch trockener ‹Principien der Wahrnehmung›.» Seine Frau fürchtete, «die Mütter würden für Viele ein unbekanntes Ziel sein» und so wählte er schließlich den Titel: *Die Thatsachen in der Wahrnehmung.*

Der Bezug auf Faust zeigt hier, wie sehr sich Helmholtz durch Goethe angeregt und bestätigt fühlte. In der bereits erwähnten Rede in Weimar, die den Titel *Goethes Vorahnungen kommender wissenschaftlicher Ideen* trägt, bezieht er sich auch sehr prägnant auf das Ende von *Faust II*, also auf den Dichter Goethe. Ja man kann sogar eine gewisse Opposition gegen den Naturforscher Goethe erkennen, der nicht hinter die Phänomene zurück will und diese schon als Lehre bezeichnet. Ich zitiere hier eine längere, meiner Meinung nach sehr aufschlußreiche Passage aus der Weimarer Rede von Helmholtz:

«Wir müssen hier nun staunen, wenn wir am Schluß des *Faust* den Zustand der seligen Geister, die die ewige Wahrheit von Angesicht zu Angesicht kennen, in den Worten des *Chorus mysticus* also geschildert finden:

‹Alles Vergängliche ist nur ein Gleichniß›

d.h. was in der Zeit geschieht, und was wir durch die Sinne wahrnehmen, das kennen wir nur im Gleichniß. Ich wüßte das Schlußergebnis unserer physiologischen Erkenntnißlehre kaum prägnanter auszusprechen.

‹Das Unzulängliche, hier wird's Ereigniß.›

Alle Kenntnis der Naturgesetze ist inductiv, keine Induction ist je absolut fertig. Wir fühlen nach dem oben angeführten Bekennt-

---

18) Hermann von Helmholtz. *Vorträge und Reden.* Viehweg, Braunschweig, 1884, Ausgabe letzter Hand.
19) Leo Koenigsberger. *Hermann von Helmholtz.* Vieweg, Braunschweig, 1902, 1903. 3 Bände. (II, p. 246)

niß des Dichters unsere Unzulänglichkeit zu tieferem Eindringen in einer Art von Angst. Das eintretende Ereigniß erst berechtigt die Ergebnisse irdischen Denkens.

‹Das Unbeschreibliche, hier ist's gethan.›

Das Unbeschreibliche, d.h. das, was nicht in Worte zu fassen ist, kennen wir nur in der Form der künstlerischen Darstellung, nur im Bilde. Für die Seligen wird es Wirklichkeit.

Damit sind unsere erkenntnißtheoretischen Gesichtspunkte zu Ende.»

Es war für Helmholtz beruhigend, daß offenbar auch für Goethe das Urphänomen doch nicht absolut zu nehmen ist, sondern letztlich nur ein Gleichnis ist, wie aus einem Aphorismus zur Naturwissenschaft im Allgemeinen hervorgeht:[20] «Wenn ich mich bei'm Urphänomen zuletzt beruhige, so ist es doch auch nur Resignation.»

Damit stellt sich für Helmholtz die Frage, die für mich das wahre große Rätsel der Goethe'schen Naturbetrachtung bildet: Wenn dem Dichter Goethe bewußt war, daß jede Erkenntnis symbolischen Charakter hat, wenn sein ganzes dichterisches Werk von höchster symbolischer Prägnanz ist, wieso ist er dann blind für ein so hochentwickeltes Symbolsystem wie das der abstrakten mathematischen Naturwissenschaft. Er hat den Schritt zur Abstraktion nicht nur nicht vollzogen, was dem Dichter keiner verargen mag, sondern er hat ihn als Naturforscher sogar vehement bekämpft.

Helmholtz sieht eine mögliche Lösung des Rätsels darin, daß sich Goethe den sehr verwickelten Vorgang von Farben trüber Medien als Objekt seiner Studien wählte und er bedauert, daß Goethe die Undulationstheorie von Hyugens nicht kannte, da diese ihm «ein viel richtigeres und anschaulicheres Urphänomen an die Hand gegeben hätte».[21] Hier irrt Helmholtz, Goethe wußte durchaus von der Existenz der Wellentheorie, sogar in der von Euler gegenüber Huygens sehr viel besser ausgearbeiteten Form.[22]

Cassirer vermutete, daß Goethe weniger heftig gegen die Newtonsche Optik zu Felde gezogen wäre, hätte er sie symbolisch neh-

---

20) *Johann Wolfgang von Goethe's Werke.* Böhlau, Weimar 1987 ff. Weimarer Ausgabe. (II, 11, p. 131)
21) Helmholtz, a.a.O. (p. 33ff)
22) s. Goethe, W:A. (I, 33 p. 326)

men können[24]. Dies war ihm keinesfalls verwehrt. Newton selbst schreibt im 6. Versuch (ich zitiere in der Übersetzung Goethes'):

«Denn, wenn ich manchmal von Licht und Strahlen rede, als wenn sie von Farben durchdrungen wären, so will ich dies nicht philosophisch und eigentlich gesagt haben:... Denn, eigentlich zu reden, sind die Strahlen nicht farbig, es ist nichts darin, als eine gewisse Kraft und Disposition das Gefühl dieser oder jener Farbe zu erregen;...»[25]

Goethe sieht in dieser schönen Stelle nur einen gewissen Opportunismus gegenüber der Wellentheorie des Lichts.

Ich komme nun zu einer weiteren Rede, die Goethe mit der Entwicklung der neueren Physik in Verbindung bringt. Man hört gelegentlich und in dem Vortrag von Dr. Osten ist dies auch angeklungen, daß die moderne Physik Goethe sozusagen rehabilitiert habe. Ich glaube der Auslöser dieser Meinung ist ein Vortrag von Werner Heisenberg über die Goethesche und Newtonsche Farbentheorie im Lichte der modernen Physik.[26] Der Vortrag arbeitet zwei Thesen aus. Die eine besteht darin, daß zwischen der Newtonschen und der Goetheschen Farbenlehre eigentlich kein Gegensatz bestehe, weil sie von zwei ganz verschiedenen Schichten der Wirklichkeit handeln. Heisenberg schreibt, daß sich durch die Untersuchung der Frage, welche der beiden Lehren richtig sei, nicht viel Einsicht gewinnen lasse, daß aber wohl die naturwissenschaftliche Methode Newtons an den wenigen Stellen, an denen ein wirklicher Widerspruch vorliege, den Sieg davontrage. Diese Einschätzung läßt sich wohl kaum als Unterstützung der Goethe'schen Theorie interpretieren. Goethe steht in allen physikalischen Fragen im Widerspruch zu Newton; damit impliziert das Urteil Heisenbergs, daß der gesamte polemische und physikalische Teil der Farbenlehre falsch ist.

Die zweite These Heisenbergs läßt sich etwas pointiert so zusammenfassen: Folgt man Goethe nicht und treibt man die Quälerei

---

24) Cassirer, *Freiheit und Form*, Cassirer, Berlin 1922 (p. 370)
25) *Johann Wolfgang von Goethe's Werke*. Böhlau, Weimar 1987 ff. Weimarer Ausgabe. (II, 2, p. 456) Übersetzung von Newton, *Opticks*, 6. Versuch, Buch 1, Teil 2
26) Werner Heisenberg. *Wandlung in den Grundlagen der Naturwissenschaft*. Hirzel, Stuttgart, 1959.

der Natur durch Experimente und die Abstraktion durch Mathematik in einem Maße weiter, die die Methoden des 18. und 19. Jahrhunderts als ganz harmlos erscheinen lassen, dann kommt man zu Ergebnissen, die wiederum Goethes Warnung bestätigen. Der Schluß, der daraus zu ziehen wäre, ist der, daß die moderne Physik selbst-widersprüchlich ist, da sie von falschen Prämissen ausging; ein Resultat, mit dem Heisenberg wohl kaum einverstanden gewesen wäre.

Ich bin zwar im allgemeinen kein Freund historisierender Erklärungen, aber hier scheinen mir die Widersprüche in der Rede Heisenbergs durch die äußeren Umstände erklärlich. Sie wurde 1941 im besetzt-kollaborierenden Ungarn vor der Gesellschaft für kulturelle Zusammenarbeit in Budapest gehalten. Eine «Nestbeschmutzung» verbot sich also schon aus einem gewissen Überlebenswillen. Noch bedeutsamer scheint, daß damals der Quantenmechanik das gleiche Schicksal wie der allgemeinen und speziellen Relativitätstheorie drohte, nämlich als «unarisch formalistisch» auf den Index der braunen Machthaber zu kommen. Sie als im deutschen Kulturgut verankert darzustellen, schien also durchaus angezeigt. Natürlich kann man auch direkt analytisch gegen Heisenberg argumentieren, aber anstelle eines *collegium mechanicum quanticum* möchte ich hier nur Max Born[27] zitieren, der als Interpret der Quantenmechanik sicher ebenso kompetent ist wie Heisenberg:

«Farben sind keine Mikrophänomene, sondern grobe, alltägliche Erfahrungen. Sie haben mit den logischen und philosophischen Subtilitäten der Atomtheorie nicht zu tun.»

Der wahre Kern der Heisenbergschen Überlegungen liegt in der Kenntnis der symbolischen Natur jeder kulturellen Tätigkeit des Menschen, wie sie Helmholtz so feinsinnig bei Goethe aufgespürt hatte. Damit ist auch der Schluß der erwähnten Rede gut vereinbar. Er vergleicht den Weg der modernen abstrakten Wissenschaft mit dem Aufstieg eines Bergsteigers in die blendend klaren Regionen von Eis und Schnee, in denen alles Leben erstorben ist, von wo sich ihm aber der Blick auf das ganze Land unter ihm in voller Klarheit erschließt. Er versteht, warum frühere Zeiten jene leblosen Regio-

---

[27] Max Born. *Betrachtungen zur Farbenlehre.* Die Naturwissenschften, 60 (1963) p. 29

nen nur als grauenvolle Öde empfanden und ihr Betreten als eine Verletzung der höheren Gewalten erschien. Er schließt:

«Auch Goethe hat das Verletzende in dem Vorgehen der Naturwissenschaften empfunden.» «Aber...» fügt er hinzu: «...wir dürfen sicher sein, daß auch dem Dichter Goethe jene letzte und reinste Klarheit, nach der diese Wissenschaft strebt, völlig vertraut gewesen ist.»

Dieses Zwiespältige oder, nach Cassirer, das Tragische in Goethes theoretischer Weltsicht, war ihm letztlich wohl auch selbst vertraut. In diesem Sinne läßt sich der Spruch in Prosa aus den Betrachtungen und Aphorismen zur allgemeinen Naturlehre lesen:

«Wenn ich das Aufklären und Erweitern der Naturwissenschaften in der neuesten Zeit betrachte, so komme ich mir vor wie ein Wanderer der in der Morgendämmerung gegen Osten ging, die heranwachsende Helle mit Freuden, aber ungeduldig anschaute und die Ankunft des entscheidenden Lichtes mit Sehnsucht erwartete, aber doch beim Hervortreten desselben die Augen wegwenden mußte, welche den so sehr gewünschten und gehofften Glanz nicht ertragen konnten.» [28]

Das Schlußwort aus dem bereits erwähnten sehr ausgewogenen Artikel Max Borns *Betrachtungen zur Farbenlehre* ist dann letztlich gar nicht so weit von du Bois-Reymond entfernt: »Wir sollten an Goethe anknüpfen und an die, welche seine Gedankenwerte pflegen und fortführen. Wir sollten sie bitten, unsere Kritik anzunehmen, wo uns ihre Gedanken zu wenig gesichert scheinen; wir sollten aber auch von ihnen lernen, über den fesselnden Einzelheiten den Sinn des Ganzen nicht zu vergessen.«

---

[28] Johann Wolfgang von Goethe's Werke. Böhlau, Weimar 1987 ff. Weimarer Ausgabe. (II, 11, 140f.)

«Was wär' ein Gott, der nur von außen stieße?»
Zur Goethe-Rezeption in der Naturwissenschaft, insbesondere in der Physiologie des 19. Jahrhunderts
Peter Huber

Goethe und die Wissenschaft ist ein schmerzliches Thema sowohl für Goethe, der sich darin verkannt fühlte als auch für die Goethe-Forschung, die seine Entdeckungen und Fehlleistungen immer wieder neu mit seinem dichterischen Werk wie auch mit dem Erkenntnisstand der zeitgenössischen Wissenschaft in Beziehung setzen und bewerten muß. Goethe erscheint uns heute als Dichter. Dabei verwandte er mehr Zeit auf seine Forschungen als auf seine literarischen Werke. Er selbst hätte sich etwa nach dem Vorbild Albrecht von Hallers als dichtenden Universalgelehrten verstanden und bezeichnet. Als sein größtes Werk sah er nicht den *Faust* sondern seine *Farbenlehre* an. Wissenschaftliche Beiträge lieferte er in zahl-reichen Fächern: in der Physik, Chemie, Geologie, Meteorologie, Zoologie, Botanik, Osteologie, ja er schuf geradezu die Disziplin der vergleichenden Morphologie. Darüber hinaus förderte er als Weimarer Hofbeamter andere Wissenschaften wie die Astronomie. Obwohl ihm eine Reihe bleibender Leistungen in den Wissenschaften beschieden war, fand er in der zeitgenössischen Fachwelt doch kaum Resonanz, geschweige denn Anerkennung. Heute ist man toleranter und gesteht dem Wissenschaftler Goethe Priorität bei einigen Entdeckungen zu. Der menschliche Zwischenkieferknochen ist das bekannteste Beispiel. Mit Verständnislosigkeit wurde Goethes Entdeckung aufgenommen, weil nicht sein konnte, was nicht sein durfte. Dieses Bindeglied zu den Säugetieren hätte ja bedeutet, daß der Mensch keine eigenständige Schöpfung Gottes, sondern ein Teil des Tierreichs war. Es war also nicht zuerst Charles Darwin, der dem Affen und dem Menschen die gleichen Vorfahren zuschrieb, dies folgte schon aus Goethes Widerlegung der herrschenden Meinung, daß sich der Mensch auch im Körperbau grundlegend vom Tier unterscheide. Er hatte einfach das Pech, daß die Zeit für solch umstürzende Ideen noch nicht reif war. Goethe hatte auch in anderer Hinsicht unter den Naturwissenschaftlern zu leiden – er wurde oft auch für eine Spaltung der deutschen Wissenschaft in eine materialistisch-empirische und in eine idealistisch-naturphilosophische Richtung verantwortlich gemacht. Freilich nicht allein; die idealistische Philosophie von Kant über Fichte zu Hegel besonders in der naturphilosophischen Ausprägung Schellings bereitete dafür den geistigen Boden, der zudem noch kräftig von den Romantikern mit ihrem Identitätspostulat von Kunst und Wissenschaft gepflügt wurde. Doch galt Goethe und nicht etwa Schelling oder Hegel den Verfechtern des idealistischen Wissenschaftsverständnisses als oberster Gewährsmann. Es soll hier nicht untersucht werden, mit welchem Recht sich die Vertreter der Naturphilosophie auf Goethe berufen. Viel interessanter und lohnender ist ein Blick in die etablierten Naturwissenschaften, um der Frage nachzugehen, ob und wie er am Aufbau eines konsistenten Wissenschaftsgebäudes mit- und nachgewirkt hat. Um die Verbindungslinien aufzuzeigen, ist es nötig, kurz auf die Art und Weise einzugehen, wie Goethe selbst Forschung verstand und betrieb und welche Motivation ihr zugrunde liegt.

Schon in jungen Jahren hatte Goethe ein starkes Bedürfnis, die Erscheinungen, die Natur, die Welt um sich herum zu deuten und die einzelnen Phänomene in Einklang zueinander und zum Betrachter zu bringen. Zunächst konnte er seinen Wissensdurst nur über Naturmystik, Kabbala und Alchemie stillen, alles hermetische Traditionen, welche eine ‹Einheit der Natur›[1] versprachen. Der frühe *Faust* mit dem Versuch seiner Titelfigur zu erkennen, «was die Welt

---

1) Der Begriff, obwohl oft auf ihn bezogen, ist bei Goethe nicht nachweisbar.

im Innersten zusammenhält»²⁾, ist noch ganz in dieser Richtung gedacht. Doch bald wuchs der durch seine juristischen, medizinischen und auch chemischen Studien kritisch gewordene Geist über diese Denkmuster hinaus. In Zusammenarbeit mit Lavater und seinem Projekt zur Förderung der Menschenkenntnis und Menschenliebe, den *Physiognomischen Fragmenten*, beschäftigte Goethe sich erstmals mit Osteologie, der Lehre von den Knochen und Schädeln. Bald genügte ihm Lavaters religiös motivierte und letztlich unwissenschaftliche Vorgehensweise nicht mehr, und er betrieb seine Studien unabhängig mit der ihm eigenen Neugier weiter. Wie bekannt, führten ihn diese Studien unter anderem zum menschlichen Zwischenkieferknochen und zur Wirbeltheorie des Schädels. Diese Entdeckungen machte nicht zufällig gerade Goethe. Sie stehen nämlich für eine bestimmte Art des Forschens, das man als eine ‹Suche nach Verbindendem› bezeichnen könnte. Es ging Goethe nicht ein, daß die menschliche Entwicklung unabhängig von der des Tierreichs stattgefunden haben soll. Deswegen suchte und fand er eben jenen Kieferteil, der den Menschen als Teil des Tierreichs auswies. Damit war eine wichtige Vereinheitlichung geschaffen. Eine andere Vereinheitlichung erwuchs aus seiner revolutionären Idee, daß die Schädelknochen nichts anderes als umgestaltete Wirbel seien. Auch dies konnte er wissenschaftlich einwandfrei belegen und viele weitere Beispiele ausdifferenzierenden Wachstums in Tier- und Pflanzenwelt beibringen. Das entscheidende dabei war, daß verschiedene und oft völlig unabhängig voneinander scheinende Gestalttypen auf ein einheitliches Grundprinzip zurückgeführt werden konnten. Anschaulichstes Beispiel dieses Gestaltwandels waren für Goethe die so unterschiedlichen Formen von Raupe und Schmetterling, die doch ein und dasselbe Lebewesen darstellten. Diesen vielfältigen Gestaltwechseln, auf griechisch: Metamorphosen, in der Natur nachzuspüren um möglichst viele Erscheinungen auf ein gemeinsames ‹Urphänomen› zurückzuführen, war ein zentrales Anliegen von Goethes naturwissenschaftlicher Betätigung. Die Lehre von der Einheit hinter den wechselnden Gestalten nann-

---

2) Die Werke und Briefe Goethes werden zitiert nach *Goethes Werke*, hrsg. im Auftrage der Großherzogin Sophie von Sachsen, Weimar 1887-1919 (abgek.: WA); *Faust*, Vs. 378, WA I,14,28.

te er als erster Morphologie. Als Begründer der wissenschaftlichen Morphologie wird der Königsberger Anatom und Physiologe Karl Friedrich Burdach angesehen, doch konnte man inzwischen nachweisen, daß Goethe diesen Begriff, wenn auch nur in seinen Notizbüchern und für sich selbst, schon Jahre vor Burdach benutzte und auch die Methodik der vergleichende Morphologie als eine der zwei großen Hauptgebiete dieser Wissenschaft, als erster entwickelte, während Burdach die experimentelle Morphologie schuf. Goethes Anliegen war die Reduktion der Formenvielfalt auf die zugrunde liegenden biologischen Baupläne oder Typen, die wichtigsten Hilfsmittel zu deren Beschreibung waren die Begriffe Homologie, Konvergenz und Analogie. In diesem Sinne suchte er auf Burdach, mit dem er brieflich korrespondierte, einzuwirken. Der durchaus vorhandene Einfluß war freilich zeitlich begrenzt, denn der Forscher schlug später einen anderen Weg ein, der Goethes Widerspruch hervorrief. Der Briefwechsel mit Burdach zeigt aber, wie unverdrossen Goethe Mitstreiter für seine Sache suchte. Seine Sache war nicht das Zergliedern, sondern das Zusammenfügen, wiewohl er wußte, daß die Analyse ein unentbehrliches Hilfsmittel der Wissenschaften ist. Während der Gang der Wissenschaften aber immer feinere Verästelungen der Wissensgebiete zeitigte, bedurfte es um so mehr eines umfassenden Denkens, welches gemeinsame Strukturen oder Parallelen in unterschiedlichen Teilgebieten erkannte und diese auf eine höhere Weise wieder zusammenfügte. Ein typischer Repräsentant des analytischen Wissenschaftlers für Goethe war Carl von Linné, der Tiere und Pflanzen unterschied und benannte. Aber für die Aufgabe, die so entstandene Formenvielfalt auf übergeordnete Grundprinzipien zusammenzufassen, fühlte sich die Naturwissenschaft nicht mehr zuständig. Für Goethe gehören jedoch beide Seiten, die Analyse und die Synthese, zur wissenschaftlichen Methodik. Im gleichnamigen Aufsatz *Analyse und Synthese* schreibt er: «Es ist nicht genug, daß wir bei Beobachtung der Natur das analytische Verfahren anwenden, d.h. daß wir aus einem irgend gegebenen Gegenstande so viel Einzelnheiten als möglich entwickeln und sie auf diese Weise kennen lernen, sondern wir haben auch eben diese Analyse auf die vorhandenen Synthesen anzuwenden, um zu erforschen, ob man denn auch richtig, ob man der wahren

Methode gemäß zu Werke gegangen»[3] sei. Eben die Fähigkeit zur Synthese vermißt Goethe in der zeitgenössischen Wissenschaft: «ein Jahrhundert», so fährt er fort, «das sich bloß auf die Analyse verlegt, und sich vor der Synthese gleichsam fürchtet, ist nicht auf dem rechten Wege; denn nur beide zusammen, wie Aus- und Einathmen, machen das Leben der Wissenschaft.»[4] Goethe weiß, daß man den Menschen mit Anatomie allein nicht ausreichend beschreiben kann, auch nicht mit Physik, Chemie oder Psychologie. Die Fachwissenschaften bekommen also den zu beschreibenden Gegenstand allein nicht in den Griff, und so bedarf es jemanden, der sich aus den Fachwissenschaften das jeweils benötigte Werkzeug holt, das zur Betrachtung und Beschreibung des Objekts als Ganzem unerläßlich ist. Dieses mühevolle Vorgehen hat Goethe am Ende seines genannten Aufsatzes einen Seufzer entlockt: «Was ist eine höhere Synthese als ein lebendiges Wesen; und was haben wir uns mit Anatomie, Physiologie und Psychologie zu quälen, als um uns von dem Complex nur einigermaßen einen Begriff zu machen, welcher sich immerfort herstellt, wir mögen ihn in noch so viele Theile zerfleischt haben.»[5]

Das wissenschaftliche Anliegen Goethes dürfte an diesem Beispiel deutlich geworden sein. Eine besonders wichtige Konsequenz des vereinheitlichenden Denkens muß dennoch hervorgehoben werden, weil sie die Wissenschaft Goethes und des 19. Jahrhunderts auf ihre spezifische Art beeinflußt: nämlich die Einheit von Gott und Natur. Dieser Gedanke, daß Schöpfer und Schöpfung identisch seien, stammt zwar von Spinoza, ist aber bei Goethe auf außerordentlich fruchtbaren Boden gefallen. Die Formel «deus sive natura» gestattete es Goethe, auf einen personellen Schöpfergott zu verzichten und Gott statt dessen in der Natur zu verehren und zwar zum einen durch künstlerische Nachschöpfung – hierher gehört Shaftesburys Schlagwort vom Künstler als zweitem Prometheus unter Zeus – und zum andern durch das forschende «Nachdenken der Schöpfung», ein Wort, das auf Klopstock zurückgeht.[6] Goethes Interesse an der Natur kann also, wie dasjenige vieler anderer Forscher, als

3) WA II,11,69. – 4) WA II,11,70. – 5) WA II,11,71.
6) Vgl. die erste Strophe der Ode *Der Zürchersee* (1750).

ins Weltliche gewendete Gottesverehrung verstanden werden. Diese höchste der Einheiten brachte für Goethe allerdings ein Problem mit sich. Die Schöpfung konnte jetzt nicht mehr als durch einen willkürlichen Schöpfungsakt Gottes entstanden gedacht werden. Hatte noch Leibniz die Schöpfung als «prästabilierte Harmonie» und als die beste aller möglichen Welten, weil von Gott geschaffen, verstanden, hatte Newton mit dem Spruch «hypotheses non fingo» zwar die Physik revolutioniert, doch Gott darin ausdrücklich seinen Platz gelassen, hatte sich Descartes der Vorstellung hingegeben, die Lebewesen bis hin zum Menschen seien von Gott in die Welt gesetzte Maschinen, so war nun die Natur aus sich selbst heraus zu begründen. Spinoza hatte dieses Problem mit der Unterteilung in eine schaffende und geschaffene Natur noch ausgeklammert, doch für Goethe wurde eben dies zum Leitthema und Forschungsprogramm: Wenn die Natur aus sich selbst heraus entstand, waren letztlich alle Lebewesen in einem ungleich höheren Grade miteinander verbunden oder verwandt, als die alte Sichtweise es sich je vorstellen konnte. Diese alte Sichtweise ist diejenige des mechanistischen Zeitalters, das Gott gleichsam als Figurenschnitzer sah, der je nach Belieben mal hier, mal da ein Geschöpf in die Welt stellte, nachdem er dessen Uhrwerk aufgezogen hatte. Es waren für Goethe in der Natur also eben jene inneren Verwandtschaftsmerkmale aufzufinden, die seine Hypothese, ja seine Überzeugung vom Zusammenhang und der Selbstorganisation der Natur belegen konnten. Unter diesem Aspekt läßt sich nahezu die gesamte Beschäftigung Goethes mit der Wissenschaft erklären.

Mit dieser Ansicht blieb Goethe nicht allein. Da es sich bei der Einheit von Gott und Natur zuallererst um ein theologisches und philosophisches Problem handelte, nimmt es nicht wunder, daß zuerst die Philosophie auf die Konsequenzen dieses Postulats aufmerksam wurde. Nachdem Kant dem vorkritischen Rationalismus seine Grenzen aufgezeigt hatte, war es Fichte, der den Gegensatz von apriorischem Denken und empirischer Erfahrung aufzuheben suchte, indem er das reine Denken als gegeben setzte und ihm die Bezeichnung «Ich» verlieh. Die äußere Welt, die Welt der Erfahrungen, entsteht bei Fichte aus der denkenden Tätigkeit des Ich heraus: als unbewußte, akzidentelle Setzung des «Nicht-Ich». Wir erkennen, warum Goethe von Fichtes Philosophie unmittelbar berührt werden mußte, postulierte sie doch die Identität von «Ich» und «Nicht-Ich», von Subjekt und Objekt, von Geist und Natur. Die Schöpfung entsteht gleichsam als Nebenprodukt aus der Denktätigkeit des Ich. Die Philosophie Fichtes ist übrigens eines der Gründe, warum Goethe dem Tätigkeitsprinzip einen so hohen Stellenwert einräumt.

Verfolgt man Fichtes Ansatz konsequent weiter, so ist es nicht erstaunlich, daß er im Atheismus endet. Ein Schöpfergott ist nicht mehr denknotwendig. Goethe mochte Fichte, der im Beharren auf seiner atheistischen Position seine Jenaer Professur verlor, so weit nicht folgen, zumal sich eine neue Stimme meldete, die seiner empirischen Grundhaltung weiter entgegenkam als Fichte: nämlich der junge Schelling. Hatte Fichte die Natur als Schöpfung des Geistes deklariert, so drehte nun Schelling gewissermaßen den Spieß um und erklärte den Geist als ein Produkt der Natur. Im Gegensatz zu Fichte hatte Schelling Kontakt zu den im frühen 19. Jahrhundert sich immer stürmischer entwickelnden Naturwissenschaften, die er mit der Philosophie von Kant und Fichte zu verbinden suchte. Die Naturphilosophie war geboren. Mit Schelling fand Goethe seinen theoretischen Überbau, zumal jener, anders als Fichte, auch Spinoza in sein System zu integrieren vermochte. Obwohl zwischen Goethe und Schelling nie eine Allianz wie die mit Schiller bestand, so erwuchs aus der flüchtigen Koinzidenz dieser beiden Geister eine Macht, die die Wissenschaft des 19. Jahrhunderts zutiefst beeinflußte. Ich betone: flüchtig, denn Schelling, der Nutznießer von Fichtes Entfernung aus Jena war, verfolgte seine damaligen Ansätze nicht mehr weiter, trat bald danach in bayerische Dienste und näherte sich, ein Zögling des Tübinger Stifts, dem Katholizismus an. So sah sich Goethe in der praktischen Umsetzung der Schellingschen Natur- und Identitätsphilosophie bald alleine gelassen. Diese Umsetzung in die Praxis bedeutet für Goethe zweierlei: Erstens die Formulierung abstrakter philosophischer Gedanken in weltanschauliche Dichtung, zweitens die Übertragung der naturphilosophischen Prämissen in naturwissenschaftliche Fragestellungen.

Den zweiten Punkt haben wir an Beispielen bereits kennengelernt. Er besteht in der Suche nach Verbindungen, Zusammenhängen zwischen scheinbar unabhängigen Phänomenen. Es ist die Suche nach Vereinheitlichung der Natur, nach der ‹Einheit der Natur›. Nun hat Goethe trotz seiner wissenschaftlichen Arbeit in der Hauptsache durch seine Dichtungen weitergewirkt. Deshalb sei eine Strophe eines weltanschaulichen Gedichts angeführt, das die zentralen Punkte von Goethes Weltsicht hervorhebt:

> Was wär' ein Gott, der nur von außen stieße,
> Im Kreis das All am Finger laufen ließe!
> Ihm ziemt's, die Welt im Innern zu bewegen,
> Natur in Sich, Sich in Natur zu hegen,
> So daß, was in Ihm lebt und webt und ist,
> Nie Seine Kraft, nie Seinen Geist vermißt.[7]

Es ist offensichtlich, daß sich Goethe gegen einen Gott außerhalb der Natur ausspricht, der das All wie eine Maschine konstruiert hat und ablaufen läßt. Hier übt er Kritik an Leitvorstellungen des mechanistischen Zeitalters. Eine Maschine fordert einen transzendenten Gott, der wie ein Puppenspieler die Figuren und Rädchen in Bewegung hält. Goethes Gott hingegen ist immanent, der lebendigen Kreatur innewohnend und eins mit der Natur; ihm ziemt es «Natur in Sich, Sich in Natur zu hegen». Dies ist die poetische Umschreibung der bekannten spinozistischen Formel «deus sive natura». Die Natur schafft sich selbst, organisiert sich selbst. Heute ist das Schlagwort von der Selbstorganisation des Universums eine Binsenweisheit geworden. Zu Goethes Zeit, wo es noch nicht einmal eine Abstammungslehre gab, mußte diese Vorstellung der Wissenschaft völlig fremd erscheinen. Gleichwohl drangen die Ansichten Goethes und der Naturphilosophie langsam in die exakten Wissenschaften ein, wie ich im folgenden darlegen werde. Ich möchte aber betonen, daß es mir hier nur um die exakten Wissenschaften geht, denn es gab und gibt auch Weltanschauungen, die ihr ideologisch-geschlossenes Weltbild von Goethe ableiten.

---

[7] *Gott, Gemüth und Welt*, WA I,2,215 bzw. *Prœmion*, WA I,3,73.

Beginnen wir mit der Farbenlehre. Sie gründet auf dem Postulat der Polarität von Hell und Dunkel. Warum ist Polarität für Goethe so wichtig? Hell und Dunkel sind Gegensätze, eigentlich unvereinbar. Um sie miteinander zu vereinen, braucht er ein übergeordnetes Prinzip, nämlich das der Polarität. So wie zwei Pole einander entgegengesetzt sind und doch nicht ohne einander auskommen, so erklärt Goethe die Farberscheinungen durch die Vereinigung von Hell und Dunkel. Die beiden Pole und das dazwischen liegende Kraftfeld bilden eine höhere Einheit, in dem auch der Gegensatz zwischen Hell und Dunkel sowie viele andere Erscheinungen ähnlicher Art aufgehen. Die Polarität ist für Goethe also ein Grundgesetz, unter dem sich viele dualistische Erscheinungen im Sinne einer höheren Einheit erklären lassen. Die Gewichtung der Polarität als Grundprinzip des Aufbaus der Natur hat Goethe Schelling zu verdanken, wiewohl er schon vor Schelling diesen Begriff benutzte. Dieser wiederum hatte nichts anderes gemacht, als Fichtes «Ich und Nicht-Ich»-Antithese mit der Natur in Einklang zu bringen. Was nun Goethe gegenüber Fichte und Schelling hinzufügt, ist die Bedeutung der Synthese. Angewendet auf die Farbenlehre bedeutet dies: Aus der These «Licht» und seiner Antithese «Nicht-Licht», wie man die «Finsternis» in Fichtescher Terminologie bezeichnen könnte, entsteht die Synthese der Farbphänomene. Dies gilt generell für Goethes Natursicht und Weltanschauung: These und Antithese können für ihn nur zwei unterschiedliche Aspekte einer den Erscheinungen zugrunde liegenden Einheit sein, deshalb muß es eine Synthese geben, in der diese Gegensätze aufgehoben sind. Dieses Konzept hatte weitreichende Folgen in der Philosophie und der Wissenschaft des 19. Jahrhunderts. Es ist zum Grundschema für Hegels dialektische Philosophie geworden und im Anschluß daran zum Baustein des dialektischen Materialismus. Vergleicht man die Systeme von Hegel und Marx mit dem Vorbild, so erkennt man, wie sich durch deren Adaption Goethes ursprüngliches Konzept geändert hat. Bei beiden Philosophen führt die Synthese zu einem nicht mehr dualistischen, sondern zu einem geschlossenen Weltbild. Im ersten Fall entsteht die gesamte Schöpfung aus der Selbstentfaltung des Geistes, im anderen existiert kein absoluter Geist unabhängig von materiellen Konfigurationen wie sie etwa von Gehirnzellen repräsentiert werden. Diese beiden Weltentwürfe sind die konsequenten Folgen einer Weltdeutung ohne einen Schöpfergott, die zwar nicht ausschließlich, aber doch wesentlich auf Goethe und dessen Spinoza-Deutung zurückgehen. Die theologische Brisanz seiner Gedanken hat Goethe übrigens selbst eingesehen. In den Paralipomena zum *Faust* finden sich folgende Worte: «Natur und Geist – so spricht man nicht zu Christen. Deshalb verbrennt man Atheisten»[8]. Der Autor dürfte dabei auch an den Atheismus-Streit um Fichte gedacht haben. Trotz dieses Details wären die beiden konkurrierenden Weltanschauungen des 19. Jahrhunderts, das geistbasierte Modell Hegels und das materie- oder naturbasierte von Marx jedoch gewiß nicht mehr in Goethes Sinne gewesen, verhalten sie sich doch selbst wie zwei unversöhnliche Gegensätze zueinander, die eben durch keine Synthese zu überbrücken sind, sofern man Natur und Geist bzw. Natur und Gott nicht gleichsetzt wie es Goethe tat. Das Verhältnis dieser drei dialektischen Systeme und ihrer Schöpfer (Marx, Goethe, Hegel) zueinander läßt sich wohl am treffendsten mit Goethes eigenen Worten charakterisieren: «Prophete rechts, Prophete links, das Weltkind in der Mitten.»[9]

Ich komme noch einmal zurück zu Goethes Farbenlehre und auf das ihr zugrunde liegende Konzept der Polarität von Hell und Dunkel. Es führt kein Weg daran vorbei einzugestehen, daß dies physikalisch nicht haltbar ist. Man wunderte sich aber seit je, warum Goethe das nicht einsehen wollte und er in eine solch heftige Polemik gegen Newton verfiel. In diesem Zusammenhang liegt die Antwort auf der Hand. Ein Einlenken hätte, wenn auch nicht zwangsläufig so doch wohl für Goethe, die Preisgabe des Polaritäts-Gedankens bedeuten müssen und damit in letzter Konsequenz den Verzicht auf die Einheit der Schöpfung. Es ist schon eine tragische Ironie, wie die Wissenschaftsgeschichte Goethe mitgespielt hat, denn heute weiß man, daß es tatsächlich eine Polarität des Lichts gibt, nämlich in der Form des Teilchen-Welle-Dualismus. Und pikanterweise haben sich diejenigen Physiker, die dieses Phänomen zu beschreiben und aufzuklären suchten, sich der Vorstellungswei-

---

8) *Faust*, Vs. 4897; WA I,15.1,14.
9) *Diné zu Coblenz im Sommer 1774*, WA I,2,267.

se Goethes bedient. Doch dies gehört dem 20. Jahrhundert an und ist nicht Gegenstand dieser Darstellung.[10]

Die *Farbenlehre* hatte jedoch noch andere Nachwirkungen in den exakten Wissenschaften. Betrachtet man ihren Aufbau, so stellt man fest, daß nur ein kleiner Teil von der Physik der Farben handelt. Die Arbeit beginnt mit einer Physiologie des Farbsehens, sie enthält weiterhin chemische Aspekte der Farbzusammensetzung, auch einen Abschnitt über die «sinnlich-sittliche Wirkung der Farbe», womit der Autor vor allem die bildenden Künstler, aber auch Färber und andere Berufsgruppen ansprechen will, die mit Farbe zu tun haben. (Von der Malkunst ausgehend ist Goethe übrigens zum Studium der Farben gekommen.) Ferner gibt es den polemischen Teil, der, abgesehen von den Attacken gegen Newton, dem «Material und Methoden»-Teil heutiger naturwissenschaftlicher Arbeiten entspricht. Als fulminanten Abschluß präsentiert Goethe eine profunde Geschichte der Farbenlehre. Man sieht, wie prosaisch-nüchtern sich die rein physikalische Sichtweise präsentiert, die sich mit der Feststellung, daß die Farbe eine Funktion der Wellenlänge sei, zufrieden gibt. Wie sie auf die Betrachter wirkt, ja, ob verschiedene Betrachter die Farbe, sagen wir von der Wellenlänge 500 nm, was einem neutralen Grün entspricht, überhaupt als gleich empfinden, wird von der Physik nicht beantwortet. Es ist also naheliegend, erst einmal die Wechselwirkung zwischen Lichtstrahl und den beteiligten Organen wie Netzhaut und Retina aufzuklären, bevor man sich zu objektiven Erkenntnissen aufschwingt. In dieser Absicht begann Goethe mit einer Physiologie des Farbsehens, die freilich nur ein Propädeutikum darstellen konnte, denn bis dahin war dieses Problem noch nicht ernsthaft angegangen worden. Dies sollte sich nach der Veröffentlichung der Farbenlehre bald ändern. Der böhmische Physiologe Jan oder Johannes Purkinje war von Goethes Bemerkungen zur Physiologie des Sehens so beeindruckt, daß er dies zu seinem Forschungsgebiet machte und mit seinen *Beiträgen zur Kenntnis des Sehens in subjektiver Hinsicht* promo-

---

10) Vgl. hierzu Peter Huber: *Naturforschung und Meßkunst. Spuren Goethescher Denkart in der frühen Quantentheorie*, Berichte aus den Sitzungen der Joachim Jungius-Gesellschaft der Wissenschaften, Jahrgang 18 (2000), Heft 2, Hamburg 2000.

vierte. Goethe nahm das Werk 1819 zur Kenntnis, allerdings, wie er später bekennt, mit Unbehagen, da er von Purkinje nicht zitiert worden sei. (Purkinje hat dies später wieder gutgemacht, indem er Goethe die Schrift *Beobachtungen und Versuche zur Physiologie der Sinne* von 1825 widmete.) Goethe exzerpierte nun seinerseits Purkinjes Dissertation, um sie künftig für seine Zwecke zu verwenden. Am 29. März 1821 schreibt er an C. F. Reinhard: «Von der wundersamen Production und Reproduction der Augenerscheinungen wüßte freylich auch manches zu erzählen. Sehen Sie doch, ob der Frankfurter Buchhandel Ihnen folgendes Werkchen verschaffen kann: Purkinje, Beyträge zur Kenntniß des Sehens in subjectiver Hinsicht. Prag, 1819. Dieser vorzügliche Mann ergeht sich in den physiologen Erscheinungen und führt sie durch's Psychische zum Geistigen, so daß zuletzt das Sinnliche in's Übersinnliche ausläuft [...] Ich bringe in meinem nächsten Stück Naturwissenschaft einen Auszug aus Purkinje bey, mit eingeschalteten eigenen Bemerkungen, mannichfaltig betrachtend und hinweisend.»[11] Ein Jahr später weilte Purkinje bei Goethe, der von seiner Person sehr beeindruckt war. So begann, aufbauend auf Goethe, die Physiologie des Sehens oder allgemeiner, die Sinnesphysiologie.

Auf diesem Gebiet sollte bald ein junger, talentierter Wissenschaftler arbeiten, der seine ersten Denkanstöße von der Naturphilosophie, von Schelling und von Goethe, erhielt. 1826 veröffentlichte der damals 25jährige Johannes Müller sein Werk *Zur vergleichenden Physiologie des Gesichtssinnes des Menschen und der Thiere*, das stark von Purkinje und Goethe beeinflußt war. Darin heißt es: «Ich meines Theils trage kein Bedenken, zu bekennen, wie sehr viel ich den Anregungen durch die *Goethesche* Farbenlehre verdanke, und kann wohl sagen, daß ohne mehrjährige Studien derselben in Verbindung mit der Anschauung der Phänomene selbst, die gegenwärtigen Untersuchungen wohl nicht entstanden wären. Insbesondere scheue ich mich nicht zu bekennen, daß ich der *Goethe*schen Farbenlehre überall dort vertraue, wo sie einfach die Phänomene darlegt und in keine Erklärungen sich einläßt»[12]. Nun ist aus Jo-

11) WA IV,34,172f.
12) Zit. nach Adolf Meyer-Abich: *Biologie der Goethezeit*, Stuttgart 1949, S. 254.

hannes Müller einer der bedeutendsten Wissenschaftler seiner Zeit geworden. Er etablierte die Physiologie als eigenständiges akademisches Fachgebiet in Deutschland und war Lehrer von solch namhaften Forschern wie Virchow, Schwann, Helmholtz und Du Bois-Reymond. Ihm ist es zu verdanken, daß die Physiologie die Paradedisziplin der deutschen Wissenschaft des 19. Jahrhunderts wurde. Die Biographik hat Johannes Müller zwei konträre Lebenshälften zugeschrieben: die erste, in der er von der Naturphilosophie beeinflußt war und die zweite, in der er zur strengen Wissenschaft fand. Die neuere Forschung hat diese Ansicht, die hauptsächlich auf den Gedächtnisreden von Virchow und Du Bois-Reymond gründete, relativiert.[13)] Müller hatte die Forschung Goethes und ihre Methodik stets ernst genommen, auch wenn er die Mängel der physikalischen Farbenlehre erkannt hat. Dies gestehen selbst die beiden genannten Forscher zu, welche die Naturphilosophie ausdrücklich ablehnten. Virchow führt in seiner Rede von 1858 aus: «Was Müller an der Goethe'schen Betrachtungsweise der Farben besonders anzog, war das Ausgehen von den subjectiven Erscheinungen. Goethe hatte dieselben zuerst mit Nachdruck in ihr Recht als physiologische Phänomene eingesetzt.»[14)] Ja, Müller ging sogar so weit, auf «phantastische Gesichtserscheinungen», wie ein weiteres seiner Werke betitelt ist, bei sich selbst zu achten und diese zu beschreiben. Sinn dieser Untersuchungen war letztlich, die objektive Erscheinung von der subjektiven Wahrnehmung unterscheiden zu lernen. Hier wird also nach der Wechselwirkung zwischen Experiment und Beobachter, zwischen Natur und Mensch gefragt, ein Problem, das sich der Physik bis ins 20. Jahrhundert hinein nie gestellt hat. Die Physik schaltete ganz konsequent das Subjektive aus, und nahm an, daß die Sinneswahrnehmung bereits objektiv sei. Den Unterschied zwischen Physik und Physiologie kann man also dahingehend fassen: Die Physik ist die Wissenschaft der leblosen Körper und ihrer Beziehungen zueinander unter Ausschluß des

---

13) Vgl. vor allem Frederick Gregory: *Hat Müller die Naturphilosophie wirklich aufgegeben?* In: Michael Hagner, Bettina Wahrig-Schmidt (Hrsg.): *Johannes Müller und die Philosophie*, Berlin 1992, S. 143-154.
14) Rudolf Virchow: *Johannes Müller. Eine Gedächtnisrede, gehalten bei der Todtenfeier am 24. Juli 1858 in der Aula der Universität zu Berlin*, Berlin 1858, S. 41.

Subjektiven, die Physiologie dagegen ist die Physik der lebendigen Körper, der Interaktion von Gesetz und Leben ganz im Goetheschen Sinne. Wir verstehen jetzt, warum in der Zeit nach Goethe gerade in Deutschland die Physiologie in hoher Blüte stand, während in Frankreich und England die klassische Physik dominierte. Es ist aber auch leicht einzusehen, daß die Physiologie nicht lange eine eigenständige Wissenschaft bleiben konnte, denn je nach Spezialisierung tendierten ihre Forscher entweder zum lebendigen Körper und landeten in medizinischen bzw. biologischen Fragestellungen, oder sie widmeten sich den leblosen Körpern und näherten sich so der Physik an. Virchow und Schwann gingen den ersten, Helmholtz und Du Bois-Reymond den zweiten Weg.

Der parallele Erkenntnisfortschritt in Physik und Physiologie läßt sich an einem fundamentalen Prinzip erläutern, am Satz von der Energieerhaltung. Beeinflußt von Goethe und der Naturphilosophie machte der junge damalige Schiffsarzt Robert Julius Mayer eine Entdeckung, die eigentlich nur aufgrund seiner Überzeugung möglich war, daß es eine grundlegende Einheit zwischen belebter und unbelebter Natur gebe. Auf einer Reise nach Java im Jahr 1840/41 – Mayer war damals 26 Jahre alt – stieß er auf ein merkwürdiges Phänomen, daß nämlich in den Tropen geringere Farbunterschiede zwischen arteriellem und venösem Blut bestehen als in den gemäßigten Zonen. Er deutete diese Erscheinung als Folge des im Körper veränderten Wärmehaushalts. Je höher die Außentemperatur, so argumentierte Mayer, desto weniger Eigenwärme muß der Mensch zur Aufrechterhaltung seiner Körpertemperatur produzieren. Diese Eigenwärme wird bereitgestellt durch die Verbrennung, das ist die Oxydation von Nahrung. Der zur Oxydation nötige Sauerstoff wird vom Blut in die Zellen transportiert. Je geringer also die Sauerstoffdifferenz und damit die Farbe zwischen arteriellem und venösem Blut ist, desto geringer ist die Verbrennung. Damit ist gezeigt, daß sich Energie in Wärme umwandelt. Dazu paßte die altbekannte Tatsache, daß ein Mensch, der körperlich viel arbeitet, mehr Nahrungsenergie benötigt als einer, der sich nicht bewegt. Diese Gedanken führten Mayer bereits 1842 auf die Idee eines mechanischen Wärmeäquivalents, das er erstmals in seinen

Bemerkungen über die Kräfte der unbelebten Natur zu bestimmen suchte. In einer späteren Abhandlung von 1845, *Die organische Bewegung in Zusammenhang mit dem Stoffwechsel*, hatte er bereits präzisere Daten und bessere Argumente zur Verfügung und konnte seine Vermutung von der Erhaltung der Energie schlüssig belegen. Mayer war jedoch ein wissenschaftlicher Außenseiter, und seine Arbeiten blieben jahrelang unbeachtet. Inzwischen war auch das Multi-Talent Hermann Helmholtz, der von Johannes Müller für die Physiologie gewonnen werden konnte und bei dem Helmholtz 1842 promovierte, in jahrelanger Arbeit auf die Stoffwechsel-Gesetze gestoßen. Im Dezember 1846 schreibt er an seinen Freund Du Bois-Reymond: «Im nächsten Quartal habe ich Lazarettwache, da werde ich hauptsächlich Konstanz der Kräfte treiben.»[15] Am 8. September 1847 meldet er seiner Verlobten Olga von Velten: «noch einige wenige Frösche getödtet, und […] die Ausarbeitung der darauf bezüglichen Abhandlung begonnen».[16] Noch im gleichen Jahr erscheint die Publikation *Über die Erhaltung der Kraft*. Die unabhängige Arbeit von Helmholtz ist zwar in Aussage und Geltungsbereich universaler als diejenige Mayers, doch ist Thema und Ergebnis das gleiche. Zu erwähnen ist eine weitere Gemeinsamkeit beider Arbeiten, nämlich die Tatsache, daß das allgemeine Gesetz der Erhaltung der Energie und die Bestimmung des mechanischen Wärmeäquivalents von lebenden Organismen abgeleitet wurden.

Daß es einen Zusammenhang zwischen Arbeit und Wärme gebe, war gleichzeitig auch den mit Dampfmaschinen experimentierenden Physikern aufgefallen. Sadi Carnot hatte bereits 1824 seine *Betrachtungen über die bewegende Kraft des Feuers* veröffentlicht. Er hing jedoch der falschen Vorstellung eines Phlogistons, eines eigenständigen Feuerstoffs an. Nachgelassene Aufzeichnungen Carnots, die erst 1878 bekannt wurden, zeigen aber, daß er schon eine dezidierte Vorstellung von der Einheit von Wärme, Kraft und Energie hatte und auch das mechanische Wärmeäquivalent schon hinreichend

---

15) Zitat nach: Wolfgang U. Eckart und Christoph Gradmann: *Hermann Helmholtz und die Wissenschaft im 19. Jahrhundert*, Spektrum der Wissenschaft (abgek.: SdW) 12 (1994), 100-109, hier S. 103.
16) SdW 12 (1994), 103.

genau zu bestimmen wußte. So blieb es dem englischen Brauereibesitzer und Privat-Physiker James Prescott Joule vorbehalten, diese Konstante, welche Arbeit und Energie einerseits und Wärme andererseits zu zwei Seiten einer Medaille macht, physikalisch genau zu bestimmen. Dies geschah 1843, also ein Jahr nach der ersten gröberen Schätzung durch Mayer, wovon Joule natürlich ebenfalls keine Kenntnis hatte. Dieses Beispiel über die Auffindung des Gesetzes der Energieerhaltung zeigt, mit welch unterschiedlichen Mitteln die Physiologie in Deutschland und die Physik in Frankreich und England etwa gleichzeitig zum gleichen Ergebnis gekommen waren, im ersten Fall anhand des lebenden Menschen, im zweiten Fall anhand von Dampfmaschinen. Im ersten Fall ist das beobachtende Subjekt in das Experiment – wenigstens prinzipiell – integriert; im zweiten Fall ist der Beobachter kein Teil der Versuchsanordnung, es ist eine strikte Trennung von Subjekt und Objekt gewahrt. Der erste Fall ist goethesche, der zweite Fall mechanistische Wissenschaft. Erinnern wir uns an das erste Zusammentreffen von Goethe und Schiller anläßlich eines naturwissenschaftlichen Vortrag des Jenaer Botanikers August Johann Batsch: Schiller bemängelte «eine so zerstückelte Art, die Natur zu behandeln», worauf Goethe entgegnete «daß es doch wohl noch eine andere Weise geben könne, die Natur nicht gesondert und vereinzelt vorzunehmen, sondern sie wirkend und lebendig, aus dem Ganzen in die Theile strebend darzustellen.»[17]

So wurde die Physiologie in der Nachfolge Goethes zur Wissenschaft, die das Ganze, also Subjekt und Objekt zusammen, betrachtete. Daß sie in der Gestalt Robert Julius Mayers den Energieerhaltungssatz noch vor den Physikern entdeckt hat, ist heute unbestritten. Daran ändert auch nichts, daß diejenige Energieeinheit, die auf das Wärmeäquivalent bei physiologischen Prozessen Bezug nimmt, heute «Joule» heißt. (Bei der traditionellen physiologischen Energieeinheit, der Kalorie, steckt die Wärme anschaulicherweise schon im Namen.) Hätte bei der Namensvergabe der SI-Einheiten die Physiologie gegenüber der Physik nur die gering-

---

[17] *Glückliches Ereigniß*, WA II,11,16.

ste Rolle gespielt, so würden wir heute mit unserem Frühstücksjoghurt 500 Kilomayer (statt Kilojoule) zu uns nehmen. Wenn wir bei heutigen Diätplänen nicht mehr Erbsen zählen müssen sondern Kalorien oder Joule addieren können, so verdanken wir dies den Physiologen des 19. Jahrhunderts, die ihre Forschungen in der Tat mit dem Erbsenzählen begonnen haben. Wer weiß, vielleicht hätte den Energieerhaltungssatz sogar Georg Büchner entdeckt, das wohl größte Doppeltalent in wissenschaftlicher und literarischer Hinsicht, wenn er nicht im Alter von 24 Jahren gestorben wäre. Auch er war, wen wundert es, von Beruf Physiologe. Er hatte über das Nervensystem der Barben promoviert und wurde Privatdozent an der Universität Zürich, wo er seine Probevorlesung *Über Schädelnerven* hielt. 1836 entwarf er das Drama *Woyzeck*, das durch seinen frühen Tod 1837 Fragment blieb. Die Szene zwischen Woyzeck und dem Doktor spiegelt ernährungsphysiologische Experimente wieder, die zu jener Zeit an Soldaten und Sträflingen durchgeführt wurden: sowohl Nahrungszufuhr als auch Harn und Exkremente wurden abgemessen, In- und Output der Maschine Mensch wurden katalogisiert wie bei der Dampfmaschine. Im Drama wird Woyzeck vom Doktor gerüffelt, weil er seinen Harn nicht halten konnte und somit eine Messung zunichte machte. Der Doktor fährt fort: «Hat Er schon seine Erbsen gegessen, Woyzeck? – Es gibt eine Revolution in der Wissenschaft, ich sprenge sie in die Luft.»[18] Büchner, der im Umfeld Justus von Liebigs in Gießen studierte, kannte dessen Ernährungsexperimente sehr gut. Anders als der Chemiker von Liebig hätte der Physiologe Büchner über kurz oder lang fast zwangsläufig auf das Energieerhaltungsgesetz stoßen müssen. Die Zeit, fünf Jahre vor Mayers Publikation, war reif dafür. Wie hellsichtig Büchner die wissenschaftlichen Strömungen seiner Zeit erkannte, belegt seine erwähnte Züricher Probevorlesung: «Es treten uns auf dem Gebiete der physiologischen und anatomischen Wissenschaften zwei sich gegenüberstehende Grundansichten entgegen, die sogar ein nationelles Gepräge tragen, indem die eine in England und Frankreich, die andere in Deutschland überwiegt. Die erste […] kennt das Individuum nur als etwas, das einen Zweck außer sich erreichen soll,

---

18) Georg Büchner, *Werke und Briefe*, hrsg. v. Karl Pörnbacher, Gerhard Schaub, Hans-Joachim Simm und Edda Ziegler, (2. Aufl.) München 1999, S. 242.

und nur in seiner Bestrebung, sich der Außenwelt gegenüber teils als Individuum, teils als Art zu behaupten. Jeder Organismus ist für sie eine verwickelte Maschine, mit den künstlichen Mitteln versehen, sich bis auf einen gewissen Punkt zu erhalten.» Hier referiert Büchner die dualistische Auffassung, die Körper und Geist, Subjekt und Objekt unterscheidet. Diese ordnet er den Ländern England und Frankreich zu. Dagegen setzt er nun die sogenannte deutsche Richtung: «Die Natur handelt nicht nach Zwecken [...]; sondern sie ist in allen ihren Äußerungen sich unmittelbar *selbst genug*. [...] Das Gesetz dieses Seins zu suchen, ist das Ziel der, der teleologischen gegenüberstehenden Ansicht, die ich die *philosophische* nennen will. Alles was für *jene* Zweck ist, wird für *diese* Wirkung. Wo die teleologische Schule mit ihrer Antwort fertig ist, fängt die Frage für die philosophische an. Diese Frage [...] kann ihre Antwort nur in einem Grundgesetze für die gesamte Organisation finden, und so wird für die philosophische Methode das ganze körperliche Dasein des Individuums nicht zu seiner eigenen Erhaltung aufgebracht, sondern es wird die Manifestation eines Urgesetzes, eines Gesetzes der Schönheit, das nach den einfachsten Rissen und Linien die höchsten und reinsten Formen hervorbringt.»[19] Dies ist natürlich durch und durch Goethisch gedacht, und die anschließende Erwähnung von Oken und Carus bestätigt dies. Eine ‹Urpflanze›, ein ‹Urgesetz›, eine ‹Weltformel› stiftet die Einheit der Schöpfung. Dieser Gedanke Goethes und der deutschen Naturphilosophie hat sich durchaus befruchtend auf die Naturwissenschaften ausgewirkt, suchen die Physiker doch seit langem die Vereinheitlichung der Grundkräfte der Natur und damit die ‹Weltformel›.

Anders als die Physiker, die bekanntlich den ‹Geist› aus der Natur ausklammerten, waren die Physiologen an einer Vereinheitlichung von Körper und Geist, von Leib und Seele interessiert. Dies setzte freilich voraus, daß das Leben bzw. der Geist ein Produkt der Materie sei und nicht etwas völlig Unabhängiges, Verschiedenes. Die Lebenskraft sollte demnach ein Bestandteil der Natur sein. Unter dieser Voraussetzung, daß es eben keinen Gott gibt, der «von außen»

19) Ebd., S. 259f.

stößt, forschten und wirkten die Physiologen Helmholtz und Du Bois-Reymond, die zusammen mit Carl Ludwig die als «organische Physiker von 1847» bekanntgewordene Gruppe bildeten. Bezeichnend ist eine briefliche Äußerung von Du Bois an Carl Ludwig anläßlich seiner Bekanntschaft mit Helmholtz: «Ein Kerl, der Chemie, Physik, Mathematik mit Löffeln gefressen hat, ganz auf dem Standpunkt der Weltanschauung steht, und reich an Gedanken und neuen Vorstellungsweisen»[20]. Der von Kant eingeführte Begriff ‹Weltanschauung› bedeutete zunächst allgemein und im Unterschied zum ‹Weltbild› eine Weltdeutung aufgrund einer vorwissenschaftlichen Prämisse, doch wurde der Begriff in der Folgezeit auf eine bestimmte Prämisse eingeschränkt, nämlich zur vorausgesetzten ‹Einheit der Natur›. Im Jahr des Zusammenschlusses der Gruppe 1847 beschreibt etwa Alexander von Humboldt in der Zeitschrift *Kosmos* «die Geschichte der physischen Weltanschauung als die Geschichte der Erkenntnis eines Naturganzen.»[21] Freilich teilten diese Physiologen nicht die Gesinnung, alle Erscheinungen aus der Idee des Absoluten abzuleiten, wie es Schellings Philosophie vorgab. Im Gegenteil, es wurde sogar Goethes Methode der Naturbeobachtung gegen die Naturphilosophie Schellings und Hegels ausgespielt. Du Bois stilisiert in der erwähnten Gedächtnisrede auf Johannes Müller von 1859 den Dichter geradezu zum Retter der Wissenschaft empor: «Ist es nicht schmerzlich, sagen zu müssen, dass ein Dichter es war, der das schöne Beispiel der Enthaltsamkeit in einer so frivolen Zeit gab? ist es nicht beschämend, zu gestehen, daß *Göthe* das Prinzip der Beobachtung für die Naturwissenschaften retten musste?»[22] Wer die Berliner Rektoratsrede *Goethe und kein Ende* von 1882 kennt, wird es nicht für möglich halten, daß es sich hier um den gleichen Autor handelt. Ich möchte noch ein wenig bei der Physiologie verweilen, um die scheinbare 180 Grad-Wende von Du Bois-Reymond wenigstens in Ansätzen verständlich zu machen.

---

20) SdW 12, 1994, 102.
21) *Kosmos 2* (1847), 138; vgl. Deutsches Wörterbuch, Eintrag «Weltanschauung», 1.b, Sp. 1533.
22) Emil Du Bois-Reymond: *Gedächtnisrede auf Johannes Müller.* Aus den Abhandlungen der Königl. Akademie der Wissenschaften zu Berlin 1859, Berlin 1860, S. 16.

Zunächst war die Gruppe 1847 angetreten, um alle Lebensvorgänge, insbesondere die Sinnesphysiologie mittels quantifizierender Verfahren auf physikochemische Prozesse zurückzuführen. Kennzeichnend für ihre Mitglieder ist eine strikte antivitalistische Haltung. Mit dieser programmatischen Einstellung unterschieden sich Helmholtz, Du Bois-Reymond und Ludwig von anderen Physiologen wie Ernst Wilhelm Brücke und Ewald Hering, die ebenfalls über Optik und Farbwahrnehmung arbeiteten. Zu diesem Zweck wurde Goethe ihr natürlicher Verbündeter. Das Studium des wissenschaftlichen Goethe durch Helmholtz wird dokumentiert durch seine Schrift *Ueber Goethe's naturwissenschaftliche Arbeiten* von 1853. Hierin begründet er ausführlich, warum Goethe trotz seiner verfehlten physikalischen Farbenlehre für den Naturwissenschaftler interessant sei. Die Schrift endet mit den Worten: «Aus dem Dargestellten wird es klar sein, daß allerdings *Goethe* in seinen verschiedenen naturwissenschaftlichen Arbeiten die gleiche Richtung geistiger Tätigkeit verfolgt hat, daß aber die Aufgaben sehr entgegengesetzter Art waren, und wenn man einsieht, daß gerade dieselbe Eigentümlichkeit, welche ihn in dem einen Felde zu glänzendem Ruhm emportrug, es war, die sein Scheitern in dem andern bedingte, so wird man vielleicht geneigter werden, den Verdacht gegen die Physiker schwinden zu lassen, welchen gewiß noch mancher der Verehrer des großen Dichters hegt, als könnten sie doch wohl in verstocktem Zunftstolze für die Inspirationen des Genius sich blind gemacht haben.»[23] Helmholtz bezeichnet Goethe als Inspirationsquelle für die Physiker, und die zitierte «gleiche Richtung geistiger Tätigkeit» betrifft, wie schon dargelegt, den Kampf gegen Dualismus und Vitalismus. In diesem Sinne wurden Goethes Ansätze von Helmholtz aufgearbeitet. Die in der physiologischen Farbenlehre Goethes ziemlich unsystematisch niedergelegten Beobachtungen wurden experimentell überprüft und systematisiert. Zu diesem Zweck entwickelte Helmholtz 1851 den Augenspiegel, der die Betrachtung des Augenhintergrundes ermöglicht und der ohne wesentliche Veränderungen auch heute noch eingesetzt wird.

---

23) Zit. nach: *Goethe im Urteil seiner Kritiker.* Dokumente zur Wirkungsgeschichte Goethes in Deutschland. Hrsg., eingel. u. kommentiert von Karl Robert Mandelkow, 4 Bde., München 1975-1984, Bd. 2, S. 416.

Resultat dieser Forschungen war das zwischen 1856 und 1867 in drei Bänden veröffentlichte Werk *Handbuch der physiologischen Optik*. Gleichzeitig arbeitete Helmholtz auf dem Gebiet der Tonempfindungen. Auch dies war ein Projekt, das Goethe im Anschluß an die *Farbenlehre* erforschen wollte. Wie die Farbenlehre auf die Polarität von Hell und Dunkel aufgebaut war, so sollte analog dazu Goethes Tonlehre auf der Polarität von Dur und Moll gründen. Im Jahr 1862 erschien Helmholtz' *Lehre von den Tonempfindungen als physiologische Grundlage für die Theorie der Musik*, die, entsprechend Goethes interdisziplinärer Vorgehensweise, physikalische, physiologische, ästhetische und musiktheoretische Aspekte vereinte. Nach Abschluß dieser Projekte wandte sich Helmholtz gegen Ende der 60er Jahre immer mehr der mathematischen Physik zu. Einer der Gründe, die Helmholtz selbst nannte, war, daß die Physiologie in Deutschland in voller Blüte stünde, während die Physik in Stagnation verfalle. Dies ist zwar richtig, aber es gab noch andere Gründe. Zum einen war in der Zwischenzeit die vitalistische Richtung in der Physiologie weitgehend ausgeschaltet. Zum andern aber sah Helmholtz mit dem Fortgang seiner physiologischen Forschung immer deutlicher, daß sich nicht alle Phänomene kausal erklären ließen, und er mußte notgedrungen auch psychologische Deutungsansätze zulassen. Während der Arbeit am 3. Band seiner *Physiologischen Optik* klagt er einmal seinem Freund Du Bois: «Ein heilloses Kapitel, weil man notwendig stark in das Psychologische hineingerät und man gar nicht darauf rechnen kann, durch die bestüberlegten Gedanken die Leute zu überzeugen.» [24)]

Die Verbindungen zwischen Physiologie und Psychologie waren sehr eng geworden. So war für Helmholtz' Lehrer Johannes Müller die Erforschung der Sinne seit je der Weg zur Seele des Menschen. Folgender in seiner Dissertation ausgesprochene Satz «Psychologus nemo nisi Physiologus» [25)] behielt für ihn zeitlebens Gültigkeit. Wir sehen hier übrigens beim jungen Müller einen ähnlichen Antrieb zur Erforschung der Sinne zur Förderung der Menschenkenntnis wie bei der Physiognomik des jungen Goethe. Tatsache ist nun,

---

24) Helmholtz an Du Bois-Reymond, 3.1.1865, zit. nach SdW 12 (1994),105.
25) Rudolf Virchow: *Johannes Müller*, S. 41.

daß der Fortschritt der physiologischen Forschung in Deutschland auf immer engere Verbindungen von körperlichen und geistigen Prozessen hindeutete. Offiziell, d.h. in seiner Heidelberger Akademischen Festrede von 1862, charakterisierte Helmholtz diese Entwicklung folgendermaßen: «Die Physiologie der Sinnesorgane überhaupt tritt in engste Verbindung mit der Psychologie, indem sie in den Sinneswahrnehmungen die Resultate psychischer Processe nachweist, welche nicht in das Bereich des auf sich selbst reflectierenden Bewusstseins fallen und deshalb nothwendig der psychologischen Selbstbeobachtung verborgen bleiben mussten.»[26]

Diese Entwicklung führte nun geradewegs zum psycho-physischen Monismus des späteren 19. Jahrhunderts.[27] Helmholtz und Du Bois-Reymond jedenfalls mochten der Psychologie nicht entgegenkommen. Sie verzichteten auf die physikalische Erforschung des Lebens und widmeten sich ganz der Physik, wo besonders Helmholtz seine Leistungen in der Physiologie noch übertraf.

Du Bois hingegen wurde, wie auch Virchow, zum offenen Kritiker der Monistenbewegung und attackierte stellvertretend seine wissenschaftlichen Kollegen Ernst Haeckel und Wilhelm Ostwald. Da diese nun ihrerseits Goethe für sich vereinnahmten, sah sich Du Bois in seiner – fast möchte man sagen – Schmährede *Goethe und kein Ende*[28] von 1882 veranlaßt, Goethe für die Monisten zu diskreditieren. Er verfährt dabei äußerst geschickt, wenn auch nicht aufrichtig. Zunächst findet er eine Schwachstelle in der Fabel des *Faust*, die tatsächlich nicht von der Hand zu weisen ist. Er argumentiert, daß Faust nach der Bekanntschaft mit dem Erdgeist und mit Mephisto eigentlich die grundlegenden Probleme der Wissenschaft gelöst haben sollte; er wisse nämlich nun, daß die Welt dualistisch beschaffen sei, denn Mephisto sei ja nichts anderes als der Abglanz des «Gottes von außen». Das ist natürlich ein Schlag in die Magengrube seiner Monistenkollegen. Aber Du Bois geht noch wei-

---

26) Hermann Helmholtz: *Über das Verhältnis der Naturwissenschaften zur Gesammtheit der Wissenschaft*, Heidelberg 1862, zit. nach SdW 12 (1994),105.
27) Vgl. hierzu Monika Fick: *Sinnenwelt und Weltseele*. Der psychophysische Monismus in der Literatur der Jahrhundertwende, Tübingen 1993.
28) Du Bois erinnert mit dem Titel an Goethes Shakespeare-Eloge *Shakespeare und kein Ende*. Wer sich etwas ähnliches erwartet hatte, wurde bitter enttäuscht, was zweifellos in der Absicht des Autors lag.

ter. Diesen Faust bezeichnet er als *die* heautomorphische Schöpfung Goethes, das heißt, er überträgt die Züge der Faust-Figur auf ihren Schöpfer. Damit macht er neben Faust auch Goethe zum Dualisten und das, obwohl es Du Bois insgeheim natürlich besser weiß. Aber es kommt noch faustdicker: Obwohl Faust durch seine Bekanntschaft mit dem Teufel definitiv weiß, daß es Gott – und folglich auch das jüngste Gericht – gibt, sündigt er munter vor sich hin, verführt Gretchen, ermordet ihren Bruder, läßt Philemon und Baucis um den Preis einer theatralischen Entrüstung beseitigen. Das entlockt Du Bois folgenden bissigen Kommentar: «Der verstockteste Monist und Freigeist könnte sich nicht trotziger gebärden, als im Besitz sicherster Kenntnis vom Jenseits unser Held.»[29] Der Monist erkennt nämlich keine der Natur wesensverschiedene Lebenskraft, keinen «Gott von außen» an und dürfte sich also überhaupt nicht auf Goethe und den *Faust* berufen! Du Bois diffamiert und demontiert also die Faust-Figur nach Strich und Faden und, da er Figuren- und Autorenperspektive wohl wissentlich vermengt, auch Goethe. Wo er vormals Goethes Beobachtungsgabe und Experimentierfreude gegen die Naturphilosophie Schellingscher und vor allem Hegelscher Prägung ausspielte, so attestiert er nun Goethe eine Abneigung gegen das Experiment, da Faust die Worte sagt: «Geheimnisvoll am lichten Tag / Läßt sich Natur des Schleiers nicht berauben, / Und was sie Deinem Geist nicht offenbaren mag, / Das zwingst du ihr nicht ab mit Hebeln und mit Schrauben».[30] Betrachtet man diese Rede in Verbindung mit der Forschung von Du Bois und seiner vormaligen Einstellung zu Goethe, so wird man erkennen, daß sie nicht eigentlich gegen Goethe, sondern gegen dessen Vereinnahmung durch die Monisten gerichtet ist. «Neuerlich bemühte man sich», so Du Bois weiter, «in Goethes Lorbeer als Denker über die Natur ein neues Blatt zu flechten. Hr. Haeckel namentlich hat wiederholt und noch vor wenig Wochen Goethe neben Lamarck als bedeutendsten Vorläufer Darwins mit großer Beredsamkeit hinzustellen versucht.»[31] Hier ist also der Widersacher namentlich ausgesprochen. Fast scheint Eifersucht und gekränkte Eitelkeit das Motiv

29) Zit. nach Mandelkow (Hrsg.), Bd. 3, S. 109.
30) *Faust*, Vs. 672-75 in der Zählung der WA I,14,39.
31) Zit. nach Mandelkow (Hrsg.), Bd. 3, S. 114.

von Du Bois zu sein, denn jetzt, nachdem er und der Freundeskreis der «organischen Physiker von 1847» die von Goethe entworfene Wahrnehmungsphysiologie in konkrete Ergebnisse umgesetzt hatten, drohten sie ihren Gewährsmann an die Monisten zu verlieren. So unrecht hatte Haeckel nämlich gar nicht mit der Behauptung, Goethe sei ein Vorläufer Darwins gewesen. In der 6. Auflage von 1872 seines Hauptwerks *Die Entstehung der Arten* (Erstdruck 1859), der letzten von Darwin selbst besorgten, stellt er Goethe im einleitenden «Geschichtlichen Überblick über die Entwicklung der Ansichten von der Entstehung der Arten» in eine Reihe mit seinen Großvater Erasmus Darwin, mit Geoffroy Saint-Hilaire und mit Lamarck.[32] Freilich mußte es Du Bois-Reymond sauer aufstoßen, in Haeckels Schrift *Die Naturanschauung von Darwin, Goethe und Lamarck*, die kurz vorher erschienen war, zu lesen: «Offenbart sich hier schon auf geologischem Gebiete Goethe als ganz entschiedener Anhänger einer monistischen Entwickelungsidee, so gilt das noch in weit höherem Maße auf dem biologischen Gebiete. Denn die Erkenntnis des Lebendigen [...] war ja sein eigenstes Lieblingsstudium».[33] Als ob «die Erkenntnis des Lebendigen», die Suche nach den Triebkräften des Lebens nicht das Hauptanliegen der Physiologen gewesen wäre! Diese Forscher waren unter Berufung auf Goethe wissenschaftlich weit über ihn hinausgelangt; für sie konnte er zwar ein großer Dichter aber kein Fachgelehrter mehr sein. Jetzt kamen die Biologen und erhoben ihn zum Mitbegründer der neuesten Lehre, der Deszendenztheorie. So bezeichnet Haeckel Goethes weltanschauliche Gedichte als Bekenntnisse einer «durch

---

32) Darin schreibt Darwin: «Es ist merkwürdig, wie vollständig mein Großvater Dr. Erasmus Darwin in seiner 1794 veröffentlichten *Zoonomia* (I, 500-510) die Ansichten Lamarcks und ihre irrige Begründung vorweggenommen hatte. Nach Geoffroy war zweifellos auch Goethe eifriger Anhänger ähnlicher Ansichten, was aus der Einleitung eines seiner Werke, das 1794/95 verfaßt wurde, aber erst viel später erschien, klar hervorgeht. Er wies darauf hin [...], daß für den Naturforscher der Zukunft die Frage z. B. nicht mehr lauten werde, *wozu* das Rind seine Hörner bekommen, sondern *wie* es sie bekommen habe. Das ist ein merkwürdiges Beispiel dafür, wie sich gleichartige Ansichten gleichzeitig bilden. Goethe in Deutschland, Erasmus Darwin in England und Geoffroy Saint-Hilaire in Frankreich kamen (wie wir gleich sehen werden), 1794/95 zu dem gleichen Schluß in bezug auf Artenentstehung.» Zitiert nach: Charles Darwin: *Die Entstehung der Arten durch natürliche Zuchtwahl*, Übersetzung von Carl W. Neumann, Stuttgart 1989 [=RUB 3071], S. 13.
33) Zit. nach Mandelkow (Hrsg.), Bd. 3, S. 96f.

und durch *einheitlichen* Naturanschauung»[34] und er fährt fort: «Gleich das Vorwort zu diesen Bekenntnissen, das ‹Proömium›, drückt den monistischen Grundgedanken von Goethes allgemeiner Naturanschauung, *die untrennbare Einheit von Natur und Gott in einer Form aus*, die keinen Zweifel übrig läßt».[35] Haeckel zitiert nun das Gedicht «Was wär' ein Gott, der nur von außen stieße» und fährt fort: «nehmen wir dazu sein ausgesprochenes Bekenntnis zur Lehre Spinozas, so können wir irgend einen wesentlichen Unterschied von unserer heutigen, durch Darwin neu begründeten monistischen Weltauffassung in der Tat nicht finden.»

Unter diesen Prämissen zeichnet sich eine neue Wertung der berühmt-berüchtigten Rektoratsrede von Du Bois-Reymond ab. Es handelt sich hier eben nicht um «die vielleicht schärfste Abrechnung mit dem Naturwissenschaftler Goethe von seiten der exakten, positivistisch-mechanistischen Naturwissenschaft in der zweiten Hälfte des 19. Jahrhunderts», wie es Robert Mandelkow als Herausgeber dieser Schrift in seinen Erläuterungen formulierte[36], es ist vielmehr der spitzfindige Versuch eines Physiologen und intimen Goethekenners, seinen Autor, der das Arbeitsgebiet der Sinnesphysiologie mit initiiert und die Forschung über ein halbes Jahrhundert hinweg begleitet hatte, den Monisten zu vermiesen, die seiner Ansicht nach Goethe nun illegitimerweise an die Spitze des wissenschaftlichen Fortschritts stellten. So interpretiert, besteht eigentlich keine Notwendigkeit, Du Bois' rhetorische Finten widerlegen zu müssen. Bei dem oben angeführten Beispiel des Redners, daß Goethe angesichts der Worte Fausts: «Und was sie deinem Geist nicht offenbaren mag, / Das zwingst du ihr nicht ab mit Hebeln und mit Schrauben»[37] ein Feind des Experiments gewesen sei, möchte ich es dennoch tun. Abgesehen davon, daß Goethe selbst experimentierte, hat er Erkenntnis durch Empirie, durch Erfahrung höher geschätzt als Erkenntnis durch den reinen Verstand. In einem Nachtrag zur Morphologie fragt er: «Darf z. B. wohl der logische Beweis

---

34) Ebd., S. 95.
35) Ebd., S. 96, auch im folgenden.
36) Ebd., S. 502.
37) Siehe Anm. 30.

durch Schlüsse und Begriffe, der mathematische durch Schlüsse und Linien, der arithmetische durch Schlüsse und Zahlen, den des Physikers durch Schlüsse und Erfahrungen oder Experimente verwerfen? Würde der Physiker Recht thun und weiter kommen, wenn er sich vom Experiment entfernte?» Und er liefert sogleich die bündige Antwort: «Gewiß nicht.»[38] Die durch die Worte Fausts geäußerte Skepsis gegenüber dem naturwissenschaftlichen Experiment ist natürlich Figurenperspektive und mitnichten repräsentativ für den Autor. Hätte Faust mit Hilfe seiner Instrumente Einblick in die Natur gewonnen, so gäbe es das Drama nicht. Außerdem darf man nicht vergessen, daß die Handlung im Mittelalter angesiedelt ist, wo es so gut wie keine experimentelle Forschung gab.[39]

Wie man die Rede von Du Bois-Reymond auch bewerten mag, steht es doch außer Zweifel, daß die Bedeutung Goethes für die Wissenschaft des 19. Jahrhunderts eher noch größer ist als angenommen. Dabei habe ich mich im wesentlichen nur auf die Physiologie beschränkt und die anderen naturwissenschaftlichen Disziplinen weitgehend ausgeklammert. Gleichwohl sollte deutlich geworden sein, wie die Physiologie als «Physik des Lebendigen» von Goethe angeregt wurde, wie sie im weiteren Verlauf des 19. Jahrhunderts ihre Blüte erfuhr und die besten Köpfe der deutschen Wissenschaft unter ihren Fittichen vereinigte und wie sie schließlich in der Erforschung der Lebenszusammenhänge bis zum Schnittpunkt des Physischen mit dem Psychischen vordrang, jenseits dessen gesicherte Ergebnisse mit den Mitteln der zeitgenössischen Wissenschaft nicht zu erzielen waren. Als Nebenprodukt dieses kurzen Einblicks in die Geschichte der deutschen Physiologie ergab sich, daß die berüchtigte Rede *Goethe und kein Ende* eines der namhaftesten Physiologen seiner Zeit nicht primär gegen Goethe, sondern gegen das Goethe-Verständnis der Monisten und Biologen, die das Subjekt-Objekt-Problem nun aus einer anderen biowissenschaftlichen Perspektive betrachteten, gerichtet war. Den häufig zitierten

---

38) WA II,13,82.
39) Die Etablierung des Experiments in den Naturwissenschaften wird gemeinhin der Renaissance als Leistung zugeschrieben, namentlich Galileo Galilei. Diesen harmlosen Anachronismus kann man Goethe aber getrost verzeihen.

Satz, Goethes Farbenlehre sei «abgesehen von deren subjektivem Teil, trotz der leidenschaftlichen Bemühungen eines langen Lebens, die totgeborene Spielerei eines autodidaktischen Dilettanten»[40], braucht man nicht mehr auf die Goldwaage zu legen eingedenk des Faktums, daß die deutsche Physiologie des 19. Jahrhunderts auf eben diesen «subjektiven Teil» gründlich Bezug genommen und ihn zum Ausgangspunkt einer 50 jährigen Forschung gemacht hat.

---

40) Mandelkow (Hrsg.), Bd. 3, S. 113.

«Die Natur füllt mit ihrer Produktivität alle Räume.»

Die Rolle des Vitalismus in den Lebenswissenschaften
Brigitte Lohff, Hannover

«Die Natur füllt mit ihrer Produktivität alle Räume»[1] dieser Aphorismus aus den Sprüchen Goethes über die Naturwissenschaften verweist zum einen auf den von Schelling in die Diskussion eingebrachten zentralen Begriff der «Produktivität»[2]. Der schillernde Begriff der Produktivität oder des Tätigsein gewinnt für die Lebenswissenschaften in jener Zeit zunehmend an Attraktivität, weil die lebendige Natur sich so überaus sinnfällig und deutlich durch einen höheren Grad an Produktivität auszeichnet als die anorganische Natur. Zum anderen soll mit diesem Motto auf die in jener Epoche aufkommende Begeisterung bis hin zur fatale Geschwätzigkeit um das Thema der «organische Natur» verwiesen werden. Im Mittelpunkt der gelehrten Diskussion in den Salons und der allgegenwärtigen literarischen Beschäftigung stand das Phänomen Leben und seine spezifischen Kräfte. Ernst Cassirer charakterisierte 1923 diese Phase in der Kulturgeschichte wie folgt: «Das Problem des Organismus bildete die geistige Mitte, auf die sich die Romantik

---

[1] J. W. Goethe: *Sprüche in Prosa. Über die Naturwissenschaften V.* Goethes sämtliche Werke in 36 Bd. Neu durchgesehen und ergänzt von Karl Goedecke [Cotta'sche Ausgabe Bd. 4] Stuttgart 1885, S. 87.
[2] Vgl. dazu Friedrich Joseph Wilhelm Schelling: *Einführung in das System der Naturphilosophie* (1799) In: Schriften von 1799-1801. Darmstadt 1982.

von den verschiedensten Problemgebieten her immer wieder hinweisend und zurückführend sah.»[3]

In diesem Kanon von biologischer Begrifflichkeit avancierte der Begriff der Lebenskraft genauso zu einem Modebegriff, wie heute der von der omnipotenten Stammzelle oder dem genetischen Code. Der Begriff Lebenskraft hat diesen Begriffen gegenüber den Vorteil, daß er so alt ist wie die Philosophie und die Medizin. In changierenden Bedeutungen tauchte diese Metapher Kraft des Lebens oder Lebenskraft mit Namen Pneuma, Spiritus animalis, Archäus, Succus nervosus, Vis vitalis, vital force etc. auf. Dahinter verbarg sich der jeweilige historische gewordene Versuch der Philosophen, Gelehrten und Ärzte, das Phänomen des Lebens zu erfassen. Wollten sie im jeweiligen Wissenshorizont ihrer Zeit beschreiben, was den lebendigen Körper auszeichnet, so schien es unvermeidlich, mit einer geheimnisvollen aber doch scheinbar so greifbaren Kraft zu argumentieren. Pneuma, Archäus, principe vitale oder Lebenskraft sollten sinnfällig erklären, was den lebendigen Körper vom toten unterscheidet, was die Veränderung in der Form oder Gestalt bedingt, was die Embryonalentwicklung und die Entwicklung vom Kind zum Greis vorantreibt und was bei Verletzungen wieder zu einer vollständigen Wiederherstellung – Heilung führt.

Ab ca. 1760 erwachte in der gelehrten Welt eine erneute Begeisterung, sich in wissenschaftlicher, literarischer und philosophischer Weise mit dem Organismus und seinen ihn bestimmenden Kräfte zu beschäftigen. Es handelte sich – so meine These – in damaliger Zeit um ein effektives wissenschaftliches Forschungsprogramm, mit dem eine «Lebensphysik» wissenschaftlich begründet werden sollte. Diese für einige Jahrzehnte akzeptierte Sichtweise auf Biologie und Medizin wurde wiederum Voraussetzung[4] für die moder-

---

3) Ernst Cassirer: *Philosophie der symbolischen Form.* Erster Teil. (1923) Darmstadt 1994, S. 98.
4) Brigitte Lohff: *Lebenskraft als Symbolbegriff für die Entwicklung eines konzeptionellen Forschungsprogramms im 18. Jahrhundert. Ergänzende Bemerkungen zu Ernst Cassirers Ausführungen zum Vitalismus-Streit.* In: E. Rudolph; I. Stammatescu (Hrsg.): *Von der Philosophie zur Wissenschaft. Cassirers Dialog mit der Naturwissenschaft.* Hamburg 1997, S. 209–230.

ne naturwissenschaftlich-experimentelle Erforschung des Organismus. Dieser mühsame Prozess wurde zutreffend charakterisiert durch Goethes Aphorismus «Die Schwierigkeit Idee und Erfahrung mit einander zu verbinden, erscheint sehr hinderlich bei aller Naturforschung.»[5]

Entstehung eines wissenschaftlichen Vitalismus im 18. Jahrhundert

Zu Beginn des 18. Jahrhunderts befanden sich die biologischen und medizinischen Wissenschaften zunehmend, sowohl was die theoretischen als auch therapeutischen Ansätze betraf, in einer Umbruchphase. Die biologisch-medizinische Forschung hatte mit Descartes' dualistischem Ansatz ein neuer Weg beschritten: eine ausschließlich mechanistische Erklärung der körperlichen Phänomene. Die cartesianische Lösung, die Veränderung innerhalb der organischen Materie der Ausdehnung und damit den Gesetzen der Geometrie[6] zu unterwerfen und das Leib-Seele-Problem durch göttliche Intervention zu lösen, wurde jedoch im 18. Jahrhundert zunehmend fraglich. Leibniz' Hinweis, daß die Veränderungen der organischen Materie nicht ausschließlich durch räumliche Ausdehnung beschrieben werden kann, sondern auch aktiven Agierens und passiven Leidens fähig sei[7], forderte neue Lösungsansätze für die Erklärung organischer Phänomene heraus.

---

5) *Erfahren und Bedenken* [Cottasche Ausgabe, Bd 17] Stuttgart 1885, S 378.

6) «Quod agentes, percipiemus naturam materiae sive corporis in universum spectati, non consistere in eo quod sit res dura, vel ponderosa, vel colorata, vel alio aliquo modo sensus afficiens: sed tantum in eo quod sit res extensa in longum, latum & profundum» In: René Descartes: *Principia philosophiae* (1644). In: *Oeuvres de Descartes publiées par C. L. Adam et P. Tannery.* Vol. 8,1. Paris 1964, p. 42.

7) «Ostendimus igitur in omnii substantia vim agendi et, si creata sit, etiam patiendi inesse, extensionis notionem per se non completam esse, sed relativam ad aliqui quod extenditur cujus diffusionem sive continuatam replicationem dicat, adeoque substantiam corporis quae agendi existit praesupponi, hujusque diffusionem in extensione contineri.» In: Gottfried Wilhelm Leibniz: *Specificum dynamicum.* (1695). Part. 2 (lateinisch-deutsch) hrsg. von H. G. Dosch; G. W. Most; E. Rudolph. Hamburg 1982, S. 40. Leibniz diskutierte dieses Problem auch in: *Système nouveau de la nature et de la communication des substance, aussi bien que l'union qu'il y a entre l'âme et le corps* (1696); *Considérations sur la principe de vie et sur la nature plastique.* (1705). In: *Leibnitii opera philosophica* hrsg. J. E. Erdmann, Berlin 1840, S. 124–128; S. 429–432.

Nicht nur die Fülle von Einzelbeobachtungen ließen sich nicht mehr in ein einheitliches Konzept (Humoralpathlogie, Cartesianismus; Iatrochemie und Iatrophysik) einordnen[8], sondern auch das Bestreben, in den Lebenswissenschaften ähnlichen Prinzipien zur Geltung zu verhelfen wie die der Newtonischen Principia philosophia[9] in der anorganischen Natur. Das forderte aber neue integrative Denkansätze heraus. Erklärtes Ziel der Gelehrten war es, neben der philosophischen und der theologischen Anthropologie[10] eine neue wissenschaftliche Anthropologie zu begründen. Mit dieser neuen Anthropologie sollten sowohl die physischen als auch psychischen Lebensäußerungen mit Hilfe der gleichen wissenschaftlichen Methode untersucht werden. Diese Vorstellung, sowohl Existenz, als auch Struktur und Funktion der organischen Lebewesen auf einfache Kräfte/Energien zurückführen zu können, war Movens für die Entwicklung dieser neuen Anthropologie und des daraus entstandenen Vitalismus am Ende des 18. Jahrhunderts.

Ansätze zu einem wissenschaftlichen Vitalismus lassen sich auf Überlegungen des Schülers von Paracelsus, Jan Baptista van Helmonts, zurückführen. Van Helmont argumentierte mit einem hierarchischen System immaterieller Prinzipien, um die Besonderheit der organischen Natur gegenüber der anorganischen zu «erklä-

---

8) Vgl. dazu Thomas S. Hall: *Concept of life and matter*. Vol 2. Chicago 1969.
9) Eine Begründung, daß auch in der Medizin im Sinne der Newton'schen Mechanik gedacht und geforscht werden sollte, läßt sich anhand eines Auszuges aus einem Gedicht von Samuel Bowden aus dem Jahr 1724 belegen, welches der schottischen Arzt Thomas Morgan seinem Werk *Philosophical principles of Medicine*, 1725 vorangestellt hat: «For every Ail ascribe is't proper cause / For nature's law govern'd by Mechanick laws ... / Such was the path immortal Newton trod / He form'd the wonderous Plan, and mark'd the Road ... / Be pleas'd with Theorys because they're new / And than for being pleas'd believe than true ... / New ages roll along, new Newton's rise; / sees Physicks and Mechanicks reasoning climbs / And raise a structure to the Skies sublime / sees Sickness fled, Health bloom in every Face ...»
10) Pierre Jean George Cabanis und Vic c'Azyr gründeten zu diesem Zweck 1799 die «Société d' observateurs de l'homme». Cabanis Buch *Du degré de la certitude en médicine*, Paris 1784 wies den Weg zu dieser neuen wissenschaftlichen Methode in der Medizin. Vgl. Jean-Luc Chappey, *La Société des observateurs de l'homme* (1799–1804). *Des anthropologues au temps de Bonaparte*. Paris 2002. In Deutschland wurde zur gleichen Zeit der Begriff medizinische Anthropologie von Justus Christian Loderer verwandt: *Anfangsgründe der physiologischen Anthropologie und der Stats) Arzneykunde*. Weimar 1791. Vgl. dazu auch Sergio Moravia, *Beobachtende Vernunft. Philosophie und Anthropologie in der Aufklärung*. [La Scienza dell' Uomo nel Settecento, 1970]. Frankfurt 1989.

ren». Unterhalb eines Archäus, – wie von Helmont diese Lebenskraft nannte – regiert ein Seelenprinzip, was er «l'âme sensitive et mortelle» nannte. Wichtig ist hier der Begriff «sterblich». Denn im Laufe des 18. Jahrhunderts mussten in den biologischen Lebensdefinitionen zwei Bedingungen für eine wissenschaftliche Betrachtung des Lebens in eine logische Übereinstimmung gebracht werden:
1) Seit Descartes galt, daß der Organismus den physikalischen (mechanischen) und chemischen Gesetzen unterliegt. Aber wie werden diese Gesetze im lebendigen Körper selbst kontrolliert, damit das Besondere des Lebendigen dabei entstehen kann und erhalten bleibt?
2) Zum Leben notwendig und es bestimmend gehört der Tod. Während die anorganische Natur nicht stirbt und ihre Gesetze ewig sind, unterliegen die Gesetze des Lebens, da sie an den lebendigen Organismus gebunden sind, einer zeitlichen Begrenzung.

Unter der Voraussetzung, daß die rein materielle Seite des Organismus physikalische und chemische Eigenschaften besitzt, folglich auch deren Gesetzmäßigkeiten unterliegt und diese auch im lebendigen Körper weiterhin Geltung behalten müssen, stellte sich die Frage, wie daraus das Spezifische der belebten organischen Materie zu erklären ist. Die Lösung lag einerseits für diese Wissenschaftler in einem Antagonismus zwischen Natur- und Lebensgesetzen und andererseits in der Existenz von nur den lebendigen Organismus auszeichnenden Kräfte.

Diese Debatte wurde von dem aus Halle stammenden Arzt und Zeitgenossen Leibniz' Georg Ernst Stahl in Gange gesetzt.[11] Ihm schien es zwingend notwendig, daß nur ein antagonistisches Prinzip zu den chemischen Gesetzen es verhindere, daß der Körper zersetzt wird. Daran schloss sich die Frage, wie diese Zersetzungsten-

11) G. E. Stahl: *De synergia in medendo*. Halle 1695; *Theoria vera medica*. Halle 1706. Bezüglich der Kontroverse zwischen Stahl und Leibniz vgl.: *Negotium otiosum seu ΣKIAMAXIA adversus positiones aliquis fundamentis theoria vera medica a Viro quodam celeberrimo*. Halle 1720. Zu Stahl selber: Antoine Lémoine: *Le vitalisme de Georg Ernst Stahl*. Paris 1886; Bernhard Joseph Gottlieb: *Bedeutung und Auswirkungen des hallischen Professors und königlich preußischen Leibarzt Georg Ernst Stahl auf den Vitalismus des 18. Jahrhunderts, insbesondere auf die Schule von Montpellier*. Nova Acta Leopold. NF 12, 1943, 425–503.

denz der organischen Materie in das lebendige System integriert und gleichzeitig unter Kontrolle gehalten werden kann. Stahl löste das Problem mit seiner Animismus-Lehre, d. h., diese Stahl'sche Seele steuert und befehligt den mechanisch-chemischen Körperapparat. Krank wird der Körper, wenn die Überwachungstätigkeit der Seele nachlässt, und dann z. B. die Nahrung im Körper nicht nur zersetzt, sondern faulig wird. Leben heißt folglich, daß ein fortwährender Kampf zwischen den Naturgesetzen und den Gesetzen des Lebens stattfindet.

In der Mitte des 18. Jahrhunderts wurde durch den Göttinger Professor für Anatomie und Physiologie Albrecht von Haller ein völlig neuer Aspekt in diese Diskussion eingebracht. Er belegte anhand von Tierexperimenten, daß zwei verschiedene Reaktionsweisen den Organismus auszeichnen: die sensiblen Reaktionen, welche in den Nervenfasern auf entsprechende Reize hervorgerufen werden und die irritablen / reizbaren, die in den Muskelfasern entstehen. Neben dieser phänomenologischen Zuordnung war das Neue, daß er seine Überlegungen experimentell beweisen konnte und nicht immaterielle Prinzipien einbezog, um körperliche Reaktionen zu erklären. Haller war es damit auch gelungen, zwei grundlegende Lebensäußerungen zu beschreiben, ohne – wie die Wissenschaftler des 16. und 17. Jahrhunderts – chemische oder physikalische Analogien zu verwenden. Zusätzlich zeigte Haller, daß Experimente in der Physiologie möglich und notwendig sind, um organische Gesetzmäßigkeiten zu erkennen, die aus der Beobachtung allein nicht gewonnen werden können.

Um die Phänomene der zeitlichen Begrenztheit des Lebendigen, der Veränderung der körperlichen Erscheinungsform, der zielgerichteten Bewegungen, der Reproduktion und des Formerhaltes des organischen Systems zu beschreiben, begann man nach einer der Gravitationskraft vergleichbaren Lebens-Grundkraft zu suchen, um darauf aufbauend eine Lebensphysik aufstellen zu können. Mit folgenden Überlegungen argumentierte z. B. der Mannheimer Leibarzt Casimir Medicus[12], daß es ein Lebenskraft geben müsse: *Selbst die zusammengesetzte Bewegung hat ihre schnelle Grenze, ... wenn nicht wie bei einem Uhrwerke immer eine neuere äußere Kraft die*

Wirkung derselben unterhält, so hört sie auf. Das Perpetuum mobile wäre bald erfunden, wenn die Natur dergleichen Voraussetzungen sich aufdringen ließe [...] .Aber die Materie ist und bleibt träg [...].[13]
D. h. die Naturgesetze verbieten auch für die organische Natur die Konstruktion eines Perpetuum Mobile. Ebenfalls unterliegt die organische Materie wie die anorganische Materie dem Trägheitsgesetz. Deshalb bedarf es innerhalb des Lebendigen eines externen Impulses, um diesen ständig tätigen, produktiven Organismus in Bewegung zu halten. Dieser fortwährende externe Antrieb könnte durch eine Lebenskraft als Impuls realisiert werden.

Mit dieser der Gravitation vergleichbaren Kraft, die dem Organismus die ihm spezifische permanente Lebensbewegung verleiht, wurden weitere dieser vis vitalis untergeordnete Kräfte hinzugefügt: Regenerations-, Reproduktionskraft, Bildungstrieb, Irritabilität (Reizbarkeit, Erregbarkeit) und Sensibilität (Empfindungsfähigkeit). Auch die tierische Elektrizität (Galvanische Kraft) oder der tierische Magnetismus gehörten zu dem Strauß der unterschiedlichen Kräfte, mit deren Hilfe man versuchte, das Leben durch nur es allein auszeichnende Kräfte zu erfassen. Zunehmend waren die Gelehrten bemüht, die allen organischen Geschehen zugrunde liegende Lebenskraft nicht nur spekulativ als immaterielle Kraft einzuführen, sondern diese an körperliche Strukturen zu binden.

In Frankreich wurde zur gleichen Zeit ebenfalls über ein sinnvolles Konzept nachgedacht, welches die Lebensphänomene besser als lediglich durch Hebel und Schraubenbewegungen beschreibt. Ausgehend von Stahls Animismus-Idee entwickelte der Pariser Arzt Théophile Bordeu seine Vorstellungen, daß jedes Organ seine ihm eigene und unabhängige Vitalität (Principe vital) besitze. Die Sensibilität gewährleistet, daß die einzelnen Organvitalitäten zu einem harmonischen Zusammenspiel der einzelnen Organe im lebendigen Körper vereinigt werden.[14] Bordeu widersprach damit

---

12) Friedrich Casimir Medicus: *Von der Lebenskraft. Eine Vorlesung bei Gelegenheit des höchsten Namensfestes Sr. Curfürstlichen Durchlaucht von der Pfalz, gehalten am 5. November 1774*. Mannheim 1774.
13) Medicus, 1774, ibidem S. 12.
14) Théophile Bordeu: *Recherches anatomique sur la position des glands et sur leur action*. Paris 1751.

der von Haller definierten strikten Trennung von irritablen und sensiblen Reaktionen des Körpers, die ausschließlich entweder den Nerven- bzw. Muskelfasern zuzuordnen sind.[15] Der Schriftsteller und Herausgeber der Encyclopédie Denis Diderot war von den Ideen seines Freundes Bordeu überzeugt.[16] Aus diesem Grund wurden in der Encyclopédie die wichtigsten Artikel über medizinische und therapeutische Begriffe[17] von den Vertretern des speziell in Montpellier vertretenden Vitalismus verfasst.[18]

Den Übergang von immateriellen Konzepten der Lebenskraft oder eines Principe vital hin zu einem in der materiellen Struktur des Körpers manifestierten Lebensprinzips vollzog um 1800 der französische Anatom und Physiologe Marie-François Xavier Bichat. Bichat, selbst ein Vertreter des französischen Vitalismus, ging davon aus, daß jedes Organ von verschiedenen Gewebearten (Zellen-, Muskel-, Nerven-, Drüsen-, Fasergewebe etc.) zusammengesetzt sei. Er unterschied 21 unterschiedliche Gewebearten oder Membranen, die durch jeweils spezifische Vitalitäten unterschieden sind. Gesundheit und Krankheit basieren auf den Aktionen der unterschiedlichen Organvitalitäten, die aus jeweiligen Gewebearten sich herleiten lassen.[19] Bichat war davon überzeugt, daß sich hinter den verschiedenen Vitalitäten der unterschiedlichen Gewebearten das biologische Gesetz verbirgt, welches das vorerst noch nicht wissenschaftlich nachgewiesene, aber spekulativ angenommene Principe vital sein wird. Seine Gewebelehre und Anatomie pathologique beeinflußten die weiteren Bemühungen um die Manifestation der Lebenskraft an der materiellen Struktur des Organismus.

In Deutschland entbrannte indessen eine heftige Debatte um

15) Théophile Bordeu: *Recherches physiologiques ou philosophique sur la sensibilité ou la vie animable,* Paris 1754.
16) Diderot verewigte Bordeu und seine vitalistischen Ideen in seinem Essay *d' Alemberts Traum* [La rêve de d'Alembert. (1769)] Vgl.: Denis Diderot: *Das erzählerische Werk* hrsg. von Martin Fontius. Berlin 1995.
17) Crisis *(Théophile Bordeu)*; Évanouissement; Expansion, Fascination, Faulx, médicale; Force des animaux *(Paul Joseph Barthez)*; Sensibilité, Sécretion *(Jean Fouquet)*; Maladies inflammatoires *(Jean Mémnurét de Chambaud)*; Faculté appétive et vitale *(François Bouillet).* Vgl.: Jérôme Proust, *L'université et l'encyclopédie,* in: Louis Dulieu (Ed.), *La médicine à Montpellier de XIIe à XXe siècles.* Paris 1990, S.135–140.
18) Brigitte Lohff: *Die Rezeption der Werke Johann Georg Zimmermanns in Montpellier.* Gesnerus 54, 1997, 174–183.

die Lebenskraft seit Hallers Schrift «De irritabilitate...» von 1751. Wie heftig diese Debatte gewesen ist, läßt sich an Kants resignierender Bemerkung von 1785 erahnen: «*Allein was soll man von der Hypothese unsichtbarer die Organisation bewirkender Kräfte, mithin von dem Anschlage, das, was man nicht begreift, aus demjenigen erklären zu wollen, was man noch weniger begreift, denken?*»[20]

Allerdings noch weiter angefeuert wurde diese literarisch ausgetragene Fehde, als Schelling sich in die Diskussion um die Besonderheit des organischen Lebens und die Physiologie[21] einmischte und vor allem medizinisch-philosophische Laien sich dieses Themas bemächtigten.[22] Entzündet hatte sich die Debatte 1793 an der Schrift «Über das Verhältnis der organischen Kräfte unter einander in der Reihe der verschiedenen Organisationen». Autor war Carl Friedrich Kielmeyer – Lehrer an der Tübinger Karls Akademie von Schelling, Hegel und George Cuvier.

Um 1800 zeichneten sich drei Weg ab mit dem Problem umzugehen, ob es eine Lebenskraft gebe oder nicht:
1) Es kann nur ein Zirkelschluß sein, wenn man annimmt, daß eine Lebenskraft existiere: «*Andere wollen das Leben durch

---

19) So beschreibt Bichat den Prozeß der Heilung des Nervengewebes, den er als sichtbaren Ausdruck eines normalen und immer ablaufenden biologischen Prozesses deutet, wie folgt: «Dans le premier temps, inflammation; dans le second, végétation du tissu cellulaire qui doit servir de parenchyme nutritif; dans le troisième, adhérence de ces végétations, dans le quatrième, exhalation de la substance médullaire dans le parenchyme. C'est cette substance médullaire qui fait différer cette cicatrice de l'osseuse, le phosphate calcaire et la gélatine se déposent, de la musculaire, que le fibre pénètre etc. ... comme je le dit, rien de particulier pour le système nerveux; qu'elle n'est qu'une conséquence des lois générales de la cicatrisation, et une preuve de uniformité constante des opérations de la nature, quoique ces opérations présentent au premier coup d'oeil des résultats différents.» François Antoine Xavier Bichat: *Anatomie générale*. Tom 1, 1830, S. 260–261. Bichat hat auch den Plan, die Wirkung von Medikamenten auf die Vitalität der verschiedenen Gewebearten zu untersuchen, um so Scharlatanerie und wirksame Medikamente unterschieden zu können. Er starb aber 1802 mit knapp 30 Jahren und konnte diesen Plan nicht mehr verwirklichen.
20) Immanuel Kant: Rezension zu *Johannes Gottfried Herder: Ideen zur Philosophie der Geschichte der Menschheit* (1785), in: *Kant Werke* in 10 Bänden hrsg. von W. Weischedel. Bd. 10, Darmstadt 1975, S. 781–806 [A 17 – A 156], hier A 21.
21) Vgl. dazu auch Ernst Cassirer: *Das Erkenntnisproblem in der Philosophie und Wissenschaft der Neuzeit* (1923) Bd. 3., Kap. 3. Darmstadt 1974, S. 217–274.
22) Brigitte Lohff: *Die Suche nach der Wissenschaftlichkeit der Physiologie in der Zeit der Romantik. Ein Beitrag zur Erkenntisphilosophie der Medizin.* [Medizin in Geschichte und Kultur, 17] Stuttgart 1990.

eine Lebenskraft... bestimmen, und es mithin aus einem höhern [Prinzip] entlehnen... allein das Leben ist selbst Princip aller Möglichkeiten und Wirklichkeiten, es kennt kein Höheres über sich und kann daher auch keine Kraft seyn.»[23] Selbst Schelling lehnte in seiner Schrift Weltseele es ab, daß es eine Lebenskraft gebe: «*Der Begriff Lebenskraft ist sonach ein völlig leerer Begriff. Ein Vertheidiger dieses Princips hat sogar den klugen Gedanken, sie als ein Analogon der Schwerkraft anzusehen, die man ja, sagt er, auch nicht weiter erklären könnte! Das Wesen des Lebens aber besteht überhaupt nicht in einer Kraft, sondern in einem freien Spiel von Kräften, das durch irgend einen äußern Einfluß continuirlich unterhalten wird.*»[24]

2) Lebenskraft ist ein hypothetischer Begriff und dient als Forschungshypothese. Begründet wird dieses z. B. von dem Kieler Physiologen Johann Christian Pfaff damit: Obwohl Materie und Kraft unzertrennbar miteinander verbunden sind, ist es ein «Bedürfnis unseres Verstandes», daß wir sie vorerst als etwas Getrenntes denken. Diese Trennung hilft die vorhandenen Beobachtungen zu ordnen. Damit ist aber noch nicht behauptet worden, daß die Lebenskraft real existiere.[25]

3) Man nimmt erst einmal an, daß es so etwas wie eine Lebenskraft gibt. Man erspart sich damit umständliche Beschreibungen, wenn man diese irgendwie auf die organische Materie wirkende Kraft im Unterschied zur Seele bezeichnen will und muß «...wie man in den algebraischen Gleichungen das x für die einmal zu entdeckende unbekannte Größe zu gebrauchen pflegt.»[26]

---

23) August Eduard Keßler: *Über die Natur der Sinne. Ein Fragment zur Physik des animalischen Organismus.* Jena 1805, p. 29. Ähnlich Karl Georg Neumann: *Versuch einer Erörterung des Begriffes Leben.* Dresden 1801, S. 44. «Denn wenn man Lebensäußerungen erklärt für Producte der Lebenskraft mit den äusseren Reizen, Lebenskraft die Eigenschaft nennt, durch welche sich die lebendigen Körper auszeichnen und einen Körper für lebendig hält, weil er Lebenskraft besitzt, so ist das ein trauriger Circel.»
24) Friedrich Joseph Wilhelm Schelling: *Von der Weltseele* (1798). In: *Schriften von 1794–1798.* Darmstadt 1982, S. 152.
25) Christian Heinrich Pfaff: *Grundriß einer allgemeinen Physiologie des menschlichen Körpers zum Gebrauche bey Vorlesungen.* Bd. 1, Kopenhagen 1801, S. 19.
26) Johann Friedrich Ackermann: *Versuch einer physischen Darstellung der Lebenskräfte organisirter Körper. In einer Reihe von Vernunftsschlüssen aus den neuesten chemischen und physiologischen Entdeckungen.* Bd. 2 Frankfurt 1800, S. 2.

Neben diesen mehr theoretischen Überlegungen über das Konzept Lebenskraft wurde gleichzeitig diskutiert, an welchem Ort oder Strukturen innerhalb des Körpers die materiellen Anbindung/Erscheinungsweise dieser Kraft zu suchen sei:
- Vornehmlich wurde die materielle Manifestation in der organischen Materie vermutet. «*Kraft ist etwas von der Materie Unzertrennliches, eine Eigenschaft derselben, wodurch sie Erscheinungen hervorruft [...] Materie ist nichts anderes als Kraft, ihre Accidenzen sind Wirkungen, ihr Daseyn ist Wirken, und ihr bestimmtes Daseyn, ihre bestimmte Art zu wirken*»,[27] sagt der Hallenser Arzt und Leibarzt Friedrich des Großen Johann Christian Reil in seinem damals berühmten Einleitungsartikel *Von der Lebenskraft* 1796 in der von ihm herausgegebenen ersten deutschsprachigen physiologischen Zeitschrift, dem Archiv für Physiologie.
- Mit der Entdeckung der tierischen Elektrizität oder dem Galvanismus wurde umgehend auch die These aufgestellt, daß die Lebenskraft in der Nervenaktivität agiere[28] oder daß sie sich hinter dem Phänomen der Sensibilität oder Irritabilität verstecke.
- Zu klären war auch, ob die Lebenskraft unverändert in ihrer «Stärke» von der Zeugung bis zum Tod bleibt oder im zeitlichen Verlauf eines Lebens zu- und/oder abnimmt.
- Vor allem mußte geklärt werden, auf welche Weise diese Kraft die nach physikalischen und chemischen Gesetzen ablaufenden physiologischen Subfunktionen reguliert und diese den Bedürfnissen des lebendigen Organismus anpasst.

Aber mit diesen Versuchen, eine Kraft zu definieren, die in bestimmten organischen Strukturen wirkt, mußten vorerst bestimmte Probleme geklärt werden:
- Wenn die Lebenskraft in der Umwandlung der organischen Materie zu suchen ist, dann mußten erst einmal genauere Kennt-

---

27) Johann Christian Reil: *Von der Lebenskraft. Archiv für Physiologie 1,* 1796 S. 46.
28) Christian Heinrich Pfaff: *Abhandlungen über die sogenannte thierische Electricität.* Grens Journal der Physik 8, 1784, S. 197; Friedrich Ludwig Augustin: *Versuch einer vollständigen systematischen Geschichte der galvanischen Electricität und ihrer medicinischen Anwendung.* Berlin 1803; Johann Wilhelm Ritter: *Beweis, dass ein beständiger Galvanismus den Lebensproceß im Thierreich begleitet.* Weimar 1798; Albrecht von Humboldt: *Versuche über die gereizten Muskel und Nervenfasern oder Galvanismus, nebst Vermutungen über den chemischen Prozess des Lebens in der Thier- und Pflanzenwelt* Berlin 1797.

nisse über die Zusammensetzung, Struktur und Funktion der organische Materie selber gewonnen werden – von der man bis zu den Arbeiten des schwedischen Chemikers Jöns Jakob Berzelius nur sehr grobe Kenntnis besaß.

- Sollte diese Lebenskraft mit den Nervenaktionen verknüpft sein, so mußten die anatomischen Strukturen und physiologischen Funktionen der Nerven überhaupt erst einmal genauer mittels des Mikroskops betrachtet werden.
- Stand die Lebenskraft mit dem Phänomen der Sensibilität oder Irritabilität im Zusammenhang, so hatten die Forscher erst einmal embryologische und entwicklungsgeschichtliche Kenntnisse sich anzueignen. Ein Feld, in dem kaum gesicherte Erkenntnisse vorlagen. Mit Johann Christian Wolffs Theorie der Epigenese und Christian Heinrich Panders Keimblättertheorie wurden erste Schritte zum Verstehen der Ontogenese vollzogen. Zusätzliche konnten solche Fragen nur mittels neuer anatomischer und vergleichend embryologischer Beobachtungen[29] sowie über biochemische oder nervenphysiologische Experimente[30] beantwortet werden.

Folglich gewann das physiologische Experiment zunehmend an Bedeutung.[31] Das führte die Forscher auf neue Wege und die dort gefunden neuen Einsichten führten immer weiter vom Weg der Suche nach einer Lebenskraft ab.

---

29) T. J. Holder; J. A. Witkowski; C. C. Wylie (Eds.): *A History of Embryology*. (British Society of Developmental Biology, 8) Cambridge: Cambridge University Press 1986.
30) Brigitte Lohff: *Facts and Philosophy in Neurophysiology. The 200th Anniversary of Johannes Müller (1801–1858). Journal of the History of the Neuroscience 10*: 2001, pp. 277–292.
31) Die entsprechenden Ausführungen lautet bei Kant: «Sie [die Naturforscher] begriffen, daß die Vernunft nur das einsieht, was sie selbst nach ihrem Entwurfe hervorbringt, daß sie ... die Natur nötigen müssen, auf ihre Fragen zu antworten, nicht aber sich von ihr gleichsam am Leitbande gängeln lassen müsse.... Die Vernunft muß mit ihren Principien, nach den allein übereinkommend Erscheinungen für Gesetze gelten können, in einer Hand, und mit dem Experiment, das sie nach jenen ausgedacht, in der anderen, an die Natur gehen, zwar um von ihr belehrt zu werden, aber nicht in der Qualität eines Schülers, der sich alles vorsagen läßt, was der Lehrer will, sondern eines bestallten Richters, der die Zeugen nötigt, auf Fragen zu antworten, die er ihnen vorlegt» (Kant: *Kritik der reinen Vernunft*. In: *Werke* Darmstadt 1975, BXIV). Schelling Experimentdefinition lautet wie folgt: «Die Natur muß also gezwungen werden, unter bestimmten Bedingungen, die in ihr gewöhnlich

Müllers Auseinandersetzung mit der Lebenskraft und das Ende des Vitalismus

Johannes Müller (1801–1858) hatte sich als junger Forscher im Rahmen seiner anatomischen und sinnesphysiologischen Untersuchungen über das Sehen eingehend mit Goethes Farbenlehre beschäftigt. Durch Goethes Publikation aus dem Jahr 1806 war das Phänomen des Farbensehens zu einem wichtigen Thema avanciert. Müller setzte sich durchaus kritisch mit Goethes Farbenlehre auseinander, obwohl er durchaus anerkannte, daß Goethe diesen Gegenstand thematisiert hat. Seiner reinen Beschreibung der unterschiedlichen Phänomene des Farbensehens stimmte Müller durchaus zu. Goethes Erklärungsversuchen wies er jedoch oft als «umständlich», nicht «vollständig befriedigend» zurück, so daß man sich von den «Goetheschen Vorstellungen befreien» müsse, wenn man zu einer physiologisch angemessenen Deutung des Farbensehens gelangen will.[32] Müller charakterisierte Goethes und seine eigene Beschäftigung mit diesem Thema als «einen Unterschied zweier Naturen, wovon die eine die größere Fülle der dichterischen Geisteskraft besaß, die andere aber auf die Untersuchung des Wirklichen und des in der Natur Geschehenen gerichtet» sei.[33] Diese Charakterisierung der «beiden unterschiedlichen Naturen» verweist darauf, daß hier ein Prozeß in den Lebenswissenschaften vollzogen wurde, der das Phänomen Leben und Organismus von einer anderen Perspektive zu betrachten begonnen hatte.

Der Anatom und Physiologe Johannes Müller wird nunmehr im Mittelpunkt der Überlegungen stehen, weil mit und durch seine Forschungen in der Medizin Abschied von einem Vitalismus als

---

entweder gar nicht oder nur durch andere modificirt existiren, zu handeln. – Ein solcher Eingriff in die Natur heißt Experiment. Jedes Experiment ist eine Frage an die Natur, auf welche zu antworten, sie gezwungen wird. Aber jede Frage enthält ein verstecktes Urtheil a priori; jedes Experiment ... ist Prophezeiung; das Experimentiren selbst ein Hevorbringen der Erscheinungen.») Schelling: *Einleitung zu dem Entwurf eines Systems der Naturphilosophie* (1799). In: *Schriften von 1799–1801*. Darmstadt 1982, S. 276.
32) Johannes Müller: *Zur Vergleichende Physiologie des Gesichtssinnes des Menschen und der Thiere*, Leipzig 1826, S. 399–414.
33) Johannes Müller: *Handbuch der Physiologie des Menschen*. 3. Aufl. Koblenz 1838, S. 567.

Forschungshypothese genommen wurde. Der Übergang von einem vitalistischen Paradigma[34] zu der neuen naturwissenschaftlichen oder mechanistischen Betrachtungsweise in den Lebenswissenschaften vollzog sich während und mit Müllers Forschungsaktivitäten in den 20er und 30er Jahren des 19. Jahrhunderts. Schon zu seinen Lebzeiten begann die kontroverse Einschätzung, ob Müller ein konsequenter Empiriker oder ein versteckter Naturphilosoph geblieben sei. Dieses wurde stets von seinen Schülern mit Bedauern[35] gesehen und als Makel an der ansonsten so vorbildhaften Forscherpersönlichkeit empfunden. Jegliches Argumentieren unter Zuhilfenahme einer Hypothese von spezifisch vitalen Kräften für den lebenden Organismus und seine Funktionen wurde nicht nur von Du Bois-Reymond, sondern auch von den anderen Müller-Schülern und Physiologen[36] als unverzeihlicher Rückfall in vitalistisches und romantisches Ideengut des 18. und frühen 19. Jahrhunderts gebrandmarkt.

---

34) Den Begriff Paradigma hier zu wählen halte ich für die Ablösung des Erklärungskonzeptes «Vitalismus» durch das «physikalistisch-mechanistische» in diesem Falle für durchaus angebracht. Vgl. dazu nähere Ausführungen in Brigitte Lohff: *Johannes Müller*. In: Olaf Breitenbach (Hrsg.): *Naturphilosophie nach Schelling*, Frankfurt 2005, 331–370.
35) Vgl. dazu die Äußerungen von Emil Du Bois-Reymond: *Über die Lebenskraft*, [1848]. In: ders.: Reden 1887, S. 22; ebenso Hermann von Helmholtz: *Das Denken in der Medizin* [1877] In: ders.: *Vorträge und Reden* hrsg. von Anna von Helmholtz, Braunschweig 1896, S. 190. Aber auch die Medizinhistoriker haben dazu entsprechende Charakterisierungen meist mit negativer Wertung abgegeben. Vgl. dazu Karl Eduard Rothschuh: *Geschichte der Physiologie*, Stuttgart 1953, S. 122; dass es sich um eine teilweise folgenreiche Fehldeutung handelt vgl. Lohff: *Suche nach der Wissenschaftlichkeit*, 1990, S. 7–11.
36) Propagiert wurde die neue Physiologie in der «Physikalischen Gesellschaft», die 1847 gegründet wurde von den Physiologen Emil Du Bois-Reymond, Hermann von Helmholtz, Ludwig Brücke, den Physikern Gustav Karsten, Karl Hermann Knoblauch und Walter von Beetz, sowie dem Chemiker Wilhelm Heinrich Heintz gegründet. Vehement hat sich bereits 1842 Hermann Lotze in seinem Artikel über die Lebenskraft gegen eine solche Hypothese Stellung bezogen. «Gegenüber dieser bestimmten und vortrefflichen Ausbildung des Kraftbegriffes [in der Physik] bietet sein Gebrauch in der Physiologie einen trostlosen Anblick dar. Die Lehre vom Leben hat vom Begriff der Kraft nur das Falsche beibehalten, alles Richtige aber mit eiserner Consequenz ausgerottet ... Ueberhaupt welches ärmste und geringste Mittel ist denn nur diesem Begriffe der Lebenskraft gegeben, wodurch aus der hohlen, nebulosen Emphase der Phantasie irgend etwas, was Hände und Füße hätte, sich entwickelte.» (Hermann Lotze: *Leben, Lebenskraft*. In: ders.: *Handwörterbuch der Physiologie*. Bd. IV, Leipzig 1842, S. XIX).

«Flexion und Extension sind also die beyden Pole und Marken des bewegenden Lebens – jene gleichsam der verschlossenen Knospe, diese der entfaltenden aber welkenden Blüthe. – An beyden ist Nacht – Zwischen ihnen spielt das Leben vielgestaltig auf und nieder.»[37]

So mystisch äußerte sich der 21jährige Müller noch in seiner Dissertation über die Bewegungsgesetze der Tiere. In seiner zwei Jahre später gehaltenen Antrittsrede nach der Habilitation 1824 ist keine Rede mehr von Achsen, Polaritäten, Differenzen und Indifferenzen. In dieser berühmten Rede *Über das Bedürfniß der Physiologie nach einer philosophischen Naturbetrachtung* wendete Müller sich gegen eine falsche Naturphilosophie mit folgenden Bemerkungen:

«[Die falsche Naturphilosophie] spricht von Polaritäten und Achsen in den lebendigen Dinge, sie thut dieß, indem sie einen bloßen Verstandesbehelf der Physiker auf die lebendige Natur überträgt, sie läßt überall diese todten Producte der Vorstellung liegen, sie gefällt sich in einer unendlichen Wiedererkennung der selben Formen», und Müller kommentiert diese mit dem Hinweis, *«... die lebendige Betrachtung der Natur [darf] weder Achsen noch Pole kennen.»*[38] Eine solche Naturbeschreibung bezeichnete Müller als «verständige Physiologie», die lediglich *«aus den einzelnen Lebenserscheinungen einen sogenannten logischen Begriff des Lebens»* deduziert[39]

Müller ging ebenfalls auf das damals noch heiß diskutierte Konzept der Lebenskraft ein: Er beginnt mit dem Problem der Begriffsbildung innerhalb der Wissenschaft. Dabei zeigt er auf, daß Begriffe wie «Leben» oder «organisch» oder «organisiert» willkürliche Setzungen sind. So wäre es für ihn z. B. denkbar gewesen, daß für den Begriff «Tätigkeit», der sich auch in dem physikalischen Phänomen von Anziehung und Abstoßung wieder finden lässt, in einer früheren Epoche der Begriff «Leben» hätte gewählt werden können. Ebenso sei es nicht prinzipiell verboten, für den Kosmos den Begriff «Weltorganismus» zu verwenden. Da aber Begriffe kon-

---

37) Johannes Müller: *Beobachtung über die Gesetze und Zahlenverhältnisse der Bewegung in der verschiedenen Tierclassen mit besonderer Rücksicht auf die Bewegung der Insecten und Polymerien.* ISIS, 1822, Spalte 62.
38) Johannes Müller: *Von dem Bedürfniß der Physiologie nach einer philosophischen Naturbeobachtung* [1824]. In: Müller: *Vergleichende Physiologie*, 1826, S. 13.
39) Ibidem, S. 14.

ventionelle und historische gewachsene semantische Bedeutungen haben, so ist es für ihn selbstverständlich, den jeweiligen gewachsenen Verwendungszusammenhang des Begriffes zu verdeutlichen.

Dieses Vorgehen verdeutlichte Müller an den Begriffen «organisch» und «organisiert». Er ging deshalb darauf ein, weil er kritisiert worden war, daß er in der Einleitung zu seinem „Handbuch der Physiologie» (1833) sich mit der *«nach blinder Notwendigkeit sich äussernden Organisationskraft»*[40] auseinandergesetzt hat. Organische Stoffe sind – in der Interpretation von Müller – *«alle, die vom Organismus erzeugt werden und ... organisiert sind diejenigen Teile des Körpers, welche nicht bloße organische Zusammensetzungen enthalten, sondern die zu ihrer selbständigen Ernährung und ihrem selbständigen Wachstum die notwendige Organisation ihres Inneren benötigen.»*[41] Ganz im Sinne Kants definierte Müller den Organismus als ein System, dessen einzelne Teile nach der Zweckmäßigkeit und dem Zweck für das Ganzen ausgerichtet sind.[42] Ausgehend von dieser Definition, daß Organismen organische Ganzheiten sind, die aus ungleichartigen Organen zusammengesetzt sind, welche den Grund ihrer Existenz in dem Ganzen haben, interpretierte Müller die «organische Kraft» als eine, welche die Existenz der einzelnen Organe bedingt und die Eigenschaft hat, daß sie die zum Ganzen notwendigen Organe aus organischer Materie erzeugt.[43]

Dabei argumentierte er aus dem logischen Kontext der Entwicklung neuen Lebens und dem Verhältnis von der potentiellen Existenz des Organismus im befruchteten Ei und des dann realisiertem Ganzen des faktisch existierende Lebewesens. Müller fügte in seine Überlegungen mit ein, daß «unsere Begriffe vom organischen Ganzen blosse bewusste Vorstellungen sind»; hingegen die nach blinder Notwendigkeit tätige organische Kraft «ist eine die Materie zweckmäßig verändernde Schöpfungskraft.»[44]

Welche Bedeutung dem Bemühen des denkenden Forschers zukommt, Lebenserscheinungen in Zusammenhang mit einer

40) Handbuch Bd. 1, 1; 1833, S. 24.
41) Handbuch Bd. 1, 2; 1834, S. VI.
42) Handbuch Bd. 1, 2. Aufl. 1835, S. 19; ebenso 3. Aufl., 1838, S. 19 und 4. Aufl. 1844, S. 17.
43) Handbuch Bd. 1, 3. Aufl. 1838, S. 23.
44) Handbuch Bd. 1, 3. Aufl. 1838, S. 25.

«organischen Kraft» zu bringen, erläuterte Müller an der Auseinandersetzung über die Entstehung des Lebens generell. Eine wissenschaftliche Beantwortung dieser Frage liegt seiner Auffassung nach «ausser aller Erfahrung und Wissen.»[45] Die hier von Müller aufgeworfene Frage, wie Kraft und Materie im lebendigen Organismus zueinander kommen, weist auch auf das erste Ignoramus Ignorabimus von seinem Schüler Emil Du Bois-Reymond in seiner Schrift *Über die Grenzen der Naturerkenntnis* hin.[46]

Die Lösung des Problems von Entstehen und Vergehen einer Lebenskraft gehörte jedoch für Müller nicht zu den Aufgaben einer empirischen Physiologie, sondern zu denen der Philosophie. Müller vermied in seinen Überlegungen bewusst den Begriff Lebenskraft. Das Argumentieren mit den Lebenskräften, dem Bildungstrieb, Galvanismus, tierischen Magnetismus, etc. könne seiner Meinung nach nur zu falschen Hypothesen führen, da diese nicht die Zeitlichkeit der lebendigen Erscheinung zu erfassen in der Lage seien. Aus seiner Sicht gehören diese physiologischen Theorien zur so genannten «verständigen Physiologie»[47]. Man müsse sich – sagt Müller – zu bescheiden wissen, *«daß die Kräfte, welche die organischen Körper lebend machen, eigentümlich sind, und dann die Eigenschaften derselben näher untersuchen.*[48] Dieses ist das angemessene und eigentliche Terrain für die Physiologie. Für die Forschung selber ist es nicht wichtig, ob man sich das Organisationsprinzip als «imponderable Materie oder als Kraft denkt». Darin gleicht die Physiologie der [damaligen, d. Verf.] Physik, die sich auch nur mit den Wirkungen der Wärme, des Lichtes oder der Elektrizität beschäftigt, ohne deren Prinzipien zu kennen.[49] Für das Erforschen der lebendigen Wirkungen bedarf es seines Grundsatzes «Der Physiolog erfährt

---

45) Handbuch Bd. 1, 3. Aufl. 1838, S. 18.
46) Du Bois-Reymond sagte 1872 diesbezüglich: «Unser Naturerkennen ist also eingeschlossen zwischen den beiden Grenzen, welche einerseits die Unfähigkeit, Materie und Kraft, andererseits das Unvermögen, geistige Vorgänge aus materiellen Bedingungen zu begreifen. Innerhalb dieser Grenzen ist der Naturforscher Herr und Meister, zergliedert er und baut er auf, und niemand weiß, wo die Schranke seines Wissens und seiner Macht liegt, über diese Grenzen hinaus kann er nicht und wird er niemals können.» Du Bois-Reymond: *Über die Grenzen des Naturerkennen* [1872]. In: ders.: Reden Bd. 2, 1887, S. 460.
47) Müller: *Vom dem Bedürfniß*, 1824, S. 17.
48) Handbuch Bd. 1, 3. Aufl. 1838, S, 19.
49) Handbuch Bd. 1, 3. Aufl. 1838, S. 27.

die Natur, damit er sie denkt»[50] aus seiner Habilitationsrede von 1824. Diesem Grundsatz folgend kann der Forscher zu denkenden Erfahrungen gelangen.

Über das Verhältnis von Erfahrungswissenschaft und Philosophie sagt er: «*Es ist wahr, die empirische Physiologie löst die letzten Fragen über das Leben nicht, aber die Philosophie löst sie auch nicht auf eine solche Art, daß wir von dieser Lösung in einer Erfahrungswissenschaft Gebrauch machen könnten.*»[51] Zwar dürfen von einer Erfahrungswissenschaft keine metaphysischen Theorien erwartet werden, sondern Beweise, ob eine Theorie falsch oder wahr ist. Aber es ist nach Müller nicht sinnvoll, wenn man sich innerhalb der Analyse der Fakten mit «Ängstlichkeit und Vorsicht» nicht mehr zu sagen getraut, als was auf Fakten gegründet ist.

Die treibende Kraft des Erkenntnisinteresses wird von Müller dahingehend beantwortet, daß Wissenschaftler eine Lösung der «letzten Fragen» implizit anstreben – das heißt für ihn, daß in den Lebenswissenschaften stets nach Antworten gesucht wird, wie aus Energie und Materie Leben entsteht. In diesem Sinne ist es für ihn prinzipiell vorstellbar, daß sich aus einem allgemeinen Gesetz der Entstehung – gleichgültig ob dieses Gesetz induktiv oder deduktiv zustande gekommen ist – das Besondere oder das Einzelne des organischen Lebens ableiten ließe. Bewähren muß sich letztlich jede Erkenntnis und jedes Gesetz über die lebendige Natur an der sinnlichen und vernunftgeleiteten Erfahrung.

Von Müllers erkenntniskritischer Haltung sowohl dem Vitalismus gegenüber als auch der Überbewertung von Beobachtung und Versuch blieb für die nachfolgende Generation vornehmlich die an Experimenten orientierte Lebensforschung übrig. Als Extremvariante trat diese dann in der Entwicklungsmechanik von Wilhelm Roux, Hans Spemann und Hans Driesch auf. Driesch vollzog Anfang des 20. Jahrhunderts in Heidelberg seine Verwandlung vom Paulus zum Saulus, d. h. von einem strikten Mechanisten im Kontext der Entwicklungsmechanik hin zum Neovitalisten. Allerdings

---

50) Müller: *Von dem Bedürfniß*, 1824, S. 34.
51) Handbuch Bd. 1, 2, 1834, S. VI.

war dieser neovitalistischen Bewegung nur eine kurze Lebenszeit vergönnt.

Im 20. Jahrhundert haben sich die Biologen zunehmend darauf verständigt, was Ernst Mayr über sein Forschungsgebiet zu sagen pflegte: Das Leben ist nicht Gegenstand der Biologie, und folglich wird – wie moderne Biologen bekennen – in der Biologie oder gar Molekularbiologie nicht über das Leben geredet. Ob das ein Gewinn ist oder Ausdruck dessen, daß die Biologie damit zu den so genannten «harte Naturwissenschaft» gehört, oder wie Mayr meint, daß die Biologie durch duale Kausalität[52] gekennzeichnet sei und deshalb nicht vollständig den exakten Naturwissenschaften zuzuordnen sei, werden spätere Generationen zu beurteilen haben.

---

52) Ernst Mayr: *Die Autonomie der Biologie – Zwei Walther-Arndt-Vorlesungen*, Naturwissenschaftliche Rundschau, 55; I 2002, S. 23–29.

Von der «Generatio spontanea» zu Virchows «Omnis cellula e cellula»: Geschichte eines Denkwechsels

Thomas Cremer

> *Ich widme diesen Beitrag der Erinnerung an meinen akademischen Lehrer und Mentor Herrn Professor Dr. Dr. h.c. Friedrich Vogel (1925–2006). Ich verdanke ihm die Ermutigung, neben der experimentellen Arbeit auch wissenschaftshistorischen und wissenschaftstheoretischen Fragen nachzugehen. Daraus entstand eine Habilitationsschrift, die 1985 als Veröffentlichung der Heidelberger Akademie der Wissenschaften erschienen ist.* [1]

Lebewesen sind aus Zellen aufgebaut. Zellen enthalten einen Zellkern mit Chromosomen. In diesen Chromosomen befindet sich ein Informationen tragendes Makromolekül, die DNA. Die Schriftnatur dieser DNA ist aufgeklärt. Diese Schrift hat sich in einem Zeitraum von mehreren Milliarden Jahren entwickelt. Sie kann sich spontan und zufällig verändern, sie kann aber mit ihrem außerordentlich hohen Informationsgehalt nicht spontan neu entstehen. Es gibt keine Urzeugung, keine *Generatio spontanea* in diesem Sinne. DNA entsteht durch Replikation von DNA, Chromosomen entstehen folgerichtig durch Replikation von Chromosomen, Zellkerne

---

1) Cremer T (1985) *Von der Zellenlehre zur Chromosomentheorie der Vererbung. Naturwissenschaftliche Erkenntnis und Theoriewechsel in der frühen Zell- und Vererbungsforschung.* Heidelberg: Springer Verlag. Für eine Web-Version siehe: http://www.t-cremer.de/main_de/cremer/personen/info_T_Cremer.htm#book
Der hier abgedruckte Beitrag beruht auf diesem lang vergriffenen Buch.

durch Replikation von Zellkernen, Zellen aus Zellen. Auf welchen Wegen sind Naturwissenschaftler zu diesen Erkenntnissen gelangt? Welche Theoriengebäude haben sie dabei errichtet und modifiziert oder auch zerstört und neu erbaut?

Den Raum der wissenschaftlichen Erkenntnis, den wir jetzt betreten wollen, läßt sich mit einem Irrgarten vergleichen. Bei unserer Wanderung in den Irrgarten hinein stoßen wir auf grundlegende Veränderungen des wissenschaftlichen Weltbildes im Verlauf des 19. Jahrhunderts[1a]. Wohin der Irrgarten der Erkenntnis führt und welche Wege sich als gangbar erweisen werden, ist völlig ungewiß. Gibt es ein Ende des Irrgartens? Existiert ein Ziel? Gibt es einen richtigen Weg, der zu wahrer Erkenntnis führt, zu einem dauerhaft haltbaren Belvedere einer endgültigen Theorie? In meinem Beitrag möchte ich diese experimentellen Wege und Theoriengebäude gemeinsam mit Ihnen betreten ohne den Ariadnefaden unserer heutigen Vorstellungen. Dabei empfinden Wissenschaftler ihr gemeinsames Theoriengebäude oft schon als ein Belvedere, in dem sie sich zu Hause fühlen, das sich jedoch bald mit der Zeit als Spukschloss verwirrender, unvereinbarer Beobachtungen herausstellt. Die Vorstellung, daß Zellen als «Lebensherde» existieren, bedeutet dann nicht mehr zugleich, daß Zellen aus Zellen entstehen. Diese Erkenntnis wiederum bedeutet nicht folgerichtig, daß Zellkerne seit ihrer ersten Entstehung in der Evolution in einer ununterbrochenen Folge von Kerngenerationen existiert und sich in ihrem Informationsgehalt weiterentwickelt haben. Neuentstehung von Zellen in einem zellfreien Exsudat, Auflösung und Neubildung von Zellkernen werden zu wissenschaftlich legitimen Hypothesen, ja zu selbstverständlich angenommenen «Tatsachen». Die Weltbilder der Wissenschaftler waren in der ersten Hälfte des 19. Jahrhunderts noch stark beeinflußt vom Glauben an immaterielle Lebensprinzipien, von der Vorstellung zielgerichteter «vitalistischer» Kräfte, von einer Gott gegebenen Stufenleiter des Lebendigen. Welche Kräfte bestimmen die Wahl des Weges und die Akzeptanz neuen Wissens

---

1a) Cremer T, Klier-Choroba A-B (2006) *Jenseits von Eden: Zum Konflikt zwischen naturwissenschaftlicher und christlicher Anthropologie*. In: *Gärten, Parkanlagen und Kommunikation. Lebensräume zwischen Privatsphäre und Öffentlichkeit*, Duttge G und Tinnefeld M-T (Hrsg.). Berlin: Berliner Wissenschafts Verlag

und neuer Theorien? Welche Rolle spielt die Suche nach Wahrheit? Welche Rolle spielen Gesichtspunkte intellektueller, technischer und politischer Macht? Denn Theorien, deren Vorhersagen eintreffen, taugen als Herrschaftsinstrumente, unabhängig davon, ob sie wahr sind oder nicht. Ist nie etwas sicher ausgemacht, wie Paul Feyerabend (1924–1994) behauptet hat? Oder existiert, wie Max Planck (1858–1947) meinte, ein Zwang für Wissenschaftler, sich in einer bestimmten Richtung des Irrgartens fortzubewegen, in der die wahre Erkenntnis der objektiven Wirklichkeit liegt? Und worin sollte gegebenenfalls dieser Zwang bestehen?

Ein besonders empfehlenswerter Zugang zu diesen Fragen besteht nach Karl R. Popper (1902–1994) darin, herauszufinden, wie bedeutende Wissenschaftler Probleme formuliert und wie sie diese Probleme zu lösen versucht haben. «Eine Variante der gegenwärtig in der Philosophie so unmodernen historischen Methode ... besteht einfach darin, daß man versucht, herauszufinden, was andere über das vorliegende Problem gedacht haben; warum es ein Problem für sie war; wie sie es formuliert haben; wie sie es zu lösen versucht haben. Das scheint mir ein wesentlicher Schritt in der allgemeinen Methode der rationalen Diskussion zu sein. Denn wenn wir ignorieren, was andere Leute denken oder gedacht haben, dann muß die rationale Diskussion aufhören, mag auch jeder von uns weiter vergnügt mit sich selbst diskutieren.»[2]

Die biologische Gedankenwelt hat sich im 19. Jahrhundert entscheidend verändert. Im Verein mit den Auseinandersetzungen um das Problem der Evolution des Lebendigen, um die dazu erforderlichen Zeiträume und um vitalistische und nichtvitalistische Theorien des Lebens betritt die Zelle die Bühne als grundlegende Einheit allen pflanzlichen und tierischen Lebens. Am Anfang des 19. Jahrhunderts erschien die Annahme, daß ganze Organismen, wie die Eingeweidewürmer, durch spontane Urzeugung entstehen können noch vielen wissenschaftlich Gebildeten als eine Selbstverständlichkeit. Gegen Ende des Jahrhunderts (1892) veröffentlichte August Weismann (1834–1914) sein Bahn brechendes Buch *Das Keimplasma, eine Theorie der Vererbung* mit dem Goethe-Motto auf

---

2) Popper K (1982) *Logik der Forschung*, 7. Auflage (1. Auflage 1934) Tübingen: J.C.B. Mohr (Paul Siebeck), Vorwort S. XV.

dem Titelblatt «Naturgeheimnis werde nachgestammelt»[3]. Darin postulierte er eine geheimnisvolle, offenbar in den Chromosomen lokalisierte Substanz, die er Keimplasma nannte, als die chemische Grundlage der Vererbungsvorgänge.[4]

Frühe Fortschritte in der Lichtmikroskopie

Eine notwendige Voraussetzung zur Erforschung der für das bloße Auge unsichtbaren Strukturen des Lebendigen war die Entwicklung der Mikroskopie[5]. 1667 veröffentlichte Robert Hooke (1635–1703) in seiner *Micrographia or some physiological descriptions of minute bodies, made by magnifying glasses with observations and inquiries thereupon* die erste Abbildung eines Zellengewebes im Flaschenkork. Cellula meint im Wortsinn ein leeres Kämmerchen, und genauso müssen wir den ersten Begriff von der Zelle verstehen: Wände, die ein Kämmerchen umschließen. Nehemias Grew (1641–1712) und Antoni van Leeuwenhoek (1632–1723) verdanken wir weitere Einsichten in ein aus Kügelchen und Bläschen aufgebautes Zellengewebe bei Pflanzen. Ob auch tierische Organismen Zellen besitzen, blieb zunächst unklar. Marcello Malpighi (1628–1694) war vermutlich der erste Forscher, der rote Blutkörperchen entdeckte, ohne ihre Bedeutung zu erkennen. Warum kam es bei solchen Fortschritten in der mikroskopischen Darstellung von Pflanzengeweben nicht schon im 18. Jahrhundert zur Formulierung einer Zelltheorie? Bei dieser Frage sollten wir uns an die damaligen Grenzen der Technik und der biologischen Vorstellungen erinnern.

Die Erfindung des zusammengesetzten Mikroskops, wie es bereits Hooke benutzte, war zwar ein methodischer Durchbruch, aber die Technik der Linsenherstellung war noch nicht ausgereift. Infolge der sphärischen und chromatischen Aberrationen der Linsen entstand ein sehr gewölbtes, nur in den mittleren Teilen einigermaßen deutliches Bild, dessen einzelne Teile von Farbsäumen um-

---

3) Weismann A (1892b) *Das Keimplasma. Eine Theorie der Vererbung.* Jena: Gustav Fischer
4) Chromosomentheorie der Vererbung vor 1900: August Weisemanns Versuch einer «realen» Theorie. In: Cremer T (1985) (Fußnote 1) S. 169-190.
5) *Zur Entwicklungsgeschichte der Mikroskopie und Histologie.* In: Cremer T (1985) (Fußnote 1) S. 29-39.

geben waren. Es wundert uns nicht, daß das Mikroskop bei nicht wenigen Wissenschaftlern zunächst wieder in Misskredit geriet und ein Fontanelle 1711 sogar vor der Pariser Akademie erklärte, «daß der Gebrauch der Mikroskope unstatthaft sei, indem sie oftmals nur das zeigten, was man sehen wolle.» In seiner 1830 veröffentlichten Phytotomie schreibt Franz Julius Ferdinand Meyen, von dem wir gleich mehr hören werden: «Mit dem Tode jener großen Naturforscher Grew, Malpighi und Leeuwenhoek entschlummerte die Wissenschaft, in einem Zeitraum von 50 Jahren wurde fast gar nichts geleistet und auch später kam sie nicht auf die Höhe, die sie schon im Anfang errungen hatte. In der Menge von Schriften, die in der letzten Zeit dieser Periode erschienen waren, durchkreuzten sich die Beobachtungen, teils falsche, teils richtige, in solcher Menge, daß es nicht mehr möglich war, aus dem vorhandenen ein zusammenhängendes Bild zu entwerfen.» Noch 1845 schreibt Matthias Jakob Schleiden (1804–1881) in seiner *Wissenschaftlichen Botanik*, «daß man allerdings Ursache hat, wenn von mikroskopischen Untersuchungen die Rede ist, auf seiner Hut zu sein... Wie viele Leute haben Falsches mitgeteilt, weil sie die Farben der chromatischen Abweichung den Körpern beilegten, Luftblasen als Gegenstände beschrieben. Daran ist aber nicht das Mikroskop schuld, sondern die Unwissenheit und daraus entspringende Urteilslosigkeit der Leute, die Arbeiten mit einem Instrument unternahmen, dessen Gesetze und Wirkungsweise sie nicht kannten, und über Gegenstände urteilten, bei denen sie sich mit einigem Nachdenken selbst hätten sagen können, daß ihnen jede Grundlage zum Urteil fehle.»[6]

Die beiden Hauptfehler der optischen Abbildung, die sphärische und die chromatische Aberration, die einer scharfen Abbildung einer Objektebene in einer Bildebene ohne die lästigen farbigen Säume entgegenstanden, wurden erst im 19. Jahrhundert durch die Einführung von Linsenkombinationen mit verschiedenen Glassorten gelöst. Die Mikroskope, die Matthias Schleiden und Theodor Schwann (1810–1882) in den dreißiger Jahren des 19. Jahrhunderts

---

6) Schleiden M J. Grundzüge der wissenschaftlichen Botanik nebst einer methodologischen Einleitung als Anleitung zum Studium der Pflanze. Die Botanik als induktive Wissenschaft. 2 Bände (1. Band 1845; 2. Band 1846). Leipzig: Wilhelm Engelmann. S. 104-105

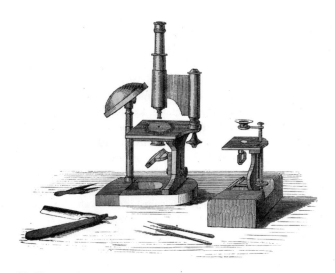

Die Vignette zeigt den Hausrath des wissenschaftlichen Kleinigkeitskrämers, oder Mikroskopikers; in der Mitte ein zusammengesetztes Mikroskop nach der höchstvollkommenen Einrichtung des vortrefflichen Oberhäuser in Paris, rechts ein einfaches Mikroskop zum Präpariren kleiner Gegenstände, nach meiner Angabe vom Mechaniker Zeiß in Jena verfertigt, daneben Messer, Pincetten u. f. w.

Abb. 1. Schleiden (1855): «Hausrath des wissenschaftlichen Kleinigkeitskrämers» [7]

zur Verfügung standen, hatten ein Auflösungsvermögen von einem Mikrometer (1 μm = 1/1000 mm)(Abb. 1).

Schon Matthias Schleiden wandte sich gegen den Unfug stark vergrößernder Okulare, mit denen sich nur sogenannte leere Vergrößerungen ohne Steigerung des Auflösungsvermögens erreichen lassen, vergleichbar etwa der immer stärkeren Vergrößerung eines Negativs mit der naiven Vorstellung, man könne dann auch um so mehr Einzelheiten erkennen. Erst in den achtziger Jahren des 19. Jahrhunderts wurde mit Hilfe lichtstarker apochromatischer Objektive und Ölimmersion die von Ernst Abbe (1840–1905) postulierte Auflösungsgrenze des klassischen Lichtmikroskops von etwa 0,2 μm annähernd erreicht. Diese Behauptung ist bis heute Teil

[7] Schleiden M J (1855) *Die Pflanze und ihr Leben*, 4. Auflage. Leipzig: Wilhelm Engelmann

des physikalischen Allgemeinwissens eines jeden Abiturienten. Die Abbe Theorie ist auch nach wie vor richtig für alle konventionell gebauten Lichtmikroskope. In jüngster Zeit ist es jedoch mit Hilfe lasermikroskopischer Methoden gelungen, das klassische Abbe-Limit zu brechen.[8] Die Steigerung der lichtmikroskopischen Auflösung in Bereiche, die bislang der Elektronenmikroskopie vorbehalten waren, wird die zukünftige zellbiologische Forschung revolutionieren.[9]

Ein weiteres Hindernis für die frühen Mikroskopiker bestand in einem Mangel an Techniken zur Färbung fixierter Zellen. Erst im letzten Drittel des 19. Jahrhunderts stand eine ganze Palette von Färbeverfahren zur Verfügung, die teilweise bis heute gebräuchlich geblieben sind. Karmine, Hämatoxylin, Methylenblau, Fuchsin, Safranin, Gentianaviolett, um nur einige gebräuchliche Farbstoffe zu nennen, wurden einzeln und in verschiedenen Mischungen gleichzeitig angewendet. Um ein Gefühl für die methodischen Grenzen zu bekommen, die der frühen Zellforschung gesetzt waren, müssen wir uns vergegenwärtigen, wie künstlich das lebendige Gewebe aufbereitet wurde, fixiert, entwässert, gehärtet, geschnitten, gefärbt, eingebettet: eine Naturforschung an Präparaten aus mikroskopisch dünnen Scheiben. Eine Zellphysiologie und Biochemie gab es noch nicht. Man sah Zellen und zelluläre Strukturen, aber was bedeuten diese Strukturen in der lebenden Zelle? Was sind ihre Funktionen? Wie sollte man das, was man sah oder manchmal auch nur zu sehen glaubte, interpretieren, in Zusammenhang bringen? Der unbefangene Eindruck trügt nicht. Mit Hilfe konventioneller Lichtmikroskopie und an fixierten Präparaten allein lassen sich diese Fragen nicht beantworten.

Erst die Erfindung der Laser Scanning Fluoreszenz Mikroskopie im letzten Drittel des 20. Jahrhunderts[10] machte es möglich, zuverläs-

---

8) Hell SW (2007) *Far-Field Optical Nanoscopy*. Science 316: 1153-1158.
9) Cremer T und Cremer C (2006) *Rise, fall and resurrection of chromosome territories: a historical perspective Part II. Fall and resurrection of chromosome territories during the 1950s to 1980s. Part III. Chromosome territories and the functional nuclear architecture: experiments and models from the 1990s to the present.* Eur J Histochem 50: 223-272
10) Cremer C und Cremer T (1978) Considerations on a laser-scanning microscope with high resolution and depth of field. Microsc Acta 81: 31-44; Cremer T und Cremer C (2006) (Fußnote 9) S. 247-249; Inoué S (2006) Foundations of confocal scanned imaging in light microscopy. In: Handbook of Biological Confocal Microscopy. Pawley J B (Hrsg.) 3. Auflage. Springer: New York, S. 1-19.

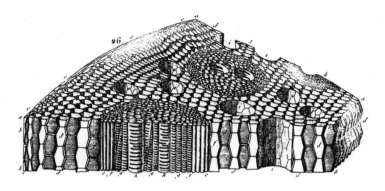

Abb. 2. Charles François Brisseau de Mirbel (1813) [11]: Transversaler und vertikaler Schnitt durch Fucus fimbriatus

sige drei-dimensionale Bilder von Zellen und Geweben routinemäßig aufzunehmen. Die ersten dreidimensionale Darstellungen pflanzlicher Gewebe tauchen zwar bereits im frühen 19. Jahrhundert auf (Abb. 2). Bei diesen Darstellungen, so betont der französische Botaniker Charles François Brisseau de Mirbel (1776–1854) ausdrücklich, handelt es sich jedoch nicht um den Versuch einer unmittelbaren Wiedergabe mikroskopischer Beobachtungen, sondern um ein Resultat, das die Reflexion, geleitet durch Beobachtung und Erfahrung, dem Geist eingibt. Erst durch das Gedankenexperiment (opération de la pensée) wird die Pflanze in die einzelnen Elementarorgane zerlegt (siehe oben und Abb. 3). Dieses Vorgehen begründet Brisseau de Mirbel damit, daß man zunächst eine Reihe einfacher Vorstellungen (idées simples) entwickeln muß, bevor sich eine daraus zusammengesetzte komplexe Vorstellung (idée complexe) in unserem Verstand formen kann.

Neben den methodischen Grenzen behinderte ein weiterer mindestens ebenso bedeutsamer Grund die Entwicklung einer allgemeinen Zelltheorie: Im frühen 19. Jahrhundert galten Zellen bestenfalls als eines von einer Reihe von Elementarorganen der Pflanze, man hielt sie aber nicht für die grundlegende Einheit des

---

11) Brisseau de Mirbel C F (1813) *Traité d'anatomie et de physiologie végétales, pour servir d'introduction a l'étude de la botanique.* 2. Aufl., Paris: Dufart, Père, Libraire. Editeur

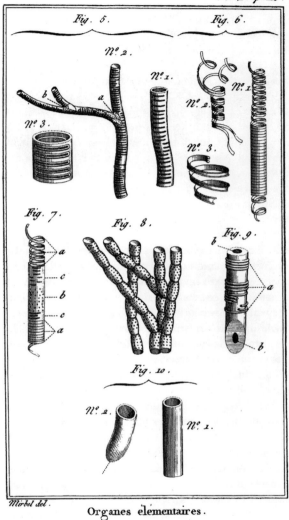

Abb. 3 Brisseau de Mirbel (1809)[14] Verschiedene Elementarorgane der Pflanze

14) Brisseau de Mirbel C F (1809) *Exposition de la Théorie de l'Organisation Végétale*, 2. Aufl., Paris: Dufart, Père, Libraire. Editeur

Lebendigen (Abb. 3). Ich erinnere in diesem Zusammenhang an einen Ausspruch von Albert Einstein: «Erst die Theorie entscheidet darüber, was man beobachten kann.»[12]

Generatio spontanea von Eingeweidewürmern

Betrachten wir eine Abhandlung über die zu Beginn des 19. Jahrhunderts geläufigen Theorien der Wurmfachleute oder Herminthologen zur Entstehung der Eingeweidewürmer, die der Doktor der Heilkunde Anton Stawikowski 1819 publiziert hat. «So wie der Mensch eine Welt hat, in der er lebt,» schreibt Stawikowski[13], «ebenso ist er ein Macrocosmos anderer Organisationen, die Welt mehrerer Eingeweidewürmer!» Stawikowski referiert sechs Theorien:

1. die «Theorie der Alten»: Bereits Aristoteles diskutierte drei Arten der Wurmentstehung. «Die erste war: daß die Keime angeboren sind; die zweite, daß sie aus Eyern entstünden, und die dritte, ... daß die Thiere durch einen Fäulungs-Prozeß entstehen.» Den Begriff der *Generatio aequivoca* (oder *spontanea*) «bestimmt Aristoteles folgendermaßen: ‹Es ist eine zweifelhafte und ungewisse Erzeugung mehr oder weniger organisch lebender Organismen, welche durch die allgemeinen Kräfte der Natur, nicht aber von den gleichen Organismen, bewerkstelligt wird. Die Zeugung durch Gleiche nannte er *Generatio univoca*»;

2. die «Theorie, daß die Eyer der Eingeweidewürmer von Außen in den Körper kommen»: «Die Eyer der Eingeweidewürmer kommen von thierischen Körpern in die Luft, das Wasser usw., und dann werden sie durch Speise und Trank in thierische Körper wieder gebracht»;

3. die «Theorie der präformierten Keime»: «Die Keime der Würmer (sind) schon vorhanden, präformiert, (‹eingeschachtelt sozusagen›), und bedürfen nur besonderer Umstände, um sich zu evolviren.» ... «Die Evolutionshypothese gehört besonders Malpighi zu; für sie waren jedoch alle Cartesianer: Haller, Bonnet,

---

12) Heisenberg W (1973) *Der Teil und das Ganze. Gespräche im Umkreis der Atomphysik.* München: Deutscher Taschenbuch Verlag. S. 80
13) Stawikowski A (1819) *Abhandlung über die Würmer im Menschen.* Wien: J. G. Heubner

Swammerdam, Mallebranche, Ray usw.» ... «Die Vertheidiger dieser Theorie sind wieder zweyfacher Ansicht; die einen sagen: die Eingeweidewürmer würden durch den Vater; die anderen: durch die Mutter fortgepflanzt»;

4. die «Theorie, daß die Eingeweidewürmer durch die *Generatio aequivoca* entstehen»: «Von allen anderen Meinungen hat, besonders in den neueren Zeiten, die durch Redham, Buffon und Patrinius schon lange vorbereitete *Generatio aequivoca* den Beyfall der größten Naturforscher erhalten. Anfangs hatte sie sehr viele Gegner.... Jetzt ist sie dennoch fast allgemein angenommen.» «Man müßte, wenn man die *Generatio aequivoca* bey den niedersten Organismen leugnen wollte, eine solche Kleinheit und Unzerstörbarkeit ihrer Keime annehmen, die selbst die lebhafteste Einbildungskraft kaum fassen könnte, und der die leichte Zerstörbarkeit des thierischen Stoffes und des Lebens widerspricht.» Für Stawikowski war die Theorie der *Generatio aequivoca* unverzichtbar, um die Bildung der Eingeweidewürmer zu erklären, «ihre Entstehung (ist) auf einem anderen Wege als durch jene nicht erklärbar.» Zugleich meinte er jedoch: »Die meisten der einmahl erzeugten Eingeweidewürmer pflanzen sich auf zweyfache Art fort, entweder duch Eyer, oder durch lebendige Junge»;

5. die «Theorie, daß die Eingeweidewürmer durch Infusorien entstehen»: «Nach Okens Idee besteht alles Organische aus Infusorien, deßwegen sagt er auch: die Entstehung der Infusorien ist kein Entwickeln derselben aus Eyern, sondern ein Freywerden aus den Fesseln des größern Thieres; ein Zerfallen des Thieres in seine Bestandteile.» Oken modifiziert den Begriff der *Generatio aequivoca*. Sie bedeutet nach Oken «nicht Erzeugung eines Thieres vom Zusammenflusse des Unorganischen, nicht eine neue Erschaffung vorher nie dagewesener Thiere; sondern Zerfallen einer zusammengesetzten Organisation in ihre Bestandtheile – keine Entstehung durch Begattung, aber auch keine durch Zufall; überhaupt keine Entstehung, sondern streng genommen, ein Auseinandergehen der vorher in eine Masse verwachsenen Infusorien».

6. die «Theorie, daß die Eingeweidewürmer aus dem Zellengewebe (Zellstoff) entstehen»: Diese Theorie wurde von J.A. Ritter von Scherer in einem Aufsatz «Über den Ursprung der Eingeweidewürmer aus dem Zellengewebe» aufgestellt. «Das Zellengewebe

ist zur Bildung eines Wesens, das nicht viel höher lebt, als es selber, nähmlich zur Bildung eines Eingeweidewurms, vollkommen geeignet. Es lebt sein eigenes polypenartiges Leben, an jeder Stelle seiner allgemeinen Verbreitung kann der Lebensprozeß desselben durch einen organisch-chemischen Vorgang gesteigert, folglich die Vitalität des Zellengewebes erhöhet werden.» Aus der Sicht von Stawikowski läßt sich diese Theorie ohne weiteres als eine besondere Form der *Generatio aequivoca* deuten. Denn Zellengewebe, so meint er, entsteht durch «freye Erzeugung». «Der Einwurf, daß alle organische Bildung nur aus dem flüssigen hervorgehe, wird beseitigt, wenn man einen flüssigen Zellstoff annimmt.»

Die Zelltheorie von Franz Julius Ferdinand Meyen

Bevor wir uns Matthias Schleiden und Theodor Schwann, den heute in jedem Lehrbuch der Zellbiologie genannten «Helden» der Zelltheorie zuwenden, werfen wir einen Blick in das 1830 erschienene Lehrbuch über Phytotomie von Franz Julius Ferdinand Meyen[14]. Was war über die Zelle und ihre mögliche Funktion wenige Jahre vor den für die Entwicklung der Zellbiologie grundlegenden Publikationen Schleidens 1838 und vor allem Schwanns 1839 bereits bekannt? Meyen definiert die Zelle als einen «von der vegetabilischen Membran vollkommen umschlossenen Raum» und beschreibt ausführlich Form, relative Größe und Ordnung der Zellen in verschiedenen Geweben (Abb. 4).

Ein eigenes Kapitel ist dem Inhalt der Zellen gewidmet. Hier wird eine intrazelluläre Flüssigkeit beschrieben mit Kügelchen, Bläschen und Fasern. Meyen erkennt mit Hilfe der Jodfärbung, daß diese Kügelchen zum Teil Stärke enthalten, zum Teil haben sie aber offenbar eine andere Natur. «Die Kügelchen in den Zellen des Ceratophyllums sind zum Beispiel grün gefärbt, wie es die Saftbläschen in den Blättern höherer Gewächse sind.»… «die Natur dieses grünen Farbstoffs ist eigentlich von Link entdeckt und er selbst ist Chlorophyll genannt worden.» Weiter berichtet Meyen ausführlich

---

14) *Vorläufer der Zelltheorie: Franz Julius Ferdind Meyen.* In: Cremer T (1985) (siehe 1), S. 40-53. Meyen F J F (1830) Phytotomie. Berlin: Haude und Spenersche Buchhandlung.

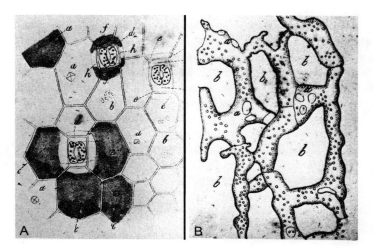

Abb. 4:
A. «*Epidermis von der unteren Blattfläche von Tradescantia discolor*».
B. «*Horizontalschnitt aus dem Diachym eines Blattes von Tradescantia discolor*».
Aus Meyen «*Phytotomie*» *(1830)*.

über die zuerst von Bonaventura Corti (1729–1813) (1774) und Leopold Christian Treviranus (1779–1837) (1811) beschriebene kreisende Bewegung des Zellensaftes in bestimmten Zellen, bei der «die Kügelchen und Bläschen vom Zellensafte mechanisch mitgerissen werden.» «Wir sehen die Bewegung der Säfte in diesen Pflanzen, können aber kein Organ auffinden, das dieselbe bewirkt, wir schließen daher, daß diese Erscheinung durch eine dem Zellensaft selbst innewohnende Kraft hervorgerufen wird.» Im Anschluß an diese Beschreibungen der Pflanzenzelle stellt Meyen «Betrachtungen über die Natur der Pflanzenzellen» an. «Die Pflanzenzellen treten entweder einzeln auf, so daß eine jede Zelle ein eigenes Individuum bildet, wie bei Algen und Pilzen dieses der Fall ist, oder sie sind, in mehr oder weniger großen Massen, zu einer höher organisierten Pflanze vereinigt. Auch hier bildet jede Zelle ein für sich bestehendes, abgeschlossenes Ganzes. Sie ernährt sich selbst, sie bildet sich selbst und verarbeitet den aufgenommenen rohen Nahrungssaft zu sehr verschiedenartigen Stoffen und Gebilden.»

Neben der Zelle unterscheidet Meyen noch zwei weitere Elementarorgane der Pflanze, die Spiralröhren und das Gefäßsystem. In einem Abschnitt «Andeutung über die Verwandtschaft, die zwischen Zellen und Spiralröhrchen zu herrschen scheint», beschreibt er, daß in manchen Fällen sich Spiralfasern im Innern von Zellen entwickeln. Nach seiner Auffassung stellt die Spiralröhre eine langgestreckte Zelle mit einer darin enthaltenen Spiralfaser dar. Von den Elementarorganen der Pflanze, die Meyen beschreibt, bleibt also nur das System der Lebenssaftgefäße übrig, das nicht von Zellen abgeleitet wird bzw. keine unmittelbare morphologische Verwandtschaft mit eigentlichen Zellen erkennen lässt.

Drei Aufgaben nannte Meyen für zukünftige Forscher der Phytotomie:

«a) Man suche die größtmöglichste Masse von verschiedenen Pflanzenarten und Gattungen zu untersuchen, um den Bau derselben durch Vergleichung der vorkommenden Abweichungen in ein und demselben Organ um so genauer kennenzulernen» ...

«b) Man verfolge die Entwicklung einzelner Elementarorgane durch alle Grade des Lebens und durch alle Stufen des Pflanzenreichs mit genauester Strenge, um so die Bildungsgesetze derselben zu entziffern» ...

«c) Man suche das Eigentümliche am Bau der natürlichen Pflanzenfamilien darzustellen.»

In den Jahren 1837 bis 1839 veröffentlichte Meyen ein dreibändiges Werk *Neues System der Pflanzenphysiologie*[15]. Im ersten Band, der 1837, also ein Jahr bevor Schleidens berühmter Arbeit zur Zelltheorie bei den Pflanzen erschien (siehe unten) verdeutlicht Meyen seinen Standpunkt nochmals ausdrücklich: «Die Elementarorgane der Pflanzen sind demnach Zellen, welche unter den mannigfachsten Modifikationen auftreten». Nach seiner Auffassung sind «die Spiralröhrchen eigentümlich modifizierte Zellen ebenso wie die sogenannten Fasergefäße». Den Zellen kommt also «die größte Wichtigkeit in den Pflanzen» zu. «Demnach müssen wir die größte Aufmerksamkeit auf den Bau, die Bildung und den Inhalt der Zellen richten, denn aus einem genaueren Studium dieser Gegenstän-

---

15) Meyen F J F (1837-1839) *Neues System der Pflanzenphysiologie*, Bd. I (1837), Bd. II (1838), Bd. III (1839). Berlin: Haude und Spenersche Buchhandlung

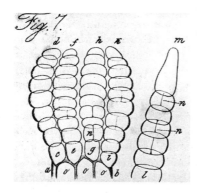

Abb. 5. Zellteilung bei Chara vulgaris, aus Meyen (1838).

de werden wir zuerst eine Vorstellung von dem Leben der Pflanzen erhalten.» Im zweiten Band seiner Pflanzenphysiologie geht Meyen auf den Vorgang der Zellvermehrung ein (Abb. 5). Der assimilierte Nahrungsstoff in den Zellen der Pflanzen führt zu einer Vergrößerung der Zellenmembran. «Diese Vergrößerung der Zellenmembran durch beständige Einlagerung hat aber überall ihre Grenze und an solchen Stellen der verschiedenen Pflanzen, wo die einzelnen Teile durch Erzeugung neuer Teile weiter fortwachsen, wie an den beiden Enden der Pflanzenachse,... da entsteht eine Teilung der Endzelle, wenn dieselben etwa die doppelte Länge ihrer wahren Größe erreicht haben. Die Endzelle von den durch Teilung hervorgegangenen zwei Zellen vergrößert sich durch Einlagerung des aufgelösten assimilierten Nahrungsstoffes von Neuem, und wenn sie wiederum etwa die doppelte Länge erreicht hat, so teilt sie sich ebenfalls. Auf diese Weise geschieht nun das Wachstum der Pflanze, die Ablagerung des assimilierten Nährstoffes geschieht hauptsächlich an den Endzellen der einzelnen Teile, und die Ernährung besteht hier in einer fortwährenden Erzeugung neuer Elementarorgane.» ... «Diese Vermehrung der Zellen durch Teilung beschränkt sich... nicht bloß auf Abschnürung durch Querwände, sondern die Teilung geschieht auch nach der Länge der Zellen, also durch Längenwände».

Meyens Ansicht von der Zellteilung als dem wesentlichen Prozeß der Zellvermehrung stützt sich bereits auf die Beobachtungen anderer Forscher. Meyen nennt Barthélemy Charles Joseph Dumortier (1897–1878), der 1832 die Vermehrung der Endzellen bei *Confer-*

va aurea durch wirkliche Teilung beschrieben hat, Charles François Antoine Morren (1807–1858), der diesen Vorgang bei Zellen von Closterien beobachtete (1837) und Hugo von Mohl (1805–1872), dessen Arbeit *Über die Vermehrung der Pflanzenzellen durch Theilung* 1835 erschienen ist. Doch gründete Meyen seine Überzeugung von der Richtigkeit dieser Ansicht auch auf eigene Beobachtungen. Alle Abbildungen in seinen Werken wurden nach seinen eigenen Zeichnungen hergestellt (Abb. 4 und 5). Meyen, das geht aus den zitierten Werken klar hervor, hat unabhängig und konsequent die Ansicht vertreten und weiter entwickelt, daß Zellen die Fähigkeit zur Vermehrung durch Selbstteilung besitzen und die entscheidenden Elementarorgane darstellen, aus denen sich die Pflanzen bilden.

Wer war dieser bedeutende, heute wohl selbst den meisten Zellbiologen gänzlich unbekannte Mann? Meyen wurde 1804 in Tilsit geboren. Er studierte Medizin in Berlin, promovierte mit 22 Jahren, schrieb seine *Phytotomie* mit 25 Jahren und starb bereits 1840, also im Alter von nur 36 Jahren. Auf Empfehlung Alexander von Humboldts machte er in den Jahren 1830–1832 als Schiffsarzt auf der «Prinzeß Luise» eine Reise um die Erde mit der besonderen Instruktion, nicht bloß zu sammeln, sondern auch möglichst viele Beobachtungen auf allen Gebieten der Naturwissenschaften zu machen. Auf seiner Fahrt erstieg er die Anden bis zur Schneegrenze, erreichte den Titicacasee, besuchte China und Indien. 1832 kehrte er mit einer reichen Ausbeute an gesammelten Naturalien nach Deutschland zurück und veröffentlichte zwei umfangreiche Bände über seine Weltreise, in denen zoologische und ethnographische Beobachtungen enthalten sind.[16] Meyen ist das Musterbeispiel eines Forschers, der das Pech hatte, daß seine Verdienste vergessen wurden.

Die Zelltheorie von Matthias Jakob Schleiden

Im November 1831 hielt der englische Botaniker Robert Brown vor der Linnéschen Gesellschaft in London einen Vortrag über Be-

---

16) Meyen F J F (1834) *Reise um die Erde ausgeführt auf dem Königlich Preussischen Seehandlungs-Schiffe Prinzess Louise, commandiert von Capitain W. Wendt, in den Jahren 1830, 1831 und 1832*. Berlin: In der Sander'schen Buchhandlung.

fruchtungsvorgänge bei Orchideen. Darin beschrieb er als Zufallsbefund – ohne einen Zusammenhang mit seinem eigentlichen Thema herzustellen – eine runde «areola», die auffällig konstant in allen Zellen vorkam. Brown taufte sie «nucleus of the cell». Dabei beließ er es. Auf Spekulationen über eine mögliche Bedeutung seiner Entdeckung ließ er sich nicht ein. Der Botaniker Matthias Schleiden war der erste, der darüber eine genaue Meinung entwickelte. Er veröffentlichte 1838 eine Arbeit *Beiträge zur Phytogenesis*[17]. Darin stellte er eine Theorie zur Bildung der Pflanzenzelle auf, die dem Zellkern eine zentrale Rolle in diesem Bildungsprozess zuwies und bei den Fachgelehrten großes Aufsehen hervorrief. Diese Theorie gab den entscheidenden Anstoß für Theodor Schwanns epochemachende «Mikroskopische Untersuchungen über die Übereinstimmung in der Struktur und dem Wachstum der Tiere und Pflanzen», die im folgenden Jahr 1839 erschien (siehe S. 137).

In der Einleitung seiner nur 38 Seiten umfassenden Schrift bemerkt Schleiden «Jede nur etwas höher ausgebildete Pflanze ist... ein Aggregat von völlig individualisierten, in sich abgeschlossenen Einzelwesen, eben den Zellen selbst.»[17]. Dieser Satz wird in modernen Lehrbüchern gelegentlich als Beleg dafür zitiert, daß Schleiden die Theorie vom Aufbau der Pflanzen aus Zellen begründet habe; aber das war nichts Neues, soviel stand bereits in Meyens Lehrbüchern. Neu war Schleidens Antwort auf die Frage: «Wie entsteht denn eigentlich dieser eigentümliche kleine Organismus, die Zelle?» Beim Lesen der Arbeit von Robert Brown war ihm der Gedanke gekommen, «daß dieser Zellkern in einer näheren Beziehung zur Entstehung der Zelle selbst stehen müßte». Er nannte den Zellkern darum Cytoblast, d.h. Zellenbildner. In diesem Cytoblasten beobachtete Schleiden regelmäßig einen, gelegentlich auch mehrere kleine Flecken, die uns heute als Nukleoli geläufig sind und die er als «Kernchen» bezeichnete.

Bevor wir uns mit den Beobachtungen und Interpretationen Schleidens im Detail auseinandersetzen, möchte ich etwas über Schleidens wissenschaftstheoretische Vorstellungen und seinen

---

[17] Schleiden M J (1838) *Beiträge zur Phytogenesis. Archiv für Anatomie, Physiologie und wissenschaftliche Medicin* (Müllers Archiv) 5:137-176

Anspruch an den Wahrheitsgehalt wissenschaftlicher Beobachtungen vorausschicken. Darüber sind wir durch Schleidens Lehrbuch *Grundzüge der Wissenschaftlichen Botanik* (1845) ausführlich informiert.[18] Über dieses in zwei Bänden herausgegebene Lehrbuch schrieb Rudolf Virchow (1821–1902), «daß wir fast ebenso oft Schleidens *Wissenschaftliche Botanik*, als Schwanns *Mikroskopische Untersuchungen* zu Rate zogen.» Schleiden widmete sein Werk, ebenso wie zuvor Meyen seine *Phytotomie*, Alexander von Humboldt (1769–1859). Humboldt hatte, wenn auch ohne persönliche Angriffe, die damals herrschende Naturphilosophie kritisiert: «Der berauschende Wahn des errungenen Besitzes, eine eigene, abenteuerlich-symbolisierende Sprache, ein Schematismus, enger, als ihn je das Mittelalter der Menschheit angezwängt, haben im jugendlichen Missbrauch edler Kräfte, die heiteren und kurzen Saturnalien eines rein-ideellen Naturwissens bezeichnet.»[19]

Der erste Band der *Grundzüge* beginnt mit einer auf 158 Seiten ausgeführten «Methodologischen Grundlage». Sie enthält eine Einleitung über den Gegensatz von Dogmatismus und Induktion und vier Paragraphen: § 1 «Philosophische Grundlage», § 2 «Erörterung über Gegenstand und Aufgabe der Botanik», § 3 «Methodik oder über die Mittel zur Lösung der Aufgaben in der Botanik» und § 4 «Von der Induktion insbesondere». Worum geht es hier? Schleidens Kampf gilt einer dogmatischen Verfahrensweise. Dogmatismus erscheint ihm als ein Grundübel gerade in der Botanik seiner Zeit. Er schadet, betont er, selbst da, «wo sie [die dogmatische Verfahrensweise] zufällig die Wahrheit hat, noch ... dadurch, daß sie den Schüler um sein eigenes geistiges Leben, also um das einzige des Strebens Würdige betrügt.»

Schleiden lehnt alle Berufung auf Autoritäten ab, nur die eigene Beobachtung soll gelten. «Nicht Bücher, sondern Pflanzen sind Gegenstand der Botanik.» Enttäuscht von einem Lehrbuchwissen, das «uns von Jugend auf gewöhnt, nichts selbst zu sagen, zu denken, zu tun, sondern nur mit fremden, erborgten und ererbten Gedanken

---

18) Schleiden M J (1845) (Fußnote 6). *Wissenschaftstheorie bei Schleiden und Schwann*. In Cremer T (1985) (Fußnote 1), S. 66-76.
19) In: von Humboldt A (1845) *Kosmos. Entwurf einer physischen Weltbeschreibung* Bd. I. Stuttgart und Augsburg: J G Cotta'scher Verlag, S. 68f.

unsere magere, dürre Seele auszustopfen,» wollte er «einmal ganz ohne alle Berücksichtigung des schon da gewesenen, aber ausgerüstet mit allen den Hilfsmitteln, die die neuere Zeit uns zu Gebote stellt, ... die ganze Wissenschaft unmittelbar aus der Betrachtung der Natur wieder neu erfinden.» Das Wort «erfinden» können wir nicht ganz ohne Ironie lesen, denn es verrät uns mehr als Schleiden bewußt war über die Grenzen der induktiven Methode bei seinem Versuch, das dogmatische Vorurteil durch diese induktive Methode zu ersetzen. Er beschreibt sie uns folgendermaßen: «Wo nun aber streng auf induktive Weise (in der Philosophie kritisch) verfahren wird, liegt jede einzelne Behauptung zugleich mit ihrer Begründung vor und jeder ist im Stande, wenn er will, sich zu überzeugen, ob sie von dem unmittelbar Gewissen der Tatsachen richtig abgeleitet ist oder nicht. Jeder Irrtum wird daher sogleich entdeckt und verbessert und niemals lange, schädliche Nachwirkungen in der Wissenschaft haben können. In dieser Beziehung ist nun aber auch die bloße dogmatische Darstellung der auf induktorischem Wege gewonnen Wissenschaft so durchaus als verfehlt anzusprechen, weil man gar nicht im Stande ist zu beurteilen, welcher Grad von Sicherheit und Zuverlässigkeit den einzelnen dogmatisch hingestellten Sätzen zukommt.»

Schleiden möchte wenigstens fürs erste «alles Systeme- und Theorienschmieden beiseite werfen». Die Sicherheit des Erkenntnisfortschrittes ist bei Schleiden die «inappelable Sicherheit der unmittelbaren sinnlichen Erkenntnis oder die unwiderlegliche mathematische Demonstration.» «Würde man», so zitiert Schleiden seinen philosphischen Lehrer, den Kantschüler Jakob Friedrich Fries (1773–1843), die voreilige Sucht nach einem vollständigen System aufgeben und «anstatt dessen die kritische Methode allgemein machen, so würde man nicht nur mehr Geist in alle Spekulationen bringen (woran freilich nicht jedem gelegen wäre), sondern überhaupt dahin gelangen können, alle theoretischen Wissenschaften nach einem bestimmten Plan zu bearbeiten und in aller Spekulation auf einen geraden Fortschritt zu kommen, bei dem man nicht immer genötigt würde, von Zeit zu Zeit das früher Gesagte zurückzunehmen. Es würde dann keiner wissenschaftlichen Revolution mehr bedürfen, sondern alle Verbesserungen müssten sich in friedliche Reformen verwandeln, bei denen das früher Gefundene doch immer als Wahrheit stehen bliebe, wobei man aber freilich an der schnellen Produktion vollendet scheinender Systeme verlieren würde.» Die kritische und induktorische Methode kann nach Schleiden allein den Fortschritt sichern und soll «zugleich jede gewaltsame Umwälzung unmöglich» machen.

Damit sind wir bei der Quintessenz der Behauptung Schleidens angelangt: Wissenschaftliche Revolutionen sind ein Zeichen für unzureichende Methoden. Sie hören auf, sobald zuverlässige Methoden entwickelt sind. Der wissenschaftliche Fortschritt erfolgt dann kumulativ, Stein auf Stein zu einem immer größer werdenden Gebäude der Naturerkenntnis, dessen grundsätzliche Konstruktion sich aber nicht mehr ändert. Daneben mag es noch eine Welt des Glaubens geben, aber diese Weltansicht ist «keiner wissenschaftlichen Ausbildung fähig, weil es ihr an positivem Gehalt fehlt.»

Schleiden greift die berühmtesten Naturphilosophen seiner Zeit frontal an.[20] «Ein großer Teil der Botaniker, wie sich durchaus nicht in Abrede stellen lässt, charakterisiert sich durch eine im höchsten Grade mangelhafte philosophische und allgemein naturwissenschaftliche Vorbildung, und insbesondere sind Chemie und Physik, ohne welche an eine wirkliche Entwicklung der Wissenschaft von den Organismen gar nicht zu denken ist, den meisten Botanikern völlig fremde Gebiete.» Hauptschuldige an dieser traurigen Situation sind «die auf dogmatischen Irrwegen sich verlierenden Philosophen, unter den neueren insbesondere die Schelling'sche und Hegel'sche Schule und so sind die Anhänger derselben auch der alleinige Widerhalt der verwerflichen Behandlungsweise der Wissenschaft von den Organismen.» Diese Kritik erscheint uns Heutigen berechtigt, aber auch maßlos und ohne Gespür für die Grenzen des eigenen wissenschaftstheoretischen Ansatzes. Friedrich Wilhelm Schelling (1775–1854) hielt den Versuch einer quantitativen, mathematischen Theorienbildung in den modernen Naturwissenschaften für verfehlt, und er nennt die Theorien eines Isaac Newton (1643–1727), eines Pierre-Simon Laplace (1749–1827) und eines

---

20) Schleiden M J (1844) *Schelling's und Hegel's Verhältnis zur Naturwissenschaft*. Leipzig: Wilhelm Engelmann

Carl-Friedrich Gauß (1777–1855) ein «eingebildetes Wissen, das sie in ein System gebracht und als förmliche organisierte Unwissenheit über die ganze kultivierte Welt verbreitet haben.» Sehen wir uns ein Zitat aus Schellings spekulativer Physik an, an dem Schleiden seine Kritik festmacht. Schelling: «Das Wasser enthält ebenso wie das Eisen, nur in absoluter Indifferenz, wie jenes in relativer, Kohlen- und Stickstoff, und so kommt alle wahre Polarität der Erde auf die eine ursprüngliche, Süd und Nord, zurück, welche im Magnet fixiert ist.» Darauf Schleiden: «Der Chemiker, der dies liest, wird sehr ärgerlich und meint, das sei völliger Unsinn, ich suche ihn aber zu beruhigen und spreche: Du irrst lieber Freund; bedenke nur, dieser Kohlenstoff ist ja nicht dein Kohlenstoff, dieser Stickstoff nicht dein Stickstoff, sondern die größte passive Cohärenz und die geringste Cohärenz, die eine Seite und die andere (da doch jedes Ding zwei Seiten hat), das Subjektive und Objektive oder (da Beides auch nicht existiert, sondern nur die eine absolute Identität) vielmehr die Subjektivität und die Objektivität derselben, oder das reine $A = A$. Verstanden? Da alle Qualitäten nur Potenzen des einen gleichen indifferenten $A = B$ sind, so ist es ja einerlei, wie ich die beiden Seiten eines Dings nenne; ich kann sie auch Tier und Pflanze, Fleisch und Brot oder Wasser und Wein nennen. Die Hauptsache bleibt eben $A = B$, und die ganze Sache ist die, daß ich statt A und B immer zwei Dinge setze, die in etwas verschieden und in etwas gleich sind; weil sie in etwas verschieden sind, sind sie eben polar entgegengesetzt, weil sie in etwas gleich sind, sind sie identisch und ihre Identität kann dann ad libitum wieder bezeichnet werden.» Schleiden stellt noch zahlreiche ähnliche Beispiele vor und kommt dann zum Schluß, «So finden wir denn, wo wir nur aufschlagen (und ich fordere jeden, der nur einige astronomische, physikalische und chemische Kenntnisse besitzt, auf, die ganze Zeitschrift für spekulative Physik so durchzugehen) überall die Philosophie, angeblich a priori konstruiert, in schreiendem Widerspruch mit dem unmittelbar, unumstößlich Gewissen der Erfahrung und es zeigt sich, wie schon erwähnt, daß Schellings Naturphilosophie und die Naturwissenschaften durchaus gar keinen Berührungspunkt haben.» Der Spötter Schleiden ist kaum geeignet, um uns in die Bedeutung Schellings für die Naturforschung einzuführen, dessen Naturphilosophie zum Ausgangspunkt für die Entdeckung der elektromagnetischen Wechselwirkungen wurde.

Ebenso scharf verfährt Schleiden mit Hegel. Seine Naturphilosophie nennt er eine «Perlenschnur der gröbsten empirischen Unwissenheit». Von den Beispielen, die Schleiden als Beleg aufführt, wollen wir wieder nur eines herausgreifen. Hegel: «Das Blut, als die achsendrehende, sich um sich selbst jagende Bewegung, dieses absolute In-sich-Erzittern ist das individuelle Leben des Ganzen, in welchem nichts unterschieden ist – die animalische Zeit». Dieses Blut bei Hegel ist offenbar nicht das Blut aus der Begriffswelt der Physiologen. Hegel selbst aber stellt durchaus eine Beziehung zwischen seiner Metapher Blut und dem Blut der Physiologen her, wenn er schon wenig später sagt, «Die Blutkügelchen kommen nur beim Sterben des Blutes zum Vorschein, wenn das Blut an die Atmosphäre kommt. Ihr Bestehen ist also eine Erdichtung, wie die Atomistik, und ist auf falsche Erfahrungen gegründet, wenn man nämlich das Blut gewaltsam hervorlockt.» Darauf Schleiden: «Also das sichtbare Zirkulieren der Blutkörperchen im unverletzten Tier ist eine falsche Erfahrung. Solches sinnlose Geschwätz haben im Jahre 1842 noch sogenannte Gebildete für tiefe philosophische Weisheit gehalten. Was kann man darüber anderes sagen als: Das klingt alles recht ungemein und hoch, aber wär's nicht besser, ihr guten Kinderchen gingt erst in die Schule und lernt etwas Ordentliches, ehe ihr Naturphilosophien zusammenschreibt über Dinge, von denen ihr noch nicht die leiseste Ahnung habt?»

Man kann mit den Metaphern der heutigen Naturwissenschaft die Schellingsche und Hegelsche Naturphilosophie nicht aufnehmen. Was wir bemerken, sind die Sprachschwierigkeiten zwischen verschiedenen Welten von Theorien. Dagegen werden heutige Biologen mein Gefühl sehr wahrscheinlich teilen, daß eine Verständigung mit Schleiden viel eher möglich erscheint. Schleidens Behauptungen kann man experimentell bestätigen oder widerlegen, zur Bestätigung oder Widerlegung von Schellings oder Hegels Behauptungen kann man kein Experiment ersinnen. Bei Lorenz Oken (1779–1851) lassen sich die gleichen Sprachschwierigkeiten nachweisen. Ohne spezielle Einführung wirken viele Anschauungen dieses bedeutenden Mannes geradezu abstrus, beispielsweise seine Theorie der Kopfwirbel, nach der die Zähne nur wiederholte Finger sind, oder seine Vorstellungen von der Gliederung des Tier- und Pflanzenreiches als selbstständige Darstellung der Organe des Individuums. All das folgte aber aus einer bestimmten Grundidee Okens, nach der das Universum als ein großer Organismus aufgefasst wurde, in dem das Physische und das Psychische ein ungeteiltes Ganzes bilden, nach der die Natur die materielle Erscheinung oder der Leib Gottes ist. Aus dieser Vorstellung heraus suchte er, was heute noch merkwürdiger erscheint, die Vielfalt der Natur bis ins Detail a priori zu rekonstruieren. Schleiden nennt das «dogmatisierende Spielerei» und wundert sich, ohne Oken persönlich zu nennen, «daß Zoologen in einer so rein historischen, einzelne Tatsachen sammelnden Wissenschaft die Torheit begehen, dogmatisierend die Zahl der Arten, Geschlechter etc. zu bestimmen und die aus dem Widerspruch mit der Wirklichkeit entstehenden Lücken des Systems als noch zu machende Entdeckung zu bezeichnen.»

Schleidens Urteil, Hegel habe «überhaupt keinen einigermaßen bedeutenden Einfluss auf die Naturwissenschaft ausgeübt», finden wir bei Carl Friedrich von Weizsäcker (1912 – 2007) bestätigt: «Die Naturphilosophie (Hegels) ist für den heutigen Physiker irrelevant».[21] Bertrand Russel hält Hegels Dialektik für die Wiederholung derjenigen Denkfehler, deren Überwindung Aristoteles durch die Schaffung der wissenschaftlichen Logik schon geleistet habe. Karl R. Popper sagt: «Was die nachkantische deutsche Philosophie betrifft, so erscheint mir alles abwegig zu sein, was auf Fichte, Schelling und Hegel zurückgeht.» Also Spott und Hohn über die Naturphilosophie? Darin spiegelt sich, wie v. Weizsäcker es ausgedrückt hat, der «Widerwille einer Armee von Empirikern gegen apriorische Konstruktionen am Schreibtisch. Dieser historisch bedingte und meines Erachtens in seiner Unreflektiertheit nur historisch gerechtfertigte Widerwille erzeugte eine Atmosphäre, in der eine gerechte Prüfung der Hegelschen Naturphilosophie unmöglich war.» Die Empiriker mögen über die Naturphilosophen lächeln, aber bevor sie es tun, sollten sie einen Gedanken von Pieter Smit bedenken.

---

21) Weizsäcker C F von (1977) *Der Garten des Menschlichen. Beiträge zur geschichtlichen Anthropologie.* München, Wien: Carl Hanser, S. 374

«Die Naturphilosophie entwickelte sich aus einem Gegensatz zu der empirischen Naturwissenschaft, wodurch – in den Augen der Naturphilosophen – die Natur zerrissen, zerschnitten und künstlich präpariert wurde. Von jeher waren aus den gleichen Erscheinungen verschiedene Schlüsse gezogen; hieraus folgerten die Naturphilosophen, daß die Beobachtungen an sich keine Sicherheit gewähren können. Ihrer Meinung nach konnte die Beobachtung denn auch nicht zu den höchsten Prinzipien der Naturwissenschaft führen, Prinzipien, die Licht und Klarheit über die Welt der Erscheinungen brächten. Dazu bedürfe man erst eines Standpunktes, von dem aus die Beobachtung selbst gedeutet werden kann und der daher selbst nicht aus der Beobachtung hervorgeht.»[22]

Schleiden gesteht zwar zu, daß auch ein mit der induktiven Methode arbeitender Forscher irren kann, er verlangt darum eine wissenschaftliche Darstellung, die den Nachvollzug der Beobachtungen und Schlussfolgerungen im Detail ermöglicht, er ist aber überzeugt, daß diese Methode, richtig angewandt, schließlich zu unumstößlich sicheren Tatsachenfeststellungen und daraus folgenden ebenso unumstößlichen Theorien führt. Das Eigentümliche dieser induktiven Methode in den Naturwissenschaften besteht nach Schleiden darin, «daß man überhaupt zunächst von allen Hypothesen abstrahiert, kein Prinzip voraussetzt, sondern von dem unmittelbar Gewissen, von den einzelnen Tatsachen ausgeht, diese rein und vollständig auszusondern sucht, nach ihrer inneren Verwandtschaft anordnet und ihnen selbst dann die Gesetze, unter denen sie stehen, die sie als Bedingung ihrer Existenz voraussetzen, abfragt und so rückwärts fortschreitet, bis man zu den höchsten Begriffen und Gesetzen gelangt, bei denen sich eine weitere Ableitung als unmöglich erweist. So kommt unmittelbar Sicherheit und Fortschritt in die Wissenschaft, während jede andere dogmatisierende Methode keine Gewährleistung ihrer Behauptung in sich hat.»[23] Soweit die Wissenschaftstheorie bei Schleiden. Vergleichen

22) Smit P (1972) *Lorenz Oken und die Versammlungen Deutscher Naturforscher und Ärzte: Sein Einfluss auf das Programm und eine Analyse seiner auf den Versammlungen gehaltenen Beiträge.* In: *Wege der Naturforschung 1822–1972 im Spiegel der Versammlungen Deutscher Naturforscher und Ärzte.* Querner H und Schipperges H (Hrsg.), S. 101-124. Berlin, Heidelberg, New York: Springer
23) Schleiden M J (1845) (Fußnote 6) S. 25

wir nun diesen wissenschaftstheoretischen Anspruch Schleidens mit seinen eigenen Beobachtungen zur Zellbildung und dem daraus abgeleiteten Theoriegebäude.[24] (Abb. 6 und 7). Schleiden entwickelt seine Zellbildungstheorie auf dem Boden der alten Theorie der *Generatio spontanea* von Zellen. Aber Schleiden ist das nicht bewußt. Er glaubt vielmehr, er habe die Neubildung von Zellen bei zahlreichen Spezies, 14 führt er namentlich auf, immer wieder direkt beobachtet.

Im Prozess der Bildung von Hefezellen bei der Gärung sieht Schleiden den Modellfall einer von ihm direkt beobachteten *Generatio spontanea* (Abb. 8). «Wir haben hier als gegeben eine Flüssigkeit, in der Zucker, Dextrin und eine stickstoffhaltige Materie, also Cytoblastem vorhanden ist. Bei der gehörigen Wärme, die vielleicht zur chemischen Wirksamkeit des Schleimes nötig ist, entsteht hier, wie es scheint, ohne Einfluss einer lebenden Pflanze (?) ein Zellenbildungsprozess (die Entstehung der sogenannten Gärungspilze), und vielleicht ist es nur die Vegetation dieser Zellen, welche jene eigentümlichen Veränderungen in jener Flüssigkeit hervorruft.»

Eine besondere Form von *Generatio spontanea* postulierte Schleiden für die Vermehrung von pflanzlichen Zellen. Er meinte, «ziemlich folgerecht und naturgemäß nachgewiesen zu haben, daß beim ganzen Wachstum der Pflanze sich stets nur Zellen in Zellen bilden» (Abb. 9). Auch für die Flechte *Borrera ciliaris* beschreibt Schleiden die Bildung von zwei neuen Zellen innerhalb einer bestehenden Zelle (Abb. 10). Wenn wir Schleidens eigene Interpretation mit der Interpretation vergleichen, die sich dem heutigen, zellbiologisch nur etwas geschulten Betrachter der Zeichnungen unmittelbar aufdrängt (siehe die Legende zu Abb. 10), werden uns die fundamentalen Veränderungen des Bedeutungszusammenhangs deutlich. Schleiden zufolge kann sich der Zellkern in pflanzlichen Zellen auflösen und neu bilden. Das in einer Zelle enthaltene Cytoblastem ist für diese Neubildung völlig ausreichend. Für uns dagegen gehört es zum selbstverständlichen biologischen Wissenskanon, daß neue Zellen mit ihren Zellkernen aus einer Mitose her-

---

[24] *Die Zelltheorie bei Schleiden und Schwann.* In: Cremer T (1985) (Fußnote 1), S. 54-65.

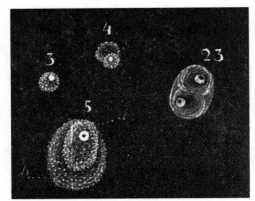

Abb. 6. Ausschnitt aus Tafel III von Schleiden (1838) (Fußnote 17): (3) «einzelner, noch freier Cytoblast», (4 und 5) «Cytoblast, mit der sich darauf bildenden Zelle», (23) «zwei neu gebildete Zellen in der Mutterzelle.»

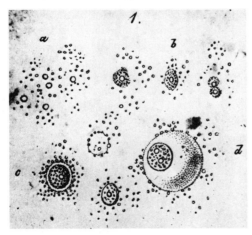

Abb. 7. Stadien der Zellbildung im Embryosack von Vicia faba; aus Schleiden (1846) (Fußnote 6).
(a) In der Flüssigkeit schwimmen Körnchen von Proteinverbindungen. (b) Als erste erkennbare Struktur der neuen Zelle entsteht zunächst ein neues Kernchen, um das Kernchen herum bildet sich ein neuer Kern. Zuweilen können zwei benachbarte Kerne zu einem größeren Kern verschmelzen. (c, d) Sobald ein Kern seine völlige Größe erreicht hat, bildet sich um ihn die neue Zelle. Damit hat der Zellkern als Zellenbildner seine Schuldigkeit getan. Er mag während des weiteren Lebensprozesses der von ihm gebildeten Zelle noch vorhanden sein, «wenn er nicht bei den Zellen, die zu höherer Entwicklung bestimmt sind, entweder an seinem Ort oder, nachdem er gleichsam als unnützes Glied abgestoßen ist, in der Höhlung der Zelle aufgelöst und resorbiert wird.»

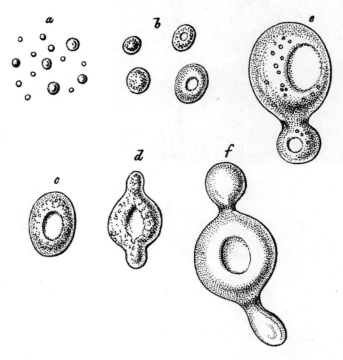

Abb. 8. Generatio spontanea von Hefezellen bei der «geistigen Gärung» von Johannisbeersaft. Aus Schleiden (1846) (Fußnote 6). Schleiden «zerrieb Johannisbeeren mit etwas Zucker, presste den Saft durch ein Tuch, verdünnte ihn mit Wasser und filtrierte ihn durch doppeltes Papier. Die Flüssigkeit war hellrot, ganz klar und durchsichtig, unter dem Mikroskop zeigte sie keine Spur von Körnchen, wohl aber eine nicht unbeträchtliche Menge feiner wasserheller Öltropfen. Nach 24 Stunden opalisierte die ganze Flüssigkeit und nun erschienen unterm Mikroskop eine Menge Körnchen (a) darin suspendiert. Am zweiten Tag hatten sich diese Körnchen sehr vermehrt und es fanden sich die Übergangsstufen von denselben bis zu ausgebildeten Hefezellen (a, b, c). Zugleich stiegen, obwohl selten, einzelne Bläschen (Kohlensäure) aus der Flüssigkeit auf. Am vierten Tag war die Gärung sehr lebhaft. Es hatte sich auf dem Boden des Glases und auf der Oberfläche der Flüssigkeit Hefe gebildet. Beiderlei Hefe war ganz gleich aus einzelnen oder aus mehreren aneinander gereihten Zellen bestehend. An den einzelnen Exemplaren konnte man die Art und Weise beobachten, wie an einer Zelle eine neue entstand (d, e, f).»

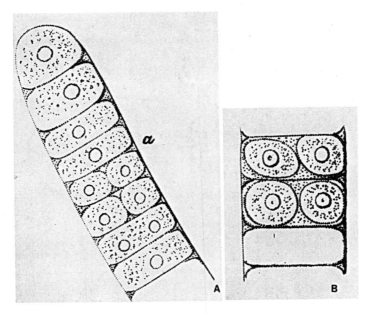

Abb. 9. «Allmälige Entwicklung der Haare am Stengel und Blatt von Glaucium luteum.» Aus Schleiden (1846) (Fußnote 6, dort S. 574). Schleiden gibt folgende Interpretation:

A *«In der ursprünglichen, langausgedehnten Oberhautzelle haben sich querliegende Zellen gebildet, die man deutlich als frei darin liegend erkennt. Bei a zeigt eine dieser Zellen zwei andere in ihrem Inneren, ebenso eine zweite darunter liegende, eine dritte noch tiefer liegende Zelle enthält nur zwei freie Cytoblasten.»*
B *«Man erkennt sehr deutlich die Einschachtelung der Zellen in einander»*
«Wir (können) beobachten, dass sich in der Zelle zwei neue Zellen bilden». Sie werden, «wenn sie sich so weit ausgedehnt haben, die Mutterzelle zerstören».

Um diese Vorstellung hervorzuheben grenzt Schleiden die beiden neuen Zellen nicht nur gegeneinander durch eine eigene Wand ab, sondern er zeichnet ebenfalls die noch vorhandene Wand der in Auflösung begriffenen alten Zelle.

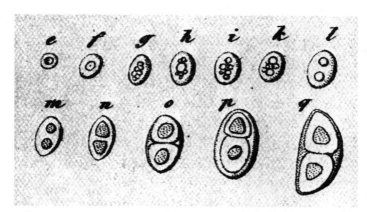

Abb. 10. «Bildungsgeschichte der Spore [von] Borrera ciliaris.» Aus Schleiden (1846) (Fußnote 6, S. 577). «Wenn man die Sporenhüllen in ihren verschiedenen Zuständen aus einigen Sporenfrüchten isoliert und ihren Inhalt untersucht, so erhält man leicht die ganze Reihe der Zustände der Spore.» Schleiden gibt folgende Interpretation:

e	«zeigt einen freien Cytoblasten, also einen nackten Zellkern ohne Cytoplasma mit einem Kernkörperchen (Nukleolus)»;
f	«zeigt eine primäre, einfache Spore, d.h. der Zellkern in e hat sich zu einer vollständigen Zelle weiterentwickelt»;
g–k	«zeigt das allmälige Zerfallen des Kerns»;
l–n	«zeigt das Auftreten von zwei neuen Zellkernen anstelle des aufgelösten alten Zellkerns»;
o–q	«zeigt wie sich um die beiden neuen Kerne zwei neue Zellen in der alten Zelle organisieren». «An Stelle der aufgelösten primäre Spore» bildet sich eine «Doppelspore».

Wenn ich Schleidens Zeichnungen zur Sporenbildung bei dieser Flechte meinen Studierenden vorlege, interpretieren sie die Zeichnungen völlig anders. Diese Sequenz – so erscheint es heutigen Biologen – soll zweifellos den Zellzyklus mit dem Ablauf einer Mitose darstellen:

e, f	Interphasestadien einer Zelle. Entsprechend dem Fortschreiten des Zellzyklus ist die in (f) gezeigte Zelle größer als die in (e) gezeigte;
g–k	Mitosestadien. Die kleinen Körperchen in der Zelle sind die Chromosomen;
l–n	späte Mitose (Telophase), die beiden Tochterkerne formieren sich;
o–q	die Zellteilung (Cytokinese) schließt die Mitose ab.

vorgehen, in der eine indirekte Kernteilung von einer Zellteilung gefolgt wird. Aber dieses Wissen entstand erst in den siebziger und achtziger Jahren des 19. Jahrhunderts.[25]

Eine Ausnahme seines Bildungsgesetzes zur Entstehung neuer pflanzlicher Zellen durch *Generatio spontanea* innerhalb einer Mutterzelle beschreibt Schleiden beim Cambium, einem Zellgewebe, das sich bei Bäumen zwischen dem inneren Holzteil und der äußeren Rinde erstreckt und für das Dickenwachstum verantwortlich ist. Aber auch bei dieser «Ausnahme» handelt es sich um die spontane Neubildung von Zellen: «Hier bilden sich, so viel bis jetzt darüber bekannt geworden ist, nicht Zellen in Zellen, hier findet keine allseitige Ausdehnung des anfangs kleinen Bläschen statt, hier findet sich kein Cytoblast, auf dem sich die junge Zelle bilden könnte, sondern unter den äußeren Zellenschichten, die man unter dem Ausdruck Rinde zusammenfasst, ergießt sich, gleichsam in einem einzigen großen Interzellularraum, eine organisierbare Flüssigkeit, die wie es scheint, ganz plötzlich in ihrer ganzen Ausdehnung zu einem neuen, ganz eigentümlich geformten und aneinander gelagerten Zellgewebe, dem sogenannten Prosenchyma erstarrt.»

Schleidens Theorie der Zellbildung war, wie jeder Gebildete heute weiß, Punkt für Punkt falsch. Aber auch nur die Möglichkeit eines solchen Irrtums hätte Schleiden mit Vehemenz verneint. Auf das Titelblatt seines Lehrbuchs *Grundzüge der wissenschaftlichen Botanik* (1845) schrieb er als sein Motto den berühmten Ausspruch von Goethes Faust: «Ich bild mir nicht ein, was Rechtes zu wissen.» Aber das galt Schleiden zufolge nur für den Ausgang, nicht für das Ende seiner eigenen Untersuchungen. Durch induktive Wissenschaft und die «inappelable Sicherheit» der unmittelbaren Beobachtung meinte Schleiden, definitiv gesichertes Wissen zu gewinnen. Schleidens Irrtum hat etwas Anrührendes, beinahe Erheiterndes, wenn wir dabei auch über unsere eigenen Kenntnisse lachen. Denn Grund für irgendwelchen Dünkel von uns nachgeborenen Famuli faustischer Erkenntnisse bietet Schleiden sicher nicht. Sein Irrtum zeigt die besonderen, fortwährend bestehenden Schwierigkeiten, die sich aus ungeahnten Wissenslücken und gar nicht erst hinter-

---

25) Siehe Kapitel 2.7 *Die Entdeckung der Chromosomen*. In: Cremer T (1985) (Fußnote 1), S. 122-138

fragten Voraussetzungen bei der Bildung einer Theorie ergeben können. Einer der ersten, der sich entschieden gegen diese Theorie aussprach, war Meyen. Im 1939 veröffentlichten dritten Band seiner *Pflanzen-Physiologie* (siehe Fußnote 15), schreibt er: «Herr Schleiden hat in einer reichhaltigen Abhandlung die hohe Wichtigkeit zu erweisen gesucht, welche dem Zellenkerne bei der Bildung der Zelle zukommt, weshalb er denselben mit einem besonderen Namen belegt und ihn Cytoblastus (von Cytos und Blastos) nennt. Meine Beobachtungen, über diesen Gegenstand stimmen indessen mit denen des Herrn Schleiden nicht überein, ja ich muß mich im Gegenteile ganz gegen jene Ansicht aussprechen, daß der Zellenkern die Zelle selbst erzeuge». Meyen dagegen betont, «daß die Vermehrung der Zellen durch Selbstteilung eine bei niederen und bei höheren Pflanzen sehr allgemein verbreitete Erscheinung ist». Oskar Hertwig, der Meyen in seinem Lehrbuch der allgemeinen Biologie zitiert, merkt dazu an, daß man Matthias Schleiden «nicht ganz mit Recht als den Begründer der Zelltheorie feiert»[26]. Der Ruhm eines Wissenschaftlers hängt auch von Unwägbarkeiten ab, nicht nur von seinen «objektiven» Leistungen.

Auch Meyen war noch einem Denken in den Kategorien der Urzeugung, verhaftet. «Wo sich aber die Zellen in dem vollkommenen Zellengewebe der höheren Pflanzen wie der niederen nicht durch Teilung vermehren, da geschieht ihre Bildung nicht durch Zellenkerne oder durch sogenannte Cytoblasten, sondern die neuen Zellen bilden sich aus der kondensierten Schleimmasse im Innern der älteren Zellen, und man kann sehen, daß sich die Schleimmasse zu einer Blase ausdehnt, deren Wand später erhärtet.»[27] Überhaupt mag Meyen dem Zellkern keine fundamentale Bedeutung im Zellenleben zugestehen. «Der Zellenkern ist nicht ein allgemeines Elementarorgan der Pflanze; ich kenne eine große Menge von Zellen, wo weder in ganz jungen Zellen, noch in älteren Zellen Zellenkerne vorkommen, aber es geht aus meinen Beobachtungen hervor, daß sich der Zellenkern immer in solchen Zellen bildet, welche bestimmt sind, assimilierten Nahrungsstoff zu führen, und an verschiedenen

---

26) Hertwig O (1920) *Allgemeine Biologie*. 5. Auflage (bearbeitet von Hertwig O und Hertwig G), Jena: Gustav Fischer, S. 5.
27) Meyen F J F (1839) (Fußnote 15, dort S. 334)

Stellen dieses Buches habe ich nachgewiesen, daß der Zellenkern zur Bildung der Zellenkernkügelchen verbraucht wird».

Damit stehen wir mitten in der Kontroverse um die Bedeutung des Zellkerns, die sich nun über mehrere Jahrzehnte nach verschiedenen Richtungen hin entfalten sollte. Schleiden verteidigte seine Position gegenüber Meyen in einem Aufsatz *Über das Verhältnis des Cytoblasten zum Lebensprozess der Pflanzenzelle*[27a)]. «Wenn er (Meyen) meinen Aufsatz genauer durchgelesen hätte, so würde er eingesehen haben, daß hier wenigstens nicht von einer Täuschung... die Rede sein kann, sondern daß ich den Verlauf der Zellenbildung bei einer sehr großen Zahl von Pflanzen in allen ihren Teilen und in allen Stadien der Entwicklung verfolgt habe und nachdem ich die Resultate einer mehrjährigen Erforschung der Sache beisammen hatte, nun erst aus dem Zusammenhang aller rein und vollständig beobachteten Fälle mir das Gesetz (der Zellenbildung) abstrahierte, aus welchem ich dann, wie mir scheint, mit gutem Rechte die unklaren Erscheinungen oder unvollständigen Beobachtungen erklärte oder ergänzte». Schleiden hatte an der Richtigkeit seiner Beobachtungen keinerlei Zweifel, und er war – wie es die Anhänger grundlegender Theorien typischerweise sind – ebenso felsenfest davon überzeugt, daß alles das, «was sich wegen dieser lückenhaften Beobachtung nicht gleich zusammenreihen läßt», auch Unstimmigkeiten, selbst klare Widersprüche zu guter Letzt eben doch in das bevorzugte Theoriengebäude eingepaßt werden kann. Denn die Hoffnung, daß ihre bevorzugte Theorie die richtige sein könnte, stirbt bei Wissenschaftlern zuletzt, allen Warnungen Karl Poppers zum Trotz.

Schleiden hielt es für möglich, mit der induktiven Methode gesichertes Wissen wie die einzelnen Teile eines Puzzles Stück für Stück zu der einzig richtigen Theorie zusammenzusetzen. Diese Empiriegläubigkeit Schleidens erscheint uns heute ebenso naiv wie die Systemgläubigkeit der Naturphilosophen, die er so scharf bekämpfte. Der Erfolg der induktiven Wissenschaftsmethode Schleidens lag aber nicht darin, daß sie – wie Schleiden glaubte – einen geradlinigen Fortschritt der Wissenschaft ohne die Notwendigkeit

---

27a) Schleiden M J (1844) *Beiträge zur Botanik*. Gesammelte Aufsätze, 1. Band. Leipzig: Wilhelm Engelmann

wissenschaftlicher Revolutionen ermöglicht, sondern in der Falsifizierbarkeit seiner kühnen Hypothese zur Rolle des Zellkerns bei der Bildung der Zelle.

Die Zelltheorie von Theodor Schwann

Als Schleidens aufsehenerregende *Beiträge zur Phytogenesis* 1838 erschienen, war Schwann 28 Jahre alt. Er hatte damals bereits bei Johannes Müller (1801–1858) mit einer Arbeit über die Atmung des Hühnerembryos im Ei promoviert und war nun, mit 10 Thalern Gehalt monatlich, Gehilfe Müllers am anatomischen Museum in Berlin.

Als Schwann mit seinen Untersuchungen begann, fand er die folgende Situation vor: Die Erkenntnis von einer wesentlichen Funktion der Zelle als (einem) Elementarorgan der Pflanze war fest etabliert. Einige Zweifel gab es nur noch bei der Frage, ob in der Pflanze weitere Elementarorgane existieren, die prinzipiell nicht auf Zellen zurückzuführen sind. Bei den Tieren stand man dagegen im Hinblick auf ihre mögliche Zusammensetzung aus Elementarorganen noch ganz am Anfang. Die große Mannigfaltigkeit der Organe und Gewebe legte eher nahe, eine ebenso große Vielfalt von Elementarorganen anzunehmen. In einer Zeit, in der die Mikroskope im Vergleich zum heutigen Standard äußerst dürftig, brauchbare Fixations- und Färbeverfahren für die leicht verderblichen tierischen Gewebe noch nicht entwickelt waren, standen, wie Schwann in der Vorrede zu seinen Untersuchungen[28] schreibt, «die Anatomie und Physiologie der Pflanzen und Tiere – noch ziemlich isoliert nebeneinander, und die Schlüsse aus dem einen Gebiet (erlaubten) nur eine entfernte und äußerst vorsichtige Anwendung auf das andere Gebiet» ... «Während die Pflanzen sich ganz aus Zellen zusammengesetzt zeigen, waren die Elementarteile der Tiere äußerst mannigfaltig, und die meisten derselben schienen mit Zellen gar nichts gemeinsam zu haben. Dies harmonierte mit der herrschenden Ansicht, daß das Wachstum der Tiere, deren Gewebe

---

28) Schwann Th (1839) *Mikroskopische Untersuchungen über die Übereinstimmung in der Struktur und dem Wachsthum der Tiere und Pflanzen.* Berlin: Verlag der Sanderschen Buchhandlung (G E Reimer)

mit Gefäßen versehen sind, wesentlich verschieden sei von dem der Pflanzen.»

Schleiden hatte Schwann die Resultate seiner Untersuchungen schon im Oktober 1837, also vor ihrer Publikation, mitgeteilt. Schwann war fasziniert und von der Richtigkeit von Schleidens Beschreibung des Zellbildungsprozesses überzeugt: «...die Untersuchungen von Schleiden klärten den Bildungsprozess aufs herrlichste auf.» Schwann wollte nachweisen, daß die Tiere bei aller Komplexität der verschiedenen Gewebe ebenso wie die Pflanzen aus Elementarteilen, den Zellen, aufgebaut sind, und daß diese tierischen Zellen in ihrer Struktur und Entstehung im Wesentlichen mit den pflanzlichen Zellen übereinstimmen. Gelang ihm dies, dann war mit einem Schlag «der innigste Zusammenhang beider Reiche der organischen Natur» nachgewiesen. Schwann hatte auch im tierischen Gewebe Zellkerne gesehen, die große Ähnlichkeit mit den Zellkernen der Pflanzenzelle aufwiesen. Auch in den tierischen Geweben besaß dieser Kern ein oder gelegentlich mehrere Kernkörperchen. In vielen Geweben, in denen die im Vergleich zu den Pflanzenzellen dürftige Ausbildung der Zellmembran oder Zellwand (die Begriffe wurden damals noch synonym gebraucht) eine Abgrenzung einzelner Zellen sehr erschwerte, erlaubte die Verteilung der Zellkerne, wenn man jeden Kern in Analogie zu den Verhältnissen bei den Pflanzenzellen als Bestandteil jeweils einer Zelle auffasste, eine Vorstellung von der Abgrenzung auch tierischer Zellen untereinander. Der relativ einfach zu beobachtende Zellkern wurde so für Schwann zum Schlüssel, mit dem sich die Zusammensetzung tierischen Gewebes aus Zellen erweisen ließ (Abb. 11).

Ebenso wie Schleiden bei den Pflanzen fand Schwann, daß «die kernlosen Zellen oder richtiger ausgedrückt, die Zellen, in denen bis jetzt noch keine Kerne beobachtet worden sind... auch bei Tieren selten sind». «Wenigstens neunundneunzig Hundertstel aller Elementarteile des Säugetierkörpers wird aus kernhaltigen Zellen gebildet.» Wenn das so war, dann erschien es naheliegend, daß Elementarteile der Tiere mit den Pflanzenzellen im Gegensatz zu allem, was man bislang angenommen hatte, eine fundamentale Übereinstimmung aufweisen. Heute gehört es zu den Grundüberzeugungen der Zellbiologie, daß es in der Tat so ist. Zellbiologen

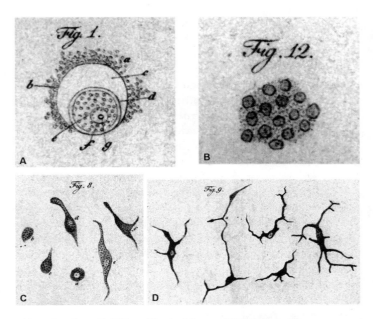

Abb. 11. Details aus Tafel II von Theodor Schwann (1839) (Fußnote 28).
A) Ei einer Ziege;
B) «Zellkerne, um welche sich noch keine Zellen gebildet haben». (Man beachte die Abhängigkeit dieser Behauptung Schwanns von Schleidens Zellbildungstheorie).
C und D) «Verschiedene Arten und Entwicklungsstufen der Pigmentzellen aus dem Schwanze von Froschlarven.»

sind darum in Gefahr, mit den Augen eines hundertvierzig Jahre später lebenden Famulus – sie haben es ja inzwischen herrlich weit gebracht – wissenschaftliche Abhandlungen der Anfangszeit ihrer Wissenschaft selektiv zu lesen: Behauptungen, die in das heutige Schema passen, werden gern und fast unbesehen hingenommen, ohne noch viel nach der damals vorhandenen experimentellen Beweislage zu fragen. Behauptungen, die diesem Schema zuwiderlaufen, pflegt man auch dann nicht mehr zur Kenntnis zu nehmen, wenn sie unter dem Blickwinkel der Ideengeschichte einer Wissenschaft äußerst fruchtbar waren.

Der experimentelle Ariadnefaden, an dem sich Schwann entlang hangelte, um seine Aufgabe erfolgreich zu lösen, war die von Schleiden postulierte Funktion des Zellkerns. Der Nachweis tierischer Zellkerne und ihrer morphologischen Ähnlichkeit mit pflanzlichen Zellkernen war zunächst nichts weiter als eine bemerkenswerte Analogie. Entscheidend kam es darauf an, ob der tierische Zellkern die gleiche Rolle bei der Zellbildung spielte, wie sie Schleiden für pflanzliche Zellen beschrieben hatte. Das epochemachende Resultat der Schwannschen Zelltheorie, die Bildung aller Tiere und Pflanzen aus bis in feinste Details der Struktur und Funktion gleichartigen Elementarteilen, den Zellen, beruhte also zunächst auf der Verifizierung der Zellbildungshypothese Schleidens bei tierischen Zellen, kurz, auf der Generalisierung eines grundlegenden Irrtums. Der Bildungsort neuer Zellen, so behauptete nun auch Theodor Schwann, ist eine «strukturlose Substanz», das «Cytoblastem». «Es ist zuerst eine strukturlose Substanz da, die bald ganz flüssig ist, bald mehr oder weniger gallertig ist ... Wir wollen diese Substanz, worin sich die Zellen bilden, Zellenkeimstoff, Cytoblastema, nennen.» Dieses Cytoblastem findet man nach Schwann entweder in schon vorhandenen Zellen als Zelleninhalt oder zwischen den Zellen als Interzellularsubstanz. Nach Schleiden bildeten sich – mit Ausnahme des Kambiums – alle Pflanzenzellen in Pflanzenzellen. Nach Schwann traf dies für tierische Zellen nur zum Teil zu. Die Neubildung von Zellen in dem interzellularen Cytoblastem betrachtete Schwann bei den Tieren als den häufigeren Vorgang. Im übrigen verlief die von Schwann bei tierischen Geweben beobachtete Zellbildung aber in allen wesentlichen Punkten entsprechend dem von Schleiden vorgegebenen Paradigma. «Es wird zunächst ein Kernkörperchen gebildet, um dieses schlägt sich eine Schicht gewöhnlich feinkörniger Substanz nieder ... und es entsteht ein mehr oder weniger scharf abgegrenzter Zellenkern. Der Kern wächst durch fortgesetzte Ablagerung neuer Moleküle zwischen die vorhandenen, durch Intussusceptio». «Wenn der Kern eine gewisse Entwicklungsstufe erreicht hat, so bildet sich um ihn die Zelle. Der Prozess, wodurch dieses geschieht, scheint folgender zu sein. Auf der äußeren Oberfläche des Zellenkerns schlägt sich eine Schichte einer Substanz nieder, die von dem umgebenden Cytoblastem verschieden ist... Der äußere Teil der Schichte (konsolidiert) sich allmählich zu einer Membran...bei vielen Zellen aber kommt es gar nicht zur Entwicklung einer evidenten Zellmembran, sondern sie sehen solid aus, und es läßt sich nur erkennen, daß der äußere Teil der Schichte etwas kompakter ist. Hat sich die Zellenmembran einmal konsolidiert, so dehnt sie sich durch fortdauernde Aufnahme neuer Moleküle zwischen die vorhandenen, also vermöge eines Wachstums durch Intussusception aus und entfernt sich dadurch vom Zellenkern...Der Zwischenraum zwischen Zellmembran und Zellenkern wird sogleich mit Flüssigkeit gefüllt und dies ist denn der Zelleninhalt». Diese «Zellenbildung ist nur eine Wiederholung desselben Prozesses um den Kern, durch den sich der Kern um das Kernkörperchen bildet». Nach der Schwannschen Zelltheorie ist daher «eine gewöhnliche kernhaltige Zelle nichts als eine Zelle, die sich außen um eine andere Zelle, den Kern, bildet...Zwischen beiden (findet) nur der Unterschied statt, daß die innere Zelle, nachdem die äußere Zelle sich darum gebildet hat, sich nur langsamer und unvollkommener entwickelt». Während der Prozeß der Zellenbildung bei den kernhaltigen Zellen also ein zweifacher Schichtbildungsprozess ist (eine Schicht Kern um das Kernkörperchen und eine zweite Schicht Zellsubstanz um den Kern), «(findet) bei den kernlosen Zellen vielleicht nur eine einfache Schichtenbildung um ein unendlich kleines Körperchen statt».

Schwann vertrat in seinen *Mikroskopischen Untersuchungen* ebenso wie Schleiden die Ansicht, daß «durch die scharfe Trennung der Theorie von den Beobachtungen das Hypothetische von dem Sicheren deutlich unterschieden werden kann», und er forderte eine Darstellungsweise, aus der «man leicht erkennt, was Beobachtung und was Raisonnement ist.» Um seiner Forderung nachzukommen, hatte Schwann seine Beobachtungen über die Zelle als Grundlage aller Gewebe des tierischen Körpers und einen weiteren Abschnitt über die Theorie der Zellen vermeintlich säuberlich voneinander getrennt. In Wirklichkeit hatte er aber bereits in seinem Resultateteil Beobachtungen und Interpretationen derart miteinander vermischt, daß sich seine Zelltheorie dem damaligen Leser als unausweichliche Folgerung aufdrängen musste.

Sehen wir uns dazu eines von Schwanns Dokumenten einer extracellulären Neuentstehung von Zellen genauer auf seine Aussagekraft hin an (Abb. 12). Die Zeichnung Schwanns zeigt einen Schnitt durch die Spitze eines Kiemenknorpels von *Rana esculenta*. Wir erkennen in Schwanns Zeichnung Zellen mit Zellkernen, aber wir sehen nicht den Prozeß, den Schwann sieht:

Wo Schwann einen «in der Entstehung begriffenen Zellkern einer Knorpelzelle» in einem intercellularen Cytoblastem zu sehen meint (Abb. 12e), würden heutige Biologen am ehesten einen Zellrest vermuten – vielleicht wurde diese Zelle bei der Herstellung des Schnittes zerstört. Schwann aber sieht «ein kleines, rundes Körperchen und um dasselbe liegt etwas feinkörnige Substanz, während das übrige Cytoblastem des Knorpels homogen ist», so wie seine Theorie der freien Zellbildung es fordert. Schwann betont die Übereinstimmung der «Beobachtungen über die Entstehung der jungen Zellen in den Knorpeln mit den Beobachtungen von Schleiden über die Entstehung der Pflanzenzellen. «Später wird, wie bei den Pflanzen, so auch hier, der Kern meist resorbiert.» Das gilt nach Schwanns Meinung auch für das Keimbläschen, also den Kern der Eizelle. Das Keimbläschen verschwindet, «weil es seine Wirkung, die Bildung der Dotterzelle, getan hat.»

Ebenso wie Schleiden vertritt auch Schwann eine spontane Neubildung von Zellen unter dem Stichwort gesicherter Befunde. Diese Neubildung erscheint auch ihm als ein so unmittelbar und ständig beobachteter Vorgang, daß es ihm in seiner Theorie der Zellen gar nicht um eine nochmalige Verteidigung seiner Annahmen über den Mechanismus der Zellbildung geht. Wie steht es um Schwanns wissenschaftstheoretischen Vorstellungen? Schwann betont die Notwendigkeit von Theorien auch auf die Gefahr hin, daß sie sich als falsch herausstellen. «Es ist selbst für die Wissenschaft vorteilhaft, ja notwendig, wenn ein gewisser Zyklus von Erscheinungen durch die Beobachtung nachgewiesen ist, eine vorläufige Erklärung hinzu zu denken, die möglichst genau auf diese Erscheinung passt, selbst auf die Gefahr hin, daß die Erklärung durch spätere Beobachtungen umgestoßen wird; denn nur dadurch wird man rationell zu neuen Entdeckungen geführt, welche die Erklärung entweder bestätigen oder zurückweisen.» Was gehörte zu Schwanns naturwissenschaftlichem Weltbild? Seine Voraussetzung – es ist die Voraussetzung eines Katholiken, die allerdings dem Wissenschaftsverständnis

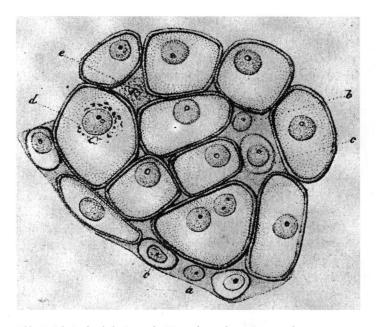

Abb. 12. Schnitt durch die Spitze des Kiemenknorpels von Rana esculenta (Schwann (1839) Tafel III) (Fußnote 28). Man beachte, dass neben zahlreichen Zellen mit einem, gelegentlich zwei Zellkernen auch freie Zellkerne in einem Cytoblastem dargestellt sind (a, b). (c, d) Bildung von Zellen um den Zellenkern: «Auf der äußeren Oberfläche des Zellkerns schlägt sich eine Schichte einer Substanz nieder, die von dem umgebenden Cytoblastem, verschieden ist». (...) «Diese Schicht ist anfangs noch nicht scharf nach außen begrenzt, (...) erst durch die fortdauernde Ablagerung neuer Moleküle erfolgt (die) äußere Begrenzung (...) Eine Zellenhöhle und eine Zellenwand lässt sich in dieser Periode noch nicht unterscheiden (...) Bei vielen Zellen aber kommt es gar nicht zur Entwicklung einer evidenten Zellenmembran, sondern sie sehen solid aus, und es lässt sich nur erkennen, dass der äußere Teil der Schichte etwas kompakter ist». (e) Hier «scheint ein in der Entstehung begriffener Zellenkern einer Knorpelzelle zu sein.»

der Kirchenhierarchie von 1839 weit vorauseilt – ist folgende: «Einem Organismus liegt keine, nach einer bestimmten Idee wirkende Kraft zugrunde, sondern er entsteht nach blinden Gesetzen der Notwendigkeit durch Kräfte, die ebenso durch die Existenz der Materie gesetzt sind, wie die Kräfte in der anorganischen Natur.» Schwann wendet sich damit entschieden gegen alle teleologischen

Erklärungsweisen. Gott ist bei Schwann kein Werkmeister, nicht der Demiurg Platons, der beständig Hand anlegt, um die Ziele seiner Schöpfung zu verwirklichen. «Tritt aber die vernünftige Kraft der Schöpfung nur als erhaltend, nicht als unmittelbar tätig auf, so kann auf naturwissenschaftlichem Gebiete vollkommen von ihr abstrahiert werden.» In Schwanns geistiger Welt spielen vererbbare Unterschiede und Selektion von Lebewesen noch keine Rolle, das trennt sie vom Weltbild der darwinistischen Evolutionstheorie. Aber es gibt in ihr auch keine Kraft mehr, die den «Organismus nach einer ihr vorschwebenden Idee formt, welche die Moleküle so zusammenfügt, wie sie zur Erreichung gewisser, durch diese Idee umgesetzter Zwecke notwendig sind ... Eine solche Kraft würde wesentlich von allen Kräften der anorganischen Natur verschieden sein.»

Der Glaube an Kräfte, deren Wirkungsweise prinzipiell außerhalb des Bereiches physikalischer und chemischer Abläufe liegt, die in einer geheimnisvollen Weise die zukünftigen Ziele der Evolution absichtsvoll ansteuern, kurz, eine Zielintention, ist ein entscheidendes Element aller vitalistischen Theorien des Lebens, die bis ins 20. Jahrhundert hinein das Denken angeregt, vielleicht beherrscht haben und erst nach Darwin auch in einer breiten Öffentlichkeit radikal in Frage gestellt wurden. Den entscheidenden Grund für die Zweckmäßigkeit sieht Schwann «in der Schöpfung der Materie mit ihren blinden Kräften durch ein vernünftiges Wesen.» Gott hat, «die Materie mit ihren Kräften so geschaffen ..., daß sie ihren blinden Gesetzen folgend dennoch ein zweckmäßiges Ganzes hervorbringen.» Über die fundamentale Bedeutung einer Entscheidung zwischen der teleologischen und der, wie Schwann sie nennt, physikalischen Ansicht ist Schwann sich klar. «Definiert man z.B. die Entzündung und Eiterung als das Bestreben des Organismus, einen etwa von außen eingedrungenen fremden Körper hinaus zu schaffen oder das Fieber als das Bestreben des Organismus, einen Krankheitsstoff zu eliminieren, beides als Folge der Autokratie des Organismus, so sind dies nach der teleologischen Ansicht Erklärungen, denn da durch diese Prozesse der schädliche Stoff wirklich entfernt wird, so ist der Prozeß, wodurch dies geschieht, ein zweckmäßiger, und da die Grundkraft des Organismus nach bestimmten

Zwecken wirkt, so kann sie entweder unmittelbar diese Prozesse veranlassen oder auch andere Kräfte der Materie zu Hilfe nehmen, doch so, daß sie immer das primum movens bleibt. Nach der physikalischen Ansicht dagegen ist dies eben sowenig eine Erklärung, als wenn man sagte, die Bewegung der Erde um die Sonne ist das Bestreben der dem Planetensystem zugrundeliegenden Kraft, auf den Planeten einen Wechsel der Jahreszeiten hervorzubringen, oder wenn man sagte: Ebbe und Flut ist die Reaktion des Erdorganismus gegen den Mond. In der Physik sind ähnliche, aus einer teleologischen Ansicht der Natur hervorgehende Erklärungen, zum Beispiel der Horror vacui und dergleichen längst verbannt. In der lebenden Natur dagegen tritt die Zweckmäßigkeit, und zwar die individuelle Zweckmäßigkeit, so stark hervor, daß es schwer wird, sich aller teleologischen Erklärungen zu entschlagen. Man muß indessen bedenken, daß solche Erklärungen, wodurch zugleich alles und nichts erklärt wird, nur die letzten Auskunftsmittel sein dürfen, wenn gar keine andere Ansicht möglich ist, und eine solche Notwendigkeit zur Annahme der teleologischen Ansicht liegt bei den Organismen nicht vor.» Eine teleologische Erklärungsweise erscheint Schwann nur dann zulässig, «wenn man die Unmöglichkeit der physikalischen nachweisen kann. Jedenfalls ist es für den Zweck der Wissenschaft viel ersprießlicher, nach einer physikalischen Erklärung wenigstens zu streben.» Unter physikalischen Kräften möchte er aber nicht notwendig nur die bereits bekannten Kräfte verstehen, sondern überhaupt eine Erklärung durch Kräfte, die nach strengen Gesetzen der blinden Notwendigkeit wie die physikalischen Kräfte wirken, mögen diese Kräfte auch in der anorganischen Natur auftreten oder nicht.»

Wie wirkt sich die «physikalische» Ansicht Schwanns vom Leben auf seine Zelltheorie aus? Nach seiner Theorie reduziert sich «die Frage über die Grundkraft der Organismen auf die Frage über die Grundkräfte der einzelnen Zellen» Wie sollte er diese Grundkräfte und die nach seiner Meinung gesicherte Weise der Zellbildung aus einem strukturlosen Cytoblastem erklären, ohne doch wieder auf die alten vitalistischen Erklärungsweisen zurückzugreifen? Den zahlreichen Vitalisten seiner Zeit mußte er irgendeine Erklärung anbieten. Er wußte weder etwas von Darwinistischer Evolutionstheorie noch von Informationstheorie noch von den materiellen Strukturen der Vererbung. Seine Welterkenntnis hatte an Stellen, die für eine brauchbare nichtvitalistischer Theorie entscheidend sind, blinde Flecke.

Schwann wollte in seiner Theorie der Zellbildung ohne die Annahme vitalistischer Kräfte auskommen und kam auf die Idee, die Entstehung der Zellen als einen organischen Kristallisationsprozess zu beschreiben. Er war sich bewußt, daß dieser Versuch «sehr viel Ungewisses und Paradoxes» enthielt. Seine Theorie, «daß die Organismen nichts sind als die Formen, unter denen imbibitionsfähige Substanzen kristallisieren», verteidigte er dennoch mit der Begründung, daß «sie als Leitfaden für neue Untersuchungen dienen kann. Denn selbst wenn man», so heißt es am Ende der *Mikroskopischen Untersuchungen*, «im Prinzip keinen Zusammenhang zwischen Kristallisation und Wachstum der Organismen annimmt, hat diese Ansicht den Vorteil, daß man sich eine bestimmte Vorstellung von den organischen Prozessen machen kann, was immer notwendig ist, wenn man planmäßig neue Versuche anstellen, das heißt eine mit den bekannten Erscheinungen harmonisierende Vorstellungsweise durch Hervorrufung neuer Erscheinungen prüfen will.»

Vom Standpunkt eines 140 Jahre später lebenden Gutachters, der die Sache mit dem Selbstbewußtsein von Fausts Famulus Wagner ansieht und es inzwischen methodisch herrlich weit gebracht hat, haben Schleiden und Schwann die Tragfähigkeit ihrer Methoden weit überschätzt. Bestenfalls konnten sie konstatieren, daß sie eine von Robert Brown bei Orchideen beschriebene und als Zellkern bezeichnete Struktur in vielen untersuchten Geweben, bei Pflanzen und bei Tieren beobachtet hatten. Dabei hätten sie es beim Stand ihrer Methoden bewenden lassen müssen. Alles das, was uns heute zur Verfügung steht, gab es ja nicht, beispielsweise Methoden der in vitro Kultur von Zellen und Gewebsstücken, sowie Methoden, mit denen spezifische Strukturen in lebenden Zellen sichtbar gemacht und ihre Bewegungen in Raum und Zeit verfolgt werden können. Die Vielfalt der heutigen Methoden ist einer der Gründe, daß wir die Welt der Zellen objektiver beschreiben können. Wer mit Zellkulturen arbeitet, kann täglich an lebenden Zellen beobachten, wie zwei Zellen durch Teilung aus einer Zelle entstehen.

Krise der Zelltheorie: Wie bilden sich Zellen?

Rudolf Virchows 1855 ausgesprochener Satz «Omnis cellula a cellula» ist zu einem Partikel der biologischen Allgemeinbildung geworden. Aber wie kam es zu diesem Satz, der eine so weitreichende Bedeutung hatte für die weitere Entwicklung der Zelltheorie und das Verständnis von Krankheiten? Damit wollen wir uns jetzt befassen und sehen, wie Schleidens und Schwanns stolze Theorien über die Zellbildung in eine Krise geraten und durch eine neue Theorie abgelöst worden sind.

Das Interesse für zelluläre Probleme, das durch Schwanns *Mikroskopische Untersuchungen* ausgelöst wurde, zeigt sich in einer Fülle von Arbeiten, die in den vierziger Jahren des 19. Jahrhunderts entstanden. Das Hauptproblem betraf die Frage: Wie bilden sich Zellen? Das Dämmerlicht des Mikroskops, in dem die Forscher ihre ungefärbten Zellpräparate beobachteten, gab zu allerlei widerstreitenden Ansichten Anlass. Manche Forscher, unter ihnen der junge Virchow, verteidigten Schwanns Theorie der Zellentstehung in einem extracellulären Cytoblastem. Andere vertraten im Anschluß an Hugo von Mohl eine Vermehrung der Zellen durch Teilung. Der Anatom Karl Bogislaus Reichert (1811–1883) suchte zu beweisen, daß die Furchung nur in einer Entschachtelung ineinander eingeschachtelter präformierter Zelle bestünde. Der Naturforscher und Embryologe Karl Ernst von Bär (1792–1876) wiederum vertrat 1846 die kühne Hypothese, «daß das Keimbläschen (in der Eizelle) der Kern sei, aus dessen Teilung die Kerne der Embryonalzellen hervorgehen, und daß sämtliche Zellen und Kerne sich durch Teilung vermehren.»[29] Aber diese Ansicht war zunächst nur eine von vielen Vermutungen und wurde erst 1852 von Robert Remak (1815–1865) wieder in einer Fußnote zitiert. Auch Remak, von dem wir gleich ausführlich zu sprechen haben, hatte von Bärs Arbeit übersehen, wurde aber bei der Drucklegung seiner eigenen Arbeit von Johannes Müller auf sie aufmerksam gemacht. Kurz, man hatte als unmittelbare Auswirkung der Schleidenschen und Schwannschen Untersu-

---

29) Bär C E von (1846) *Neue Untersuchungen über die Entwicklung der Thiere. Neue Notizen aus dem Gebiete der Natur- und Heilkunde* (L Fr Froriep und R Froriep, Hrsg.) 39:32-39

chungen aufregende Probleme, und schon damals fanden produktive Forscher nicht genügend Zeit, die gesamte Literatur zu verfolgen. Man hatte genügend zu tun mit den eigenen Untersuchungen und der Formulierung und Durchsetzung eigener Theorien. Vielleicht kamen die verschiedenen Bildungsformen der Zellen in einem Lebewesen nebeneinander vor, oder die Bildungsmechanismen waren zumindest in verschiedenen Spezies verschieden? Wie stand es dann um die Einheit der Natur? Dieses Problem trat schon in Schwanns eigener Arbeit auf. «Wäre die von Schwann aufgestellte extracelluläre Entstehung der tierischen Zellen begründet,» schrieb Remak, «so wäre der Unterschied der Tiere und Pflanzen in Bezug auf Entwicklung trotz der ähnlichen Zusammensetzung aus Zellen, beinahe größer als die Übereinstimmung.»[30]

Die Zelltheorie von Robert Remak

Die Krise der Zelltheorie war vor allem auch eine Krise der Urzeugungstheorie. 1852 veröffentlichte Robert Remak eine Arbeit *Über extracelluläre Entstehung tierischer Zellen und über Vermehrung derselben durch Teilung.*[30] Darin schreibt er, «Mir selbst war die extracelluläre Entstehung tierischer Zellen seit dem bekannt werden der Zellentheorie ebenso unwahrscheinlich wie die Generatio aequivoca der Organismen. Aus diesen Zweifeln entsprangen meine Beobachtungen über die Vermehrung der Blutzellen durch Teilung bei Embryonen von Vögeln und Säugetieren und über die Längsteilung der durch Verlängerung von Zellen entstehenden quergestreiften Muskelfasern (Muskelprimitivbündeln) bei Froschlarven. Seitdem habe ich diese Beobachtungen an Froschlarven fortgesetzt, bei welchen es möglich ist, die Entstehung der Gewebe bis auf die Furchung zurückzuführen. Doch ist es mir erst im Frühling dieses Jahres (1851) gelungen zu ermitteln, daß sämtliche aus der Furchung hervorgehenden Embryonalzellen sich bei ihrem Übergange in die Gewebe durch Teilung vermehren und daß die von mir früher beobachtete Teilung der Blutzellen und der verlängerten Muskelzellen

---

30) Remak R (1852) *Über extracellulare Entstehung thierischer Zellen und über Vermehrung derselben durch Theilung.* Archiv für Anatomie, Physiologie und wissenschaftliche Medizin (Müllers Archiv) 19:47-72

nur vereinzelte Glieder in der Reihe dieser zusammenhängenden Erscheinungen waren.» Gegen die Schwannsche Theorie gewendet sagte Remak weiter: «Weder freie Kerne noch Intercellularsubstanz werden zwischen den aus der Furchung hervorgehenden Embryonalzellen angetroffen. Das gesamte Protoplasma der Eizelle ist vielmehr in dem Protoplasma sämtlicher Embryonalzellen enthalten, wie die Kerne der letzteren nur als Abkömmlinge eines primitiven Kernes der ersten Furchungs- oder Embryonalzelle erscheinen». Zu den noch bestehenden Lücken in der Beobachtung erklärte Remak, «Wenn es in einzelnen Fällen nicht gelingt, die Zurückführung von Geweben, welche sich ihrer Form nach als Äquivalente von Zellen darstellen, auf die Embryonalzellen zu bewirken, so ist die Deutung gestattet, daß die Feinheit der Bestandteile der Untersuchung Schranken setzt». In den Schlußsätzen seines kurzen, programmatischen Artikels ohne Abbildungen schreibt Remak: «Diese Ergebnisse haben zur Pathologie eine ebenso nahe Beziehung wie zur Physiologie. Es kann kaum noch bestritten werden, daß die pathologischen Gewebeformen nur Varianten der normalen embryonischen Entwicklungstypen bilden und es ist nicht wahrscheinlich, daß sie das Vorrecht der extracellularen Entstehung von Zellen besitzen sollten. Die sogenannte ‹Organisation der plastischen Exsudate› und die früheste Bildungsgeschichte der krankhaften Geschwülste bedarf in dieser Hinsicht einer Prüfung. Gestützt auf die Bestätigung, welche meine vieljährigen Zweifel erfahren, wage ich die Vermutung auszusprechen, daß die pathologischen Gewebe ebenso wenig wie die normalen in einem extracellularen Cytoblastem sich bilden, sondern Abkömmlinge oder Erzeugnisse normaler Gewebe des Organismus sind.» Drei Jahre später (1855) publizierte Remak seine mit reichen Abbildungen versehenen *Untersuchungen über die Entwicklung der Wirbeltiere*[31]. Hier belegte er am Beispiel der Entwicklungsgeschichte des Hühnchens und des Froscheies Schritt für Schritt seine Erkenntnisse über die Entstehung des Organismus aus der ununterbrochenen Generationenfolge der sich aus dem befruchteten Ei durch Teilung entwickelnden Zellen (Abb.

---

31) Remak R (1855) *Untersuchungen über die Entwickelung der Wirbelthiere*. Berlin: G. Reimer

13 und 14) und unterzog die Schwannsche Zellbildungstheorie einer umfassenden Kritik.

Schwanns Theorie machte eine klare Vorhersage: Man mußte nackte Kerne außerhalb der Zellen finden. Die Untersuchung der Entwicklung des Knorpels durch Remak ergab aber beispielsweise, daß «die angeblich neuen freien Kerne, um welche sich erst Zellen bilden sollen, die Kerne solcher Zellen (sind), deren Protoplasma sich nicht von der Wand der Knorpelblase ablöst». Remak folgerte, »daß der embryonische Knorpel für Schwanns Zellenbildungstheorie keine Stütze bietet, daß somit sämtliche Untersuchungen Schwanns keine einzige sichere Tatsache ergeben, aus welcher die extra- oder intercellulare Entstehung von Zellen mit einiger Wahrscheinlichkeit gefolgert werden könnte. Allein auch der endogenen Zellbildung, welche Schwann nach Schleidens Vorgang aufstellte, welche in einer schichtweisen Bildung eines Kernkörperchens, eines Kerns und einer Zellenmembran bestehen sollte, ist durch die gegebene Darlegung insofern der Boden entzogen, als alle bekannten Angaben über endogene Zellenbildung (mögen sie sich bei Schwann oder bei anderen Histologen, namentlich bei Kölliker, finden, mögen sie sich an das Schleidensche oder das Nägelische Schema anschließen) sich auf Zellenteilungen zurückführen lassen»[32]. Remak stellt die Hypothese auf, «daß sämtliche tierische Zellen durch fortschreitende Teilung aus der Keimzelle hervorgehen»[31]. Schwann selbst machte, wie Remak betont, «nirgends den Versuch, die Gewebe auf die Keimzellen zurückzuführen»[31]. Denn bei Schwann traten ja ständig Zellen aus dem extracellulären Cytoblastem neu hinzu.

Ein Problem bei der Frage der ununterbrochenen Zellgenerationen durch Zellteilung beschäftigte Remak besonders, «inwiefern das Ei selbst als Zelle betrachtet werden könne»? Die Frage mag uns verblüffen. Ob das Ei «als Zelle und das Keimbläschen als Kern betrachtet werden dürfe», hing aber, wie Remak ausführte, davon ab, «ob das Zooplasma mit dem Keimbläschen sich nachweisen lasse als Abkömmling kernhaltiger aus der Teilung des Keimes hervorgegangener Zellen des mütterlichen Organismus. So früh auch nach

---

32) Albert von Kölliker (1817–1905); Karl Wilhelm von Nägeli (1817–1891)

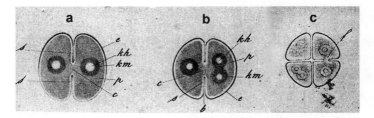

Abb. 13. Kernteilung und Zellteilung im befruchteten Ei von Rana esculenta. Aus Remak (1855)(Fußnote 31)
(a) «[I]n Teilung begriffene Eizelle», e: «Eizellenmembran», p: «Protoplasma (oder Zooplasma); c: Brücke, durch welche die beiden Hälften noch miteinander zusammenhängen, kh: «Kernhöhle», km: «umgebende Kernmasse».
(b) «Schematischer Äquatorialschnitt durch ein ähnliches Ei, in welchem die eine Hälfte eine doppelte Kernhöhle und doppelte Kernmassen zeigt.»
(c) Achtzellstadium bei der Furchung des Eies von Rana esculenta, von denen auf dem Schnitt vier Zellen zu sehen sind. «Äquatoriale Furchung nahezu vollendet. Der Verlauf der Scheidewände in der oberen Hälfte des Eies ist schematisch dargestellt. Bei f ist „die Abschnürung der Scheidewände noch nicht beendet... Im Inneren sind Kernhöhlen und Kernmassen schematisch angedeutet.» In der Zelle links unten stellt Remak die von ihm postulierte direkte Durchschnürung des Kerns bei der Zellvermehrung dar.

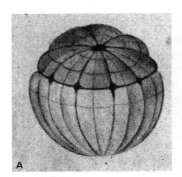
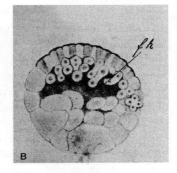

Abb. 14. Furchung als Ergebnis von Zellteilungen im befruchteten Ei von Rana esculenta. Aus: Remak (1855) (Fußnote 31): (A) «Ein Ei, an welchem die Furchung (...) von Stufe zu Stufe verfolgt wurde. Die Furchen wurden, so bald sie sich gebildet hatten, eingezeichnet.» (B) «Innenfläche einer Eihälfte (von Rana esculenta), wenn oben 64, unten etwa 32 Abschnitte vorhanden sind. «Oberhalb der weiten Furchungshöhle (fh) sieht man kleinere Abschnitte in der Teilung begriffen und erkennt in denselben doppelte, dunkele Flecken (Kerne).»

meinen Wahrnehmungen beim Hühnchen die Eier in dem embryonischen Eierstocke erscheinen, so weit entfernt sind wir doch von einer Zurückführung derselben auf die Embryonalzellen.» Vielleicht befanden sich «die Keimbläschen und die Dottermasse in besonderen Keim- und Dotterschläuchen..., deren Inhalt in einem gemeinsamen Raum zusammenfließt, um die mit dem Keimbläschen versehenen Eier zu bilden».[30] Auch bei den «Schleimzellen» gab es noch einige Probleme. «Die Frage nach der Entstehung der Schleimzellen ist zwar bis zur Stunde noch nicht erledigt, und es wird daher diese Dunkelheit von manchen Histologen, zum Beispiel Kölliker, als Zufluchtsort der *Generatio aequivoca* der Zellen benutzt. Indessen habe ich oben eine Beobachtung angeführt, aus welcher sich ergibt, wie bei gesunden Tieren ausfallende zylindrische Epitelialzellen des Darmes sich in runde «Schleimzellen» umwandeln können. Wenn man erwägt, daß Schleimzellen auf anderen Schleimhäuten nur im erkrankten Zustand derselben auftreten, so ist wohl wahrscheinlich, daß es mit der Zeit gelingen dürfte, sämtliche Schleimzellen auf abgelöste Epithelialteile zurückzuführen». Remaks Zelltheorie war die erste Zelltheorie, die ganz dezidiert eine *Generatio spontanea* von Zellen ausschloss.

Welche Rolle sollte nun der Zellkern in Remaks neuem Belvedere der Zellbiologie spielen? «Meine bis zur Ausbildung der Gewebe reichenden Wahrnehmungen», betonte Remak, «lassen gar keinen Raum für die Vermutung, daß ein beständiges Schwinden und eine Neubildung von Kernen stattfinde. Über die Art und Weise der Kernteilung», soviel gab Remak allerdings zu, «sind die Beobachtungen keineswegs so weitgehend wie die entsprechenden über das Verhalten der Zellmembranen.» Soviel wenigstens mochte er behaupten: «Es ist klar, daß sie (die Kernteilung) mit Einschnüren beginnt, und kaum zweifelhaft, daß sie durch Scheidewandbildung beendet wird.» (...) «So entscheidend auch die Wirksamkeit der Zellenmembranen bei den Teilungen der Zellen sich darstellt, so nötigen uns doch die vorausgehenden Teilungen der Kerne, den Ausgangspunkt dieser Veränderung im Inneren des Protoplasma zu suchen.»

Bei Remak ist bereits alles gesagt, was wir für die Formulierung der modernen Zelltheorie benötigen, nur die Formulierung «Omnis cellula a cellula» fehlt noch, die seit 1855 zu den Grundfesten der Biologie gehört. Diese Formulierung gebrauchte Virchow zuerst in seinem im gleichen Jahr wie Remaks *Untersuchungen* publizierten Aufsatz *Cellular-Pathologie*[33]. Lesen wir zunächst die berühmte Stelle im Zusammenhang. «Denn die *Generatio aequivoca*, zumal wenn sie als Selbsterregung gefasst wird, ist doch entweder geradezu Ketzerei oder Teufelswerk, und wenn gerade wir nicht bloß die Erblichkeit der Generationen im Großen, sondern auch die legitime Succession der Zellbildungen verteidigen, so ist das gewiss ein unverdächtiges Zeugnis. Ich formuliere die Lehre von der pathologischen Generation, von der Neoplasie im Sinne der Zellularpathologie einfach: Omnis cellula a cellula[34]. Ich kenne kein Leben, dem nicht eine Mutter oder ein Muttergebilde gesucht werden müsste. Eine Zelle überträgt die Bewegung des Lebens auf die andere.»

Wie kam Virchow zu seiner Anschauung? Er begann seine Untersuchungen als überzeugter Anhänger der Schwannschen Theorie. Dessen Lehrer Johannes Müller hatte die Zusammensetzung und Entstehung der Geschwülste aus Zellen und eine gewisse Übereinstimmung zwischen der Entwicklung der Geschwülste und der embryonalen Entwicklung behauptet.[35] Virchow folgerte, «nachdem einmal das Gesetz von der Identität der embryonalen und pathologischen Entwicklung festgestellt war, so lag darin die Überzeugung implicite gegeben, die verschiedenen krankhaften Erzeugnisse nicht mehr als gegebene, sondern als in der Entwicklung begriffene Gewebe zu betrachten.»[36] Das bedeutete aber, daß die zelluläre Bildung und Zusammensetzung pathologischer Gebilde, beispielsweise beim Eiter und bei Tumoren zu erforschen war. Demzufolge mußte den mikroskopischen Untersuchungen eine zentrale Rolle in der Pathologie zufallen und Virchow war der Mann, der diesen Standpunkt mit aller Vehemenz in dem 1846 von ihm und seinem

---

33) Virchow R (1855) *Cellular-Pathologie. Archiv für pathologische Anatomie und Physiologie und für klinische Medicin* (Virchows Archiv) 8:3-39
34) In späteren Arbeiten schreiben Virchow und andere «cellula e cellula».
35) Müller J (1838) *Über den feineren Bau und die Formen der krankhaften Geschwülste*. Berlin: Reimer
36) Virchow R (1847) *Über die Reform der pathologischen und therapeutischen Anschauungen durch die mikroskopischen Untersuchungen. Archiv für pathologische Anatomie und Physiologie und für klinische Medicin* (Virchows Archiv) 1:207-255

Freund Benno Ernst Heinrich Reinhardt (1819–1852) begründeten
«Archiv für pathologische Anatomie und Physiologie und für klinische Medicin» vertrat und durchsetzte. Zunächst mußte er um die
Anerkennung der mikroskopischen Methode kämpfen, die im Rufe
stand, die größten Irrtümer zu produzieren. Er tat das mit einer
ebenso sachkundigen wie drastischen Sprache. Seinem 1847 veröffentlichten programmatischen Aufsatz *Über die Reform der pathologischen und therapeutischen Anschauungen durch mikroskopische
Untersuchungen* stellte er das Motto voran:

> Immer noch den alten Kohl
> Kochen faule Bäuche,
> Neuer Wein geziemt sich wohl
> In die alten Schläuche.

Mit solchen drastischen Sprüchen erzwang Virchow den Mikroskopikern und der von ihm vertretenen Zelltheorie den Eintritt in die
Welt der sich zunächst eher störrisch und abweisend verhaltenden
Mediziner. «Man gestattete es allenfalls den Mikroskopikern, sich
vor den Augen der bedeutendsten praktischen Notabilitäten über
diese oder jene Art von Zellen oder Fasern zu zerfleischen, hatte
seine Freude an geschwänzten Krebszellen, wunderte sich allenfalls,
daß sie nicht auch Scheren besäßen, und saß vornehm lächelnd auf
dem Fauteuil, während hinten da in der Türkei die Völker aufeinander schlugen». Die Wochenschrift für die gesamte Heilkunde
schrieb mittlerweile das Wort Mikroskop, wenn sie genötigt war,
es in einer ihrer epigrammatischen Kritiken zu erwähnen, mit einem Ausrufungszeichen, und man hörte zuweilen einen jüngeren
Praktiker mit halb abweisender Gebärde sagen: ‹Ach, das ist wohl
mikroskopisch?!»» Demgegenüber vertrat Virchow noch 1847 mit
aller Bestimmtheit folgende «Gesetze»: a) «Alle organische Bildung
geschieht aus amorphem Material: Sowohl Ernährung als Neubildung, embryonale und pathologische, besteht ihrem Wesen nach in
der Differenzierung von formlosem Stoff, mag er fest oder flüssig
sein. Dieses ist der Fundamentalsatz der Entwicklungsgeschichte,
daß alles Bildungsmaterial formlos ist».[37)] b) «Das formlose Blastem
tritt aber unter allen Verhältnissen flüssig aus dem Blute aus, denn

die unverletzten Gefäßwandungen sind nur für Flüssigkeiten permeabel. Es ist ein mehr oder weniger unveränderter Teil der formlosen Blutflüssigkeit, des Blutplasmas. Das flüssige Blastem nennen wir, wo es in physiologischen Verhältnissen besteht, Ernährungsflüssigkeit, Ernährungsplasma, in pathologischen Exsudat. Alle pathologische Neubildung von größerem Umfange führen wir auf Exsudat zurück... auch der Krebs muß eine Zeit des Formlosen haben.» c) «Alle Organisation hebt mit Zellenbildung an». Den Krebs beispielsweise faßte Virchow als zellige Organisation eines gallertartigen Exsudates auf.

Nur wenige Jahre später wurde Virchow vom Saulus der Schwannschen Zelltheorie zum Paulus des neuen «omnis cellula e cellula». Wie kam es dazu? Virchow begann eigene Untersuchungen über das Bindegewebe anzustellen, das er beispielsweise bei der Organisation von fibrinösem (exsudativem und thrombotischem) Material vorfand.[38] Das Bindegewebe, so stellte er fest, besteht ebenso wie Knorpel- und Knochengewebe aus Zellen und Interzellularsubstanz. Die Gretchenfrage war aber: Entstehen die Zellen aus der Interzellularsubstanz oder wird die Interzellularsubstanz von den Zellen gebildet? Noch 1851 in einem Vortrag vor der Physikalisch-Medizinischen Gesellschaft in Würzburg (der Vortrag erschien 1852, also im gleichen Jahr wie Remaks erste programmatische Arbeit)[30] folgerte Virchow, «die Interzellularsubstanz tritt hier also in der von Schwann für den Knorpel geschilderten Weise als Cytoblastem auf.»[39] Auch der Eiter galt lange Zeit als ein sicherer Kandidat für die Urzeugung von Zellen.[40] Wie anders sollten die so massenhaft im Eiter vorkommenden Körperchen erklärt werden. Aus dem Blut konnten sie ja nicht stammen, wie Virchow in seinem Gesetz Nr. 2 – Gefäßwandungen sind nur für Flüssigkeiten permea-

---

37) Virchow R (1847) *Zur Entwicklungsgeschichte des Krebses, nebst Bemerkungen über Fettbildung im tierischen Körper und pathologische Resorption.* Archiv für pathologische Anatomie und Physiologie und für klinische Medicin (Virchows Archiv) 1:94-203
38) Virchow R (1856) *Gesammelte Abhandlungen zur wissenschaftlichen Medicin.* Frankfurt a. M.: Meidinger Sohn & Comp.
39) Virchow R (1852) *Weitere Beiträge zur Struktur der Gewebe der Bindesubstanz. Verhandlungen der Physikalisch-Medicinischen Gesellschaft in Würzburg* 2:314-318
40) Virchow R (1858) *Zur neueren Geschichte der Eiterlehre. Archiv für pathologische Anatomie und Physiologie und für klinische Medicin* (Virchows Archiv) 15:530-539

bel – festgelegt hatte. Eine entscheidende Veränderung in Virchows Auffassung findet sich zuerst in einer 1854 publizierten Arbeit.[41] «Mittlerweile wurde auch die Plastizität der Exsudate selbst in Frage gestellt, indem man die Exsudatzellen, wie das Exsudat selbst, aus dem Blute ableitete (Addison[42], G. Zimmermann) und neben den amorphen Exsudaten besondere corpusculäre unterschied (Paget[43]). Gerade dem Faserstoff, den man solange als den eigentlichen Blastem-Körper bezeichnet hatte, wurde die Plastizität bestritten (B. Reinhardt) und so mehr und mehr auf die Entscheidung der Frage hingedrängt, ob es überhaupt eine freie Zellenbildung gäbe (Remak), mit anderen Worten, ob auch die pathologische Entwicklung, wie das Leben überhaupt, sich nur in regelmäßiger, legitimer Succession der Generationen fortsetze.» Warum ist Virchows Beitrag zur Zelltheorie so viel bekannter geworden als derjenige von Remak? Virchow predigte seine neue Überzeugung den vergleichsweise tauben Ohren der Mediziner. Das zwang ihn dazu, eingängige Formulierungen zu suchen und mit aller Bestimmtheit zu vertreten. Seine Formulierung der Zelltheorie sollte die Stürme aller weiteren Entwicklungen überdauern. Es gibt auch eine häßlichere Seite, warum Robert Remaks Stern als Begründer der modernen Zelltheorie weniger hell strahlt als Virchows Ruhm. Virchow zitiert Remaks überragenden Beitrag nicht. Remak hatte als Jude größte Schwierigkeiten, an einer Preußischen Universität eine bezahlte Stelle, geschweige denn eine ordentliche Professur zu bekommen. Sein Enkel, der Mathematiker Robert Remak (1888–1942), wurde im Konzentrationslager Auschwitz ermordet.[44]

---

41) Virchow R (1854) *Hypertrophie und Neubildung mit Einschluß der Fettsucht, der Skropulose, der tuberkulösen und krebshaften Prozesse.* In: *Handbuch der speziellen Pathologie und Therapie* (redigiert von R Virchow) Bd. 1, S. 326-355. Erlangen: Ferdinand Enke
42) William Addison (1802–1881), siehe L. J. Rather (1972) *Addison and the White Corpuscles: An Aspect of Nineteenth-Century Biology.* University of California Press: Berkeley and Los Angeles
43) James Paget (1814–1899), Britischer Chirurg und Pathologe
44) http://www.whonamedit.com/doctor.cfm/1180.html (8.10.2007)

Resumee

Wir sind am Ende dieser kurzen Geschichte eines wissenschaftlichen Denkwechsels von der *Generatio spontanea sive aequivoca* zu Virchows berühmtem Merksatz *omnis cellula e cellula* angelangt. Matthias Schleiden und Theodor Schwann gingen bei ihrer Zellbildungstheorie noch unbefangen von der Vorstellung aus, daß lebende Zellen unter günstigen Voraussetzungen jederzeit spontan neu entstehen können. Dieses letzte Refugium der seit Aristoteles geschätzten Theorie von der spontanen Entstehung des Lebens wurde in der Mitte des 19. Jahrhunderts von Robert Remak und Rudolf Virchow zerstört. Doch erst Louis Pasteur (1822–1895) überzeugte die meisten zeitgenössischen Wissenschaftler, daß auch neue Einzeller, wie Hefen und Bakterien ausschließlich durch Vermehrung bereits existierender Zellen entstehen, auch wenn seine Experimente aus heutiger Sicht eigentlich noch nicht ausreichten, um die Richtigkeit dieser Bahn brechenden Behauptung gegenüber jedem möglichen wissenschaftlichen Zweifel zu begründen.[45] Ein für allemal? Versuche zur Wiedererweckung der toten *Generatio spontanea* Theorie gab es noch in der Mitte des 20. Jahrhunderts. Aber das ist eine eigene Geschichte.[46]

Warum verdienen Schleiden und Schwann als letzte Vertreter einer sterbenden Theorie dennoch den Rang überragender Forscherpersönlichkeiten? Der Wert von Theorien bemisst sich nicht einfach danach, ob bestimmte Hypothesen auch später noch zum Kanon der Lehrbücher gehören. Im Gegensatz zu vielen Naturphilosophen ihrer Zeit erfüllten Schleiden und Schwann mit ihrer Zellbildungstheorie das entscheidende Kriterium einer empirischen, experimentell widerlegbaren (in Karl Poppers Diktion falsifizierbaren) Theorie. Neue experimentelle Ansätze führten schon bald zu einer unbehebbaren Krise und lenkten die Zellforschung damit in eine andere fruchtbare Richtung. Aber das ist nicht al-

---

45) Waller J (2002) The pasteurization of spontaneous generation. In: Fabulous Science. Fact and fiction in the history of scientific discovery, Waller J (Hrsg.). Oxford: Oxford University Press, S. 14-31.
46) *Cytogenetik in der Lyssenko-Ära: Ein illegitimer Paradigmawechsel.* In: Cremer T (1985) (Fußnote 1), S. 231-238

les, was den Rang dieser beiden Forscher ausmacht: Seit ihren 1838 und 1839 veröffentlichten Arbeiten ist nie mehr ein ernster Zweifel aufgetreten, daß der Begriff der Zelle bei allen Pflanzen und Tieren durch fundamentale Gemeinsamkeiten ihrer Struktur und Bildung ausgewiesen ist. Die Einheit des Lebendigen war seitdem mehr als spekulative Philosophie, sie hatte einen mit den Methoden naturwissenschaftlicher Erkenntnis zugänglichen Fokus: die Zelle. Schwanns großartiger geistiger Wurf bestand in der Verknüpfung einer nichtvitalistischen Vorstellung von der organischen Natur mit der Zelle als ihrem Grundelement. Schwann war sich zwar bewußt, «wie sehr verschieden die Erscheinung der Zellbildung und der Kristallbildung sind», aber er war doch fasziniert von der Idee, daß »der Organismus nichts als ein Aggregat solcher imbibitionsfähiger Kristalle ist».[47]

«Freilich», so schrieb Rudolf Virchow 1882 in seinem Nachruf auf Schwann, «was man für die Hauptsache hielt, ja man kann sagen, was Schwann selbst in den Vordergrund seiner Betrachtungen rückte, das war ein Missverständnis. Die Entwicklungsgeschichte der tierischen Zelle, welche er suchte, hat er nicht gefunden. Aber die Entwicklung der Gewebe, ja des ganzen Körpers aus Zellen hat er dargetan ... Heutzutage meinen viele, die Zellentheorie Schwanns sei identisch mit unserer heutigen Zellentheorie. Es erklärt sich wohl nur aus dem Umstande, daß selbst ein Buch von dem Range der *Mikroskopischen Untersuchungen* Schwanns nur selten gelesen wird. Hat es doch niemals eine zweite Auflage erlebt! Man erzählt eben nach, was man hört, aber man hält sich nicht mehr für verpflichtet, die Quellen zu durchforschen. Weshalb sollte man noch Schleiden und Schwann lesen, nachdem die Uhrglastheorie und mit ihr die cytoplastischen Stoffe begraben worden sind? Und doch sollte man es tun, schon um sich selbst in die Lage zu versetzen, die wunderbare Grundlagen der wissenschaftlichen Fortschritte der späteren auch unserer und sicher auch der kommenden Zeit enthalten sind.»[48]

---

47) Schwann T (1839) (Fußnote 28), S. 254
48) Virchow R (1882) *Theodor Schwann. Ein Nachruf. Archiv für pathologische Anatomie und Physiologie und für klinische Medicin* (Virchows Archiv) 87:389-392

Stammzellen, Alterung und Regenerative Medizin

Ulrich Mahlknecht und Anthony D. Ho, Abteilung Innere Medizin V, Universität Heidelberg, Im Neuenheimer Feld 410, 69120 Heidelberg

Einleitung

Alterung ist ein komplexer Vorgang, an dem jede Zelle und jedes Organ eines Lebewesens beteiligt sind und mit einer funktionellen Verschlechterung der Organfunktionen während der Lebenszeit einhergehen[1]. Mit zunehmendem Alter verliert beispielsweise die Haut ihre Elastizität, die Knochen werden zunehmend spröde und Heilungsprozesse nehmen deutlich längere Zeit in Anspruch. Gleichzeitig führt eine Verschlechterung des Immunstatus zu einer Zunahme von Infektionskrankheiten und malignen Erkrankungen. Blutgefäße lagern vermehrt Fett ein und büßen einen Großteil ihrer Flexibilität ein, was letztlich zur Arteriosklerose führt.

Unter den genannten Beispielen für einen Funktionsverlust von Organsystemen sind die verminderte Fähigkeit zur Gewebsregeneration, die vermehrte Neigung zu Infektionskrankheiten sowie zur Entstehung bösartiger Erkrankungen die bedeutsamsten Konsequenzen zellulärer Seneszenz[2]. Die Regenerationsfähigkeit eines

---

[1] Clark W.R., *A Means to an End: The Biological Basis of Aging and Death*, New York: Oxford University Press, 2002
[2] Hayflick, L., *How and Why We Age*, New York: Ballantine, 1994

Organismus hängt unmittelbar mit dem Potential der somatischen Stammzellen in dem entsprechenden Organ zusammen. Während die Empfänglichkeit gegenüber Infektionskrankheiten und der unterschiedlichsten Krebserkrankungen unter anderem mit einer verminderten Immunabwehr zusammenhängt, spielt für die Entstehung von Tumorerkrankungen insbesondere die Wechselwirkung hämatopoetischer Stammzellen im Mikromilieu des Knochenmarks, des Thymus sowie der Schleimhäute eine wichtige Rolle. Beide Erscheinungen können daher als Ausdruck der Zellalterung auf dem Niveau der somatischen Stammzellen verstanden werden – ein lebender Organismus ist so alt wie seine Stammzellen.

Während der Mensch nur über sehr limitierte Möglichkeiten zur Regeneration seiner Organsysteme verfügt, verfügen andere Organsysteme in dieser Hinsicht über erstaunliche Fähigkeiten[3]. Der Flachwurm (Planaria) beispielsweise schafft es nach seiner Enthauptung, innerhalb von nur 5 Tagen einen neuen Kopf zu generieren. Die Hydra, ein kleiner röhrenartiges Frischwassertierchen bildet, wenn es in zwei Hälften geschnitten wird, binnen sieben bis zehn Tagen zwei völlig neue Organismen. Der Salamander schafft es, wenn er eine Extremität oder seinen Schwanz an ein Raubtier des höheren Ranges in der Nahrungskette verliert, diese innerhalb von wenigen Tagen nachzubilden. Säugetiere und insbesondere der Mensch bezahlen dafür, daß sie an der Spitze der Evolutionsleiter gelangt sind, einen hohen Preis, indem sie eine vergleichbare Regenerationsfähigkeit eingebüßt haben.

Diejenigen Tiere, die das beeindruckendste regenerative Potential zeigen, sind entweder im Besitz einer unvergleichlich größeren Menge an Stammzellen oder sie sind in der Lage, spezialisierte Zellen in Stammzellen umzuwandeln. So bestehen beispielsweise Flachwürmer zu ca. 20 Prozent aus Stammzellen und die Hydra wird als eine Art dauerhaftes Embryo beschrieben[3]. Der Salamander verfügt hingegen über einen völlig verschiedenen Regenerationsmechanismus, denn wird ein neuer Schwanz oder eine neue Extremität benötigt, werden reife, differenzierte Zellen zu embryonalen undifferenzierten Zellen umgewandelt, die sich dann am Ort

---

[3] Davenport R.J., *Regenerating Regeneration, Science of Aging Knowledge Environment,* 2004

der Läsion ansammeln und das fehlende Organstück regenerieren. Ein Verständnis der molekularen Mechanismen, welche der Selbsterneuerung, der Teilung und der Proliferation der Stammzelle zugrunde liegen und letztlich die Zelldifferenzierung und Regeneration geschädigter Organsysteme erlauben, könnte der Schlüssel zur regenerativen Medizin sein. In begrenztem Umfang ist für einige Gewebssysteme auch bei Säugetieren eine Regeneration möglich, z. B. bei der Haut und im Knochenmark – jedoch nicht annähernd in dem Ausmaß wie dies bei der Hydra oder dem Salamander beobachtet wird. Die Regenerationsfähigkeit schwindet mit zunehmendem Alter. Überraschenderweise ist nur extrem wenig über den Einfluss von Zeit und Alter auf adulte Stammzellen bekannt. In dieser Übersicht sollen einige Grundlagen über die Alterung von Stammzellen als Spiegelbild der Alterung des gesamten Organismus dargestellt werden.

Adulte und embryonale Stammzellen

In letzter Zeit haben zwei Hauptkategorien von Stammzellen Aufsehen erregt: so genannte adulte, somatische oder gewebsspezifische Stammzellen einerseits [4-6] und die so genannten embryonalen Stammzellen andererseits [7][8]. Die Begeisterung für die Stammzellforschung wurde durch die Etablierung von embryonalen Stammzell-Linien (ESC) im Jahre 1998 ausgelöst [7]. Im Kontrast zu adulten Stammzellen, haben ESC ein unbegrenztes Wachstums- und Differenzierungspotential. Auf der Grundlage von Tiermodellen legen zahlreiche Studien allerdings nahe, daß adulte Stammzellen eventuell ähnliches Entwicklungspotential wie ESCs haben könnten [Übersichtsarbeit: 6]. Untersuchungen aus jüngster Zeit haben jedoch

---

4) Gage, F.H., (2000). *Mammalian neural stem cells.* Science 287, 1433-1438
5) Weissman, I.L. (2000). *Translating stem and progenitor cell biology to the clinic: barriers and opportunities.* Science 287, 1442-1446
6) Ho, A.D. and Punzel, M (2003). *Hematopoietic stem cells: can old cells learn new tricks?* J Leukoc Biolo 73, 547-555
7) Thomson, J.A. Itskovitz-Eldor, J. Shapiro, S.S. Waknitz, M.a. Sviergiel J.J. Marshall, V.s. and Jones, J. M. 1998a. *Embryonic stem cell lines derived from human blastocysts.* Science 282, 1145-1147
8) Amit, M., Shariki, C., Margulets, V., and Itskovitz-Eldor J. (2004). *Feeder layer- and serum-free culture of human embryonic stem cells.* Biol Reprod 70, 837-845

die initiale Interpretation des sog. «Plastizitätspotentials» bzw. der «Transdifferenzierung» adulter Stammzellen erheblich in Frage gestellt[9-12]. Während sich herausstellte, daß einige der ursprünglichen Experimente, welche die Vielseitigkeit adulter Stammzellen belegen sollten, nicht reproduzierbar waren, konnten andere Studien die Machbarkeit spontaner Zell- und Zellkernfusion zwischen adulten Stammzellen und Wirtszellen in vitro und vivo zeigen. Zellfusion könnte daher einige der Phänomene, welche als Beweis für eine Transdifferenzierung gedeutet wurden, erklären. Andere Untersuchungen berichteten daß eine Transdifferenzierung auch ohne Zellfusion möglich ist [13].

Definition von Stammzellen

Das Stammzellkonzept wurde im Jahre 1909 von Maximow eingeführt [14]. James Till, Ernest McCullough und Lou Siminovitch konnten im Jahre 1963 im Mausmodell die Existenz hämatopoetischer Stammzellen im Knochenmark nachweisen. Aufgrund dieser Versuche wurden HSC als Zellen, welche das Potential zur uneingeschränkten Selbsterneuerung und multilineären Differenzierung tragen, definiert. Diese Entdeckung war der Beginn der modernen Stammzellforschung. Erst in den letzten Jahren konnten weitere somatische Stammzellen in anderen Organsystemen identifiziert werden [4) 5) 16)].

Die Notwendigkeit von in vitro Analysen zum Nachweis häma-

---

9) Wagers, A.J., Christensen, J.L. and Weissman, I. L (2002). *Cell fate determination from stem cells.* Gene Ther 9, 606-612
10) Terada, N., Hamazaki, T., Oka M., Hoki, M. Mastalerz, D.M. Nakano, Y, Meyer, E.M., Morel L., Petersen B.E. and Scott E.W. (2002) *Bone marrow cells adopt the phenotype of other cells by spontaneous cell fusion.* Nature 416, 542-545
11) Ying, Q.L., Nichols, J., Evans, E.P. and Smith A. G. (2002). *Changing potency by spontaneous fusion.* Natur 416, 545-548
12) Morshead, C.M. Benveniste, P. Iscove, N. N. and van der Kooy, D. (2002). *Hematopoietic competence is a rare property of neural stem cells that may depend on genetic and epigenetic alterations.* Nat Med 8, 268-273
13) Almeida-Porada, G., Porada, C.D. Chamberlain, J., Torabi, A., and Zanjani, E.D. (2004). *Formation of Human hepatocytes by human hematopoietic stem cells in sheep.* Blood 104, 2582-2590
14) Maximow A., *Der Lymphozyt als gemeinsame Stammzelle der verschiedenen Blutelemente in der embryonalen Entwicklung und im postfetalen Leber der Säugetiere.* Folia Haematol (Leipz) 1909;8:125-141

topoetischer Vorläuferzellen nahm mit der klinischen Anwendung von Knochenmarktransplantationen als Heilungschance für Leukämien und Immundefektkrankheiten zu. Als Surrogatmarker zur Untersuchung des Potentials von Stammzellen wurden sog. «Colony assays», mit denen u.a. langfristige initiierende Zellanalysen (long-term initiating cell assays, LTC-IC) und myeloisch-lymphoide initiierende Zellanalysen (myeloid-lymphoid initiating cell assay, ML-IC) durchgeführt werden, entwickelt [Übersichtsarbeit: 6].

Alterungsprozess humaner HSCs

Der Großteil des heute verfügbaren Wissens über die Alterung von Stammzellen leitet sich aus dem Mausmodell ab. Da das Mausgenom mit dem menschlichen Genom zu über 90 Prozent übereinstimmt, ihre Lebenserwartung jedoch 30- bis 40-mal kürzer ist, hofft man, die Beobachtungen zum Stammzellverhalten aus der Maus direkt auf menschliche HSCs übertragen zu können.

Engraftment-Analysen mehrerer Arbeitsgruppen konnten zeigen, daß trotz ähnlicher HSC-Konzentrationen in jungem wie in altem Knochenmark die funktionellen Eigenschaften sich mit zunehmendem Alter deutlich verschlechtern [Review: 18]. Beim Menschen sind HSC-Seneszenz und damit assoziierte pathologische Erscheinungen möglicherweise nicht ganz so ausgeprägt wie in der Maus, da einzelne primitive HSC-Klone u.U. längerfristig funktionstüchtig sind und Tochterzellen produzieren, die zeitlebens die Reifung von Blutzellen sicherstellen. Dies ist besonders nach einer Transplantation von Knochenmark bzw. von HSCs evident. Erste erfolgreiche Versuche der Knochenmarkstransplantation als Behandlungsstrategie bei Patienten mit einem hereditären Immun-

---

15) Siminovitch L., McCulloch E.A., Till J.E. *The distribution of colony-forming cells among spleen clonies.* J. Cell Comp Physiol. 62:327-323, 1963
16) Bjerknes M., Cheng H. *Clonal analysis of mouse intestinal epithelial progenitor.* Gastroenterology 116:7-14, 1999
17) Zanjani, E.D., Palavicini, M.G., Ascensao, J.L. Flake, A.W. Langlois, R.G. Reitsma, M., MacKintosh, F.R. Stutes, D., Harrison, M.r. Tavassoli, M. 1992. *Engraftment and long-term expression of human fetal hematopoietic stem cells in sheep following transplantation in utero.* J. Clin. Invest. 89:1178-1788
18) Chen, J. (2004) *Senescence and functional failure in hematopoietic stem cells.* Experimental Hematology, 32, 1025-1032

mangelsyndrom bzw. einer akuten Leukämie wurden in den späten 1960er Jahren durchgeführt[19] [20]. Die ursprüngliche Idee bestand darin, krankes Knochenmark mit gesundem Knochenmark im Anschluss an eine myeloablative Therapie zu ersetzen. Ohne die Kenntnisse der Immunologie bzw. der supportiven Behandlung, war die Morbidität und Mortalität zum damaligen Zeitpunkt sehr hoch[20]. Trotzdem waren erste Ergebnisse im Vergleich zu den damaligen konventionellen Therapieoptionen sehr ermutigend. Die Knochenmarktransplantation hat sich in der Zwischenzeit für Patienten mit malignen bzw. Erbkrankheiten als einziger kurativer Therapieansatz erwiesen.

Der Erfolg einer solchen Knochenmarktransplantation hängt unmittelbar von der Menge an HSCs im Spenderpräparat ab, welche nach einer myeloablativen Therapie die Blutbildung und das Immunsystem wiederherstellen sollen. Obwohl HSCs initial im Knochenmark nachgewiesen wurden, lassen sich diese Zellen auch nach Stimulation im peripheren Blut nachweisen sowie während der Erholungsphase nach einer myelosuppressiven Behandlung bzw. nach Gabe von Zytokinen[21]. Solche HSC aus dem peripheren Blut konnten erfolgreich für die Rekonstitution des Knochenmarks und damit der Blutbildung und des Immunsystems verwendet werden [Review: 6]. Unsere Erfahrung im Bereich der HSC-Transplantation hat gezeigt, daß das Alter den wichtigsten prognostischen Faktor für das langfristige Ergebnis der Transplantation darstellt. Aus aktuellen Untersuchungen hat sich herausgestellt, daß sich sowohl Quantität, als auch die Qualität der CD34+ Zellen mit zunehmendem Alter verschlechtern. Die Abnahme der Zellularität im Knochenmark zu Gunsten von Fettgewebe in Abhängigkeit vom Alter wurde bereits zu Beginn des vergangenen Jahrhunderts beschrieben. Es wurden zahlreiche Versuche unternommen, die humane HSC-Population ex vivo zu expandieren. Allerdings lassen sich die

19) Bach FH, Albertini RJ, Joo P, Anderson J.L. Bortin M.M: bone marrow transplantation in a patient with the Wiskott-Aldrich syndrome. Lancet 2:1364-1366, 1968
20) Thomas E.D. Flournoy N. Buckner C.D. et al.: Cure of leukemia by marrow transplantation. Leukemia Res 1:67-70, 1977
21) Körbling M, Dörken B., Ho A.D. Pezzutto A., Hunstein W., Fliedner T.M.: Autologous transplantation of blood-devied hemopoietic stem cells after myeloablative therapy in a patient with Burkitt's lymphoma Blood 67:529-532, 1986

selbst erneuernden Vorläuferzellen bisher nicht in vitro vermehren. Berichte über erfolgreiche Expansionsversuche von HSC aus humanem Knochenmark sind widersprüchlich und nicht reproduzierbar. Im Gegensatz dazu hat sich gezeigt, daß repopulierende CD34+ Zellen aus dem Nabelschnurblut in begrenztem Unfang expandierbar sind, was als weiterer Hinweis dafür gewertet werden kann, daß sich die Potenz von HSCs mit zunehmendem Lebensalter verschlechtert. Um eine HSC-angereicherte Zell-Subpopulation zu identifizieren, haben wir unsere Untersuchungen an CD34+ Zellen unterschiedlicher humaner Herkunft analysiert. Dabei wurden die relative Engraftmentfähigkeit und die funktionellen Charakteristika in CD34+ Zellen aus fetaler Leber, aus Nabelschnurblut und aus mobilisiertem peripherem Blut untersucht. Mit Hilfe von Einzelzellkulturen konnten wir nachweisen, daß Zellen, welche den Phänotyp CD34+/ CD38-/HLA-DR+ aufweisen, in fetaler Leber auf Zell-Zell-Basis ein zwei bis drei Logstufen höheres proliferatives Potential im Vergleich zu adultem Knochenmark bzw. peripherem Blut haben.

Alterungsvorgänge auf Einzelzellebene

Im Zusammenhang mit der Alterung des menschlichen Körpers wurde eine Vielzahl genetischer Veränderungen beschrieben. Sehr früh im Lebenszyklus sind beispielsweise nahezu alle Zellen noch zur Teilung fähig. Nach einer gewissen Anzahl von Zellteilungen können sie jedoch nicht mehr proliferieren und die weitere DNA-Synthese ist blockiert. Humane Fibroblasten teilen sich z.B. etwa 50 Mal und dann sind sie zu keinen weiteren Teilungen fähig. Dieses Phänomen bezeichnet man als Hayflick-Limit [22]. Um im Körper die notwendige Zellzahl und die entsprechende Größe der Organe aufrechtzuerhalten, ist auf mehreren Ebenen eine Vielzahl von Kontrollsystemen erforderlich [Übersichtsarbeit: 23]. Genen, welche die Zellproliferation ankurbeln (z. B. c-fos und andere) stehen antiproliferative Gene (z. B. p 53) als Gegengewicht gegenüber. Eine

---

22) Hayflick L., and Moorhead, P.S.: The Serial Cultivation of Human Diploid Cell Strains, Experimental Cell Research 25:585-621, 1961

Mutation solcher «Silencer»-Gene hat zumindest bei C. elegans einen großen Einfluss auf die Überlebensdauer und scheint auch für humane HSCs eine wichtige Rolle zu spielen. Die biologische Uhr, welche dem limitierten Zellteilungspotential zu Grunde liegt, kommt in der Telomerlänge (also repetitiven DNA-Sequenzen an den Chromosomenenden) zum Ausdruck. Die Telomeren sind für die Stabilität der Chromosomen sehr bedeutsam und schützen diese vor einem möglichen DNA-Verlust während der Zellteilung. Die Telomerenlänge wird durch die Telomerase, eine reverse Transkriptase aufrechterhalten. Eizellen und Spermien nutzen die Telomerase um die Telomeren an den Chromosomenenden zu stabilisieren. Den meisten Zellen fehlt diese Fähigkeit. Sobald die Telomeren eine kritische Länge unterschritten haben, stellen die Zellen ihre Teilungsfähigkeit ein. Ob die Seneszenz von HSCs durch eine Verkürzung der Telomerenenden hinreichend erklärt werden kann, war der Fokus einer Reihe von Studien [Übersichtsarbeit: 23]. Die Bedeutung epigenetischer Vorgänge im Rahmen der zellulären Seneszenz wurde für zahlreiche Gene, die einem sog. genomischen Imprintig unterliegen, inzwischen bestätigt[24]. Enzyme, welche den Zustand der DNA-Methylierung und Histon-Acetylierung kontrollieren, spielen als epigenetische Modulatoren eine wichtige Schlüsselrolle indem sie Chromatinstabilität und Genexpression kontrollieren. Eine Modifizierung des Chromatingerüstes ist für zahlreiche Kernprozesse von erheblicher Bedeutung, die die Reparatur von DNA, DNA-Replikation, Transkription und Rekombination umfassen, also lebenswichtige Prozesse, die vermutlich durch den Alterungsprozess beeinflusst werden. Epigenetische Veränderungen könnten daher wichtige Determinanten zellulärer Seneszenz darstellen und müssen daher intensiver untersucht werden.

Zusätzlich zu den Veränderungen setzen alle Körperzellen biochemische Abbauprodukte aus, welche zufällige DNA-Schäden verursachen könnten[25]. Auf großes Interesse sind in diesem Zusammenhang Sauerstoffradikale und die Vernetzung von Ei-

23) McCormick, A.M., and Campisis, J., *Cellular Aging and Senescence, Current Opinion in Cell Biology* 3:230-234, 1991
24) Mahlknecht U, Hoelzer D.: *Histone acetylation modifiers in the pathogenesis of malignant disease.* Mol. Med. 6:623-644, 2000

weißmolekülen (protein-cross-linking) gestoßen. Sauerstoff wird innerhalb der Zelle von Mitochondrien zur Bildung von Adenosin-Triphosphat (ATP) verstoffwechselt. Dabei werden als toxische Nebenprodukte freie Radikale gebildet. Letztere können sowohl Proteine, Zellmembrane, DNA und die Mitochondrien selbst schädigen und enden damit in einem Teufelskreis, der sich nicht durchbrechen lässt. Die Glykosylierung ist ein Prozess, bei dem Glukosemoleküle Proteinen angelagert werden und bei dem es in einer Kettenreaktion zum Proteincrosslinking kommt [25]. Mit zunehmendem Alter sammeln sich vernetze Proteine innerhalb der Körperzellen an und bringen damit mit der Zeit die normalen Zellfunktionen zum Stillstand. Glykosylierung und Oxidation sind voneinander unabhängige Vorgänge, die sich in ihrer Ausbildung gegenseitig hoch schaukeln. Hitzeschockproteine (HSP) entstehen dann, wenn Zellen einer bestimmten Stress-Situation (insbesondere Hitze) exponiert werden [Übersichtsarbeit: 24]. Ihre Ausbildung wird durch toxische Substanzen wie beispielsweise Schwermetalle, Chemikalien und sogar durch psychischen Stress getriggert. Unter Zellkultur-Bedingungen im Labor kommt es mit zunehmender Zellalterung zu einem drastischen Abfall von HSP-70. Das Niveau, unter dem HSPs in Tieren unter Stressbedingungen gebildet werden, hängt unter anderem vom Alter der Tiere ab. Welche Rolle HSPs im Rahmen des Alterungsprozesses nun genau spielen, ist aktuell noch nicht klar und bedarf der weiteren Abklärung.

Ist der Mensch so alt wie seine Stammzellen?

Stammzellen zeichnen sich durch ihre einzigartige Selbsterneuerungsfähigkeit sowie durch ihre Differenzierungs- und Proliferationsfähigkeit aus. Die Regulation der Stammzellaktivität sowie der Einfluss von Zeit und Alter auf somatische Stammzellen sind für jeden Organismus für seine Entwicklung von erheblicher Bedeutung. Inzwischen verdichten sich die Hinweise, daß sowohl genetische, als auch biochemische Veränderungen somatischer Zellen für

---

25) Finkel, T., and Holbrook, N.J., Oxidants, *Oxidative Stress and the Biology of Aging*, Nature 408 (6809): 239-247, 2000

den Alterungsprozess von HSCs eine zentrale Rolle spielen. Untersuchungen an pluripotenten Stammzellen aus dem Knochenmark sind daher für die weiteren Untersuchungen zur Stammzellalterung sehr vielversprechend:

1. Im Gegensatz zu den meisten somatischen Stammzellen lassen sich Stammzellen aus dem Knochenmark leicht und ohne Risiko isolieren.
2. Aus dem Knochenmark lassen sich zwei Arten von Stammzellen isolieren: hämatopoetische Stammzellen (HSC) und mesenchymale Stammzellen (MSC).
3. Eine Fülle von Daten steht inzwischen zur Seneszenz von HSC in der Maus zur Verfügung. Ein Teil dieser Kenntnisse kann sicherlich auf die Verhältnisse im Menschen übertragen wurden.
4. Humane HSCs wurden in der Vergangenheit mit Hilfe von Oberflächenmarkern und über ihr Teilungsverhalten sehr gut charakterisiert. Diese Parameter können verwendet werden, um die Bedeutung von Zeit und Alter auf einen bestimmten Stammzellphänotyp während der einzelnen ontogenetischen Entwicklungsstufen sowie während der gesamten Lebensspanne zu untersuchen.

Seneszenz auf dem Niveau einzelner Zellen ist ein äußerst komplexer Vorgang. Untersuchungen zur genetischen Stabilität, zu DNA-Synthese und DNA-Reparatur, Telomerlängenverkürzung und zur dreidimensionalen Telomerorganisation sowie zur Telomeraseaktivität, die Akkumulation von Sauerstoffradikalen und Proteincrosslinking, geschädigte mitochondriale DNA, Glykosylierung (d. h. die Einlagerung von Glukosemolekülen in Proteine), die reduzierte Bildung von Hitzeschockproteinen usw. erfordern eine sehr spezifische zellbiologische, molekularbiologische Expertise in den Bereichen Signaltransduktion, Genomik und Proteomik, die sehr häufig nicht in einem einzelnen Labor zur Verfügung stehen. Es besteht daher ein dringender Bedarf an interdisziplinärer Kooperation zur präzisen Analyse des Alterungsprozesses von Stammzellen aus dem Knochenmark.

Schlussfolgerungen und Ausblick

Nie zuvor war das öffentliche, politische und wissenschaftliche Interesse an der Stammzellforschung so groß wie zurzeit. Stammzellen sind aktuell ein Hoffnungsträger, der neue Lösungsansätze für den Ersatz geschädigten Gewebes im Rahmen zahlreicher degenerativer Erkrankungen (z.B. Diabetes, ischämischer Insult, Herzerkrankungen und M. Parkinson) verspricht. Stammzellen sind wie alle anderen somatischen Zellen des Körpers, unausweichlich am Alterungsprozess beteiligt, da sie für den Organismus während Entwicklung und Homöostase unerlässlich sind. Veränderungen, welche mit der Seneszenz von Stammzellen im Knochenmark assoziiert sind, könnten sehr wichtige Hinweise für den gesamten Alterungsvorgang liefern. Neue Möglichkeiten, mit denen sich Stammzellen reaktivieren und an diejenigen Stellen im Körper reprogrammieren lassen, an denen sie gebraucht werden, die Therapie degenerativer Erkrankungen erweitern. Während zahlreiche genetische und biochemische Veränderungen während der Seneszenz von HSCs in der Maus sehr detailliert untersucht worden sind, stecken ähnliche Untersuchungen im Menschen noch immer in den Kinderschuhen. Eine kombinierte interdisziplinäre Herangehensweise zur maximalen Ausschöpfung der Möglichkeiten für neue Stammzelltechnologien im Rahmen der regenerativen Medizin ist daher von enormer Bedeutung. Während embryonale Stammzellen sich zu nahezu jedem spezialisierten Zelltypus entwickeln können, ist ihr klinischer Einsatz vermutlich mit erheblichen Risiken, insbesondere hinsichtlich der Entwicklung maligner Erkrankungen, verknüpft. Es ist derzeit nicht klar, ob adulte Stammzellen annähernd so gut wie embryonale Stammzellen zur Differenzierung in Zellen der verschiedensten Organtypen in der Lage sind. Während die meisten dieser Studien sich in der Vergangenheit auf die dramatische Trans-Differenzierung fokussiert hatten, sind Kenntnisse molekularer Mechanismen der Differenzierung sehr spärlich. Zudem ist die Hierarchie der molekularen Veränderungen, die für die Aktivierung unterschiedlicher Differenzierungsprogramme verantwortlich sind, ebenfalls nicht bekannt. Nur durch eine gründliche Verbesserung des Verständnisses der molekularen Mechanismen werden wir letztlich in der Lage sein das Schicksal der Stammzelle tatsächlich zu beeinflussen.

Physiologie am Ende des 20. Jahrhunderts – vom System zum Molekül

Horst Seller

Der Beginn der modernen Physiologie, wie sie noch bis vor kurzem betrieben wurde, kann recht genau in die Mitte des 19. Jahrhunderts gelegt werden – auf den Zeitpunkt des ersten quantitativen physiologischen Experiments zur Funktion des Nervensystems: es ist das Experiment von Hermann von Helmholtz, in dem er in einem genialen Versuchsaufbau an einem Nerv-Muskelpräparat des Frosches die Fortleitungsgeschwindigkeit der Erregung bestimmt hat. Er gibt bis heute gültige Daten an: 25–43 Meter pro Sekunde, und in seiner Veröffentlichung, die ihn sofort weltberühmt machte (Helmholtz ist gerade 29 Jahre alt), spottet er ein wenig über seinen Lehrer und Doktorvater Johannes Müller, der davon ausgegangen war, daß die Fortleitungsgeschwindigkeit der Nerven nur vergleichbar mit der Lichtgeschwindigkeit sei und daß Zeitdifferenzen bei den kurzen Strecken im Körper daher nicht meßbar seien: «Glücklicherweise sind die Strecken kurz, welche die Sinneswahrnehmungen zu durchlaufen haben, ehe sie zum Gehirn kommen, somit würden wir mit unserem Bewußtsein weit hinter der Gegenwart und selbst hinter den Schallwahrnehmungen herhinken...»

Gottfried Benn hat in seinem Essay «Goethe und die Naturwissenschaften» von 1932 den Zeitpunkt für den Beginn dieser neuen mathematisch-physikalischen Naturforschung an einem anderen Ereignis festgemacht. Er schreibt: «Die eigentliche Geburtsstunde dieses Seinsbildes wurde der 23. Juli 1847, jene Sitzung der Berliner Physikalischen Gesellschaft, in der Helmholtz das von Robert Mayer aufgeworfene Problem von der Erhaltung der Kraft mechanisch begründete und als allgemeines Naturgesetz vorrechnete. An diesem Tag begann die Vorstellung von der völligen Begreiflichkeit der Welt, ihrer Begreiflichkeit als Mechanismus.»

Hier nahm das seinen Anfang, was Du Bois Reymond einige Jahre später so formulierte: «Es gibt kein anderes Erkennen als das mechanische, keine andere wissenschaftliche Denkungsform als die mathematisch-physikalische.» In seiner Rektoratsrede von 1882 mit dem Titel *Goethe und kein Ende* – ein kulturhistorisches Dokument ersten Ranges – hat sich Du Bois Reymond dann in seiner Bewertung der Naturwissenschaften noch gesteigert, erst sie allein gäben einem Volk Kultur. Er sagt in dieser Rede den unglaublichen Satz: «Es gibt ein Gesetz, wonach ein Volk erst nach seiner Dichterblüte reif für die Naturwissenschaften wird.»

Diese ersten modernen Physiologen – und neben Helmholtz und Du Bois Reymond müssen hier noch Ernst Brücke und Carl Ludwig genannt werden – waren angetreten, um in einem gänzlich neuartigen, apparativ-experimentellen Programm die Funktionen des lebenden Organismus rein physikalisch aufzuklären. In diesem ehrgeizigen Programm – der «Physik des Organischen», wie sie es nannten – wollten sie die Physiologie der Physik und der Chemie gleichstellen, und wieder Du Bois Reymond: «Brücke und ich schworen einander einen heiligen Eid, um diese Wahrheit zu verwirklichen: keine anderen Kräfte als die physisch-chemischen wirken im Organismus.»

Nun kann aber auch bei diesem Programm zur Erforschung von Naturvorgängen die Natur nicht einfach direkt wiedergegeben werden, sondern immer nur indirekt anhand der Interpretation der Meßdaten. Und dabei müssen sich die Daten in einen nach der Theorie bestimmten Bedeutungszusammenhang, in ein Bild, eine Metapher einfügen, denn jede theoretische Erklärung von Phänomenen in der Natur besteht in einer metaphorischen Beschreibung (L. E. Kay, 2000). (Der in diesem Zusammenhang häufig verwendete Begriff Paradigma hat sich für die biologische Forschung nicht bewährt. Der Begriff wurde 1962 von dem Physiker Thomas Kuhn als von den Fachleuten anerkannte Leistung zur Lösung maßgebender Probleme definiert und Fortschritt in der naturwissenschaftlichen Forschung als Folge von abrupten Paradigmenwechseln beschrieben. Die Theorieveränderungen in der Biologie erfolgen jedoch nicht revolutionär, im Sinne von Kuhn, mit einem plötzlichen Austausch von Paradigmen, sondern schrittweise, graduell, also eher evolutionär [E. Mayr, 1997]. Im übrigen werden die Begriffe Paradigma und Paradigmenwechsel heute in derartig vielen verschiedenen Bedeutungen geradezu inflationär verwendet, daß man sie besser ganz vermeidet.)

Die Metapher dieser ersten modernen Physiologen war die Maschine. Der lebende Organismus, der Mensch, soll wie eine Maschine funktionieren, wobei als häufigster Vergleich unter Berufung auf Descartes die Uhr, das Uhrwerk gewählt wird. Descartes hatte für seine Maschinentheorie allerdings ein anderes Modell gewählt: er ging von einem hydraulischen Modell – von den gesteuerten Wasserspielen in den Rokokogärten – aus, wie man auch aus seinen Abbildungen für die Leitungsbahnen des Körpers erkennen kann.

Mit den großen Erfolgen der Physiologen ab der Mitte des 19. Jahrhunderts entwickelt sich bei dieser reduktionistisch-analytischen Vorgehensweise nach der Maschinentheorie eine gewisse Gleichgültigkeit gegenüber der Komplexität des Gesamtorganismus, so daß Versuche zu einer theoretischen Synthese der Einzeldaten erst gar nicht unternommen wurden. Die Widerstände gegen diese monistisch-materialistische Position ließen nicht lange auf sich warten und begannen in den 20er und 30er Jahren des vorigen Jahrhunderts kontinuierlich zuzunehmen. Schon 1877 sagte Helmholtz zurückblickend auf die Physiologie in seiner Rede über *Das Denken in der Medizin* weitsichtig voraus: «Unsere Generation hat noch unter dem Druck der spiritualistischen Metaphysik gelitten, die jüngere wird sich wohl vor dem der materialistischen zu wahren haben.»

Schon sehr früh wurde argumentiert, daß der lebende Organismus allein schon deshalb keine Maschine sein könne, weil er ein metabolisierendes System sei, weil er einen Stoffwechsel habe und alle Teile des Organismus Objekte dieses Stoffwechsels seien. Die organische Form ist somit keine statische, sondern eine sich ständig aktiv selbstorganisierende Form: eine Durchgangsphase im Prozeß des Stoffwechsels. Durch diesen Prozeß muß die Zeit bei der Betrachtung von Struktur und Funktion mit berücksichtigt werden, da zwei Zeitschnitte durch ein lebendes System nie eine stoffliche Übereinstimmung ergeben. Erst durch diesen Stoffwechsel lassen sich auch die für lebende Organismen einzigartigen Vorgänge wie Wachstum, Regeneration und Adaptation verstehen. Die Zeit spielt natürlich noch in einer ganz anderen Dimension eine Rolle: in den Zeiträumen der Evolution, in denen sich der Organismus umgebaut und an Umweltveränderungen angepaßt hat. Nur vor diesem Hintergrund ihrer evolutionären Geschichte kann die Funktion eines Organs überhaupt erst richtig verstanden werden. Der Physiologe Homer Smith hat z. B. sehr genau den Umbau der Nierentubuli in der Anpassung beim Übergang der Lebewesen vom Meerwasser zum Süßwasser auf das Land beschrieben. Nur vor diesem Hintergrund wird die Henle'sche Schleife in ihrer Funktion zur Vermeidung von Wasser- und Elektrolytverlusten verständlich. Dies ist ein Aspekt, der die Physiologen merkwürdigerweise stets sehr wenig interessiert hat.

Weiterhin ist der lebende Organismus, anders als eine Maschine, ein offenes System, das heißt, ein System, in dem ein kontinuierlicher Stoffaustausch mit der Umwelt stattfindet. Deshalb können Erscheinungen des Lebens noch nicht einmal gedanklich von Erscheinungen der Umwelt getrennt werden (John Scott Haldane, 1935).

Die Anstöße zu mehr systemtheoretischen Analysen kamen von verschiedenen Seiten. Allen gemeinsam war das Bestreben, in dem hierarchischen Aufbau des Organismus in verschiedene Ebenen mit zunehmender Komplexität jede Ebene in ihrer Eigengesetzlichkeit bei der Interaktion ihrer Teile zu untersuchen. Eine solche Notwendigkeit ergibt sich daraus, daß die Kenntnis der einzelnen Bestandteile nicht erlaubt, die Funktion ihres Zusammenwirkens vorherzusagen. Durch das Zusammentreten der Teile ist etwas Neues entstanden, dessen Funktion nicht, wie im Falle einer Maschine, mit einer summativen Betrachtung erklärt werden kann. (Für dieses Neuentstandene wird von einigen Biologen auch der Ausdruck «Emergenz» verwendet.) Neben der natürlich weiterhin notwendigen reduktionistischen Forschung waren daher nun für die Aufklärung der interagierenden Teile andere Methoden zu entwickeln.

Der österreichische Biologe Ludwig von Bertalanffy (1901–1972), der sich wohl am intensivsten für die Entwicklung einer Systemtheorie des Organischen eingesetzt hat, schreibt dazu: «Die Selbstverständlichkeit, daß man zur Kenntnis eines Systems sowohl die ‹Teile› wie auch die zwischen ihnen bestehenden ‹Beziehungen› kennen müsse, daß jedes System eine ‹Ganzheit› oder ‹Gestalt› darstelle, konnte nur deshalb zu einem Problem und zum Ausgangspunkt einer notwendigen Diskussion werden, weil die Biologie, in verfehlter Anwendung des so genannten mechanistischen Programms, einseitig nur die ‹Teile› berücksichtigte und die ‹Beziehungen zwischen den Teilen› vernachlässigte.» Für den bei allem Stoffwechsel und Stoffaustausch stationären Zustand der Gesamtgestalt hat Bertalanffy den sehr wichtigen Begriff des Fließgleichgewichts – im Englischen *steady state* – eingeführt.

Diese gegenüber der mechanistischen Position gänzliche neue Sicht führt auch zu einem Wechsel der Metaphern. In Wirklichkeit sind wissenschaftliche Revolutionen immer Metaphernrevolutionen (L. E. Kay). Die neuen Begriffe sind: Gestalt, Organisation und Dynamik. Und die schönste Metapher für das Fließgleichgewicht, für eine bleibende Gestalt im Wechsel der Teile, für die «Dauer im Wechsel» (ein Lieblingswort des alten Goethe), findet sich bereits bei Heraklit: Es ist der Fluß, ewig wechselnd mit seinen Wassern und in der Form als Strom gleich beharrend. Bei Goethe ist es der Wasserfall (*Faust* II):

«Der Wassersturz, das Felsenriff durchbrausend,
Ihn schau' ich an mit wachsendem Entzücken.
Von Sturz zu Sturzen wälzt er jetzt in tausend,
Dann abertausend Strömen sich ergießend,
Hoch in die Lüfte Schaum an Schäume sausend.
Allein wie herrlich, diesem Strom entsprießend,
Wölbt sich des bunten Bogens Wechseldauer,
Bald rein gezeichnet, bald in Luft zerfließend,
Umher verbreitend duftig kühle Schauer.
Der spiegelt ab das menschliche Bestreben.
Ihm sinne nach, und du erkennst genauer:
Am farbigen Abglanz haben wir das Leben.»

Bei der systemtheoretischen Analyse hat Bertalanffy eine besondere Strenge in der Gesetzlichkeit gefordert. Diese Gesetze seien erst dann wissenschaftlich gültig, wenn sie auch mathematisch formulierbar sind. Er hat sich hier ausdrücklich auf Kants berühmten Satz bezogen, daß in jeder Naturlehre nur soviel echte Wissenschaft anzutreffen sei als Mathematik in ihr enthalten ist.

Unterstützung für diese neue ganzheitliche Sicht kam aus dem Bereich der Psychologie, der Wahrnehmungspsychologie. Aufgrund von Beobachtungen in der visuellen Wahrnehmung, daß diese nicht in einem Mosaik von Einzelempfindungen, sondern in «Ganzheiten», in «Gestalten» erfolgt, wurde die sogenannte «Gestalttheorie» formuliert. Die Arbeiten zu dieser Theorie stammen vor allem von Wolfgang Köhler, Max Wertheimer und Wolfgang Metzger. Die Gestalttheorie fand in Deutschland allerdings wenig Beachtung, hatte aber in den USA eine große Resonanz. Ihr entscheidender Mangel war, daß ihre Gesetzmäßigkeiten nicht genügend entfaltet wurden; ihr fehlte gewissermaßen eine «Gestaltmathematik».

Aufgegriffen und für den Bereich der Sensomotorik experimentell untersucht wurde die Gestalttheorie von dem großen Heidelberger Physiologen und Arzt Viktor von Weizsäcker. In dem von ihm so benannten «Gestaltkreis» (1940) beschrieb er die Wechselwirkung zwischen Wahrnehmung und Bewegung.

In diesem Zusammenhang sind weiterhin die sehr wichtigen Untersuchungen von Erich von Holst aus den 30er Jahren über die Eigenaktivität des Nervensystems zu nennen. An Laufbewegungen von Gliedertieren und Flossenbewegungen von Fischen konnte von Holst zeigen, daß diese zurückzuführen sind auf autonome Aktivitäten zentraler Nervenzellgruppen. Mit diesen Befunden war die seit Descartes tradierte Reflextheorie korrigiert. Bis dahin bestand die Vorstellung, daß Afferenzen aus der Peripherie im Zentralnervensystem einfach passiv umgeschaltet werden und dann efferent zu motorischen Aktivitäten führen. Jetzt zeigte sich, daß die Zentren selber zu spontaner und häufig rhythmischer Eigenaktivität fähig sind und motorische Aktivität auslösen können; die afferenten Eingänge können diese zentrale Aktivität lediglich modifizieren.

In seinen Untersuchungen zur Theorie der offenen Systeme hat Bertalanffy mehrfach darauf hingewiesen, daß hier durch den

Materieaustausch mit der Umwelt der 2. Hauptsatz der Thermodynamik nicht gelten kann, da dieser – zumindest in seiner thermodynamischen Form – nur für geschlossene Systeme Gültigkeit hat. Diese Hinweise von Bertalanffy haben im Bereich der physikalischen Chemie – also in der unbelebten Natur – den Wissenschaftler Ilya Prigogine schon in den 40er Jahren angeregt, Untersuchungen zur Thermodynamik irreversibler Prozesse und offener Systeme zu unternehmen. Hier konnte z.B. beobachtet werden, daß es bei sogenannten dissipativen Systemen, also Systemen mit Energieumsatz und Wärmeabgabe, die es ja auch in der unbelebten Natur gibt, unter gewissen Bedingungen zu geordneten Strukturen, also zu einer Art «Selbstorganisation» (besser «Selbstordnung»), sogenannten dissipativen Strukturen kommt. Dieses Gebiet wird auch heute noch intensiv bearbeitet, und es ist zu erwarten, daß die hierzu entwickelte Mathematik für die Beschreibung der Gesetze der Organisation in lebenden Organismen sehr nützlich sein könnte.

Das Gleiche gilt auch für die aus der Regelungstechnik hervorgegangene Kybernetik. Aus der Maschinensteuerung entstanden, kann sie durchaus auch mit der von ihr entwickelten Mathematik bei der Aufklärung biologischer Schaltkreise, in denen die Funktionen in vielfältiger Weise und stets sehr unlinear zurückgekoppelt sind, sehr hilfreich sein. Das Ganze läßt sich in allen Verknüpfungen und Unlinearitäten sehr gut mit elektronischen Rechnern modellieren, es können hiermit vor allem auch zeitliche Abläufe bei Veränderung einzelner Parameter studiert werden, und es können dadurch schließlich Vorhersagen zur Pathogenese von Krankheiten und Rationalisierung einer pharmakologischen Therapie gemacht werden.

Ich habe diese verschiedenen Forschungsansätze etwas breiter dargestellt, weil dies der Diskussionsstand war, bei dem ich Anfang der 60er Jahre in die Physiologie kam. Das war in Göttingen bei meinem sehr verehrten Lehrer Kurt Kramer, und alle diese soeben geschilderten Theorien und Hypothesen wurden dort im Institut intensiv diskutiert. Man war recht erfolgreich an der Arbeit mit gleichermaßen systemischen wie reduktionistischen Methoden und versuchte, nach dem Krieg wieder Anschluß zu finden an das internationale Niveau. Dabei gab es großartige, selbstlose Unterstützung von Kollegen aus dem Ausland, vor allem aus Schweden, England und den USA. Man war in ruhigen Gewässern bis dann ab Ende der 60er Jahre die ersten Wellen Unruhe und einen Metaphernwechsel ankündigten: Es begann der Siegeszug der Molekularbiologie.

Der Beginn in den 50er Jahren war noch recht harmlos und wurde in der Physiologie gelassen zur Kenntnis genommen: Es war die Präsentation eines sehr wackeligen Stangenmodells durch zwei junge Wissenschaftler, die dieses Modell als Vorschlag zur Struktur der DNA ohne ein einziges eigenes Experiment und nur mit den Daten anderer Labors zusammengebastelt hatten. Als dann aber 13 Jahre später endlich die drei Buchstaben den schon lange bekannten 20 Aminosäuren zugeordnet werden konnten – hauptsächlich durch die Arbeiten von Marshall Nirenberg und Heinrich Matthaei – da wurde es doch recht unruhig in der Physiologie.

Es war vor allem der so unheilvoll gewählte Begriff «molekulare Biologie», der schon 1938 von dem Physiker Warren Weaver für diese Forschungsrichtung vorgeschlagen wurde. Hätte man doch nur einen anderen Terminus gewählt, z. B. den viel präziseren «biochemische Genetik», dann wäre vieles wahrscheinlich anders verlaufen. Nun aber mußte auf einmal alles «molekular» werden. Ohne dieses Zauberadjektiv wurde kein DFG-Antrag mehr genehmigt. Ganze Sonderforschungsbereiche mit einem bisher exzellenten Programm wurden beendet, weil sie nicht molekular genug waren. (Das gilt übrigens noch bis heute. Ich habe das gerade vor kurzem als Gutachter wieder miterlebt.) Alles mußte molekular werden, um erfolgreich zu sein. Auch das Heidelberger Physiologische Institut sollte umbenannt werden in «Institut für Molekulare Physiologie» – schlicht eine *contradictio in adjectu*. Und vor kurzem habe ich sogar den Begriff «molekulare Theologie» gelesen.

Die neue Metapher für diesen Forschungsansatz ist die «Codierung». Das ist ein Begriff aus der Kryptologie, und allein dieser Begriff ist schon falsch. Auch in der Kryptologie gibt es klare Definitionen (so wie z. B. in der Biochemie Aminosäuren und Nucleinsäuren klar definiert sind): Ein Code ist eine verschlüsselte Textgruppe von variabler Länge, also gerade das, was ein Basen-Triplett nicht ist. Eine verschlüsselte Texteinheit von regelmäßiger Länge ist eine Chiffre. Der richtige Begriff für diese neue Metapher wäre also Chiffrierung und nicht Codierung.

Wir leben also jetzt mit dieser sogenannten «Codierung» als einer Schriftmetapher. Der Genetiker und Nobelpreisträger George Beadle hat dazu geschrieben: «Die Dechiffrierung des DNA-Codes hat offenbart, daß wir eine Sprache besitzen, die weit älter ist als die Hieroglyphen, eine Sprache, so alt wie das Leben selbst.»

Die Chromosomen sind das «Buch des Lebens». Die amerikanische Professorin für Wissenschaftsgeschichte Lily E. Kay hat sich folgendermaßen dazu geäußert: «Man stelle sich einmal eine Sprache vor, die nur aus Wörtern mit drei Buchstaben besteht, eine Sprache ohne Wortklang, Satzzeichen, Semantik und Eingrenzung der Buchstabenfolge ... linguistisch wie kryptoanalytisch gesehen ist die in der DNA enthaltene Sequenz chemischer Symbole keine Sprache, der genetische ‹Code› kein Code und das Genom kein ‹Text›.»

Die Physiologie hat durch diese starke – durch die Förderungsmaßnahmen erzwungene – Hinwendung zur Molekularbiologie viel von ihren Tugenden als quantitativ messende Wissenschaft aufgegeben. Denn die Molekularbiologie ist in erstaunlichem Maße nichtquantitativ, sie ist theorieverarmt und neigt dazu, aus Einzelfällen zu verallgemeinern. Kant hätte wahrscheinlich Probleme gehabt, in ihr eine echte Wissenschaft zu erkennen.

Durch diese Fokussierung auf die Molekularbiologie hat sich in der physiologischen Forschung weithin ein Reduktionismus breitgemacht, wie er in dieser Form vorher noch nie bestanden hat. In einigen Bereichen der Physiologie hat sich sogar die Forschungsrichtung umgekehrt. Man beginnt nicht mehr mit der Fragestellung zur Aufklärung einer Funktion, sondern man arbeitet an einem mehr oder weniger zufällig gefundenen Molekül, Protein oder Ionenkanal und versucht herauszufinden, wohin dieses Puzzlesteinchen im Organismus passen könnte. Diese so genannte reverse Physiologie arbeitet ohne irgendein zielgerichtetes Interesse an einem physiologischen oder pathophysiologischen Problem.

Ich denke aber, die Physiologie ist stark genug, sie wird sich wieder auf ihre alten Tugenden besinnen. Sie hat ein sehr viel größeres Potential als nur die falsche Sprachmetapher «Codierung». Es wäre hier sicher auch sehr hilfreich, wenn sie sich endlich stärker mit ihren Schwesterdisziplinen der Physik, der Biophysik und der Mathematik verbünden würde. Ich meine hier eine direkte, enge Kooperation mit gemeinsamen Projekten. Denn auch ein sich ankündigendes Problem darf nicht übersehen werden: Durch die gesteuerte Verlagerung der Forschung auf die unteren reduktionistischen Ebenen wird die Tradition in der systemischen Forschung abreißen und schließlich werden die Lehrer dafür fehlen. Um etwas zu lernen, wird man dann wahrscheinlich wieder in andere Länder fahren müssen, in denen man dieses Problem erkannt hat.

Beunruhigt und verwundert bin ich aber durch den Ausbruch eines gigantischen Positivismus dieser Forschung. Dabei geht es schon gar nicht mehr primär um die Erkenntnis von Naturvorgängen, sondern um die Reparatur und Korrektur dessen, was hier so stümperhaft in der Evolution entstanden ist. Der Nobelpreisträger James Watson sagt wörtlich: «Wenn wir nicht Gott spielen, wer dann?» Und der zweifache Nobelpreisträger Linus Pauling fordert eine eugenische Prophylaxe: «Auf der Stirn einer jeden jungen Person sollte ein Symbol tätowiert sein, das den Besitz des Sichelzell-Gens oder jedes anderen ähnlichen Gens anzeigt.» Mit Heilsversprechen, die so utopisch sind, daß man nicht mehr zwischen «Big Science» und «Science Fiction» unterscheiden kann, hat sich diese Forschung in der gesamten Forschungslandschaft eine hegemoniale Position in der Verteilung der Ressourcen erarbeitet, bei der andere Disziplinen nur noch eine marginale, um nicht zu sagen «dekorative» Rolle spielen (H. M. Enzensberger).

Für diese Heilsversprechen, die uns täglich erreichen, nur ein Beispiel: Der berühmte Genetiker H. Bentley Glass machte 1967 vor einem riesigen Auditorium folgende Vorhersage: «Im Jahr 2000 wird der Mensch frei von Hunger und ansteckenden Krankheiten sein. Die meisten Menschen werden sich eines körperlich und geistig tatkräftigen Lebens bis zum Alter von 90 oder 100 Jahren erfreuen. Schadhafte Körperteile werden ersetzt werden, sogar pränatal. Die eingefrorene Fortpflanzungszelle, manchmal von Menschen, die schon lange tot sind, wird verwendet werden, um Leben zu schaffen ... Hier haben wir unsere ‹schöne neue Welt›, mit Retorten-Babys in verschiedenen Arten von Lösungen zur Beeinflussung ihres geistigen Wachstums, damit sie in eine bestimmte Gesellschaftsklasse hineinpassen.»

Neu ist in diesen Ausmaßen auch die utilitaristische Ausrichtung der Forschung nach rein kaufmännischen Prinzipien. In dem aggressiven Kampf um Patente für Gene und Proteine werden die Forscher zu sehr tüchtigen Unternehmern. Schon 1979 konnte man mit der Vermarktung einer molekularbiologischen Veröffentlichung in der Zeitschrift Nature 85 Millionen Dollar verdienen, um nur ein Beispiel für die Summen zu nennen, um die es hierbei geht. In der mir nachfolgenden Generation der Physiologen haben fast alle schon mehrere Patente und viele eine eigene Firma. Am bedrückendsten empfinde ich jedoch das Fehlen jeglicher Skrupel, wenn es jetzt sogar um Probleme der Instrumentalisierung menschlichen Lebens geht.

Es bleibt unverständlich, mit welcher Überheblichkeit sich führende Wissenschaftler zu ethischen Problemen ihrer Forschung in der Öffentlichkeit aussprechen. Dazu nur ein Beispiel aus jüngster Zeit: Detlef Ganten, Vorstand des Berliner Centrums für Molekulare Medizin und Mitglied des Nationalen Ethikrates, sieht das Problem der Embryonenforschung zur Umgehung des Embryonenschutzgesetzes einfach dadurch gelöst, daß man einen Embryo nicht mehr Embryo nennt, sondern als «totipotenten Zellverband» bezeichnet, und das therapeutische Klonen «gezielte Zellvermehrung» nennt. So einfach kann man ethische Probleme aus der Welt schaffen.

Jeder kritische Einwand wird dabei mit einer hinlänglich bekannten Palette von Argumenten abgefertigt: Sie reicht von Zukunftsangst und Angriff auf die Freiheit der Forschung bis zur Gefährdung der Arbeitsplätze und des Wirtschaftsstandorts, vor allem aber der Verhinderung einer baldigen Heilung so vieler armer kranker Menschen.

Selbstverständlich hat jede reduktionistische Forschung ihre Berechtigung, allerdings sollte sie ihre sehr engen Grenzen erkennen. Eine stark reduktionistische Naturwissenschaft ist aber offensichtlich zu einseitig nur mit der Interpretation ihrer Daten befaßt und verliert damit mehr und mehr den Blick für das Ganze – für unsere Zivilisation. Wenn das Forschungsideal der Wissenschaften Wertefreiheit ist und alle Werteerfahrung als irrational eingestuft wird, geht zwangsläufig die Verpflichtung zur Verantwortung für andere verloren, denn eine solche Einsicht kann letztlich nur aufgrund einer konkreten Erfahrung von Werten entstehen, und Werte ohne metaphysische Voraussetzung kann es nicht geben.

Nach meiner persönlichen Erfahrung ist dieser Prozeß des Werteverfalls ganz wesentlich beschleunigt worden durch die mit dieser neuen Forschung gerade synchron verlaufenden sinnlosen Revolte der 68er, bei der alles entsorgt wurde, was nur entfernt nach Metaphysik roch. Hinzu kam, daß durch den Zusammenbruch des Kommunismus ein ideologisches Vakuum entstanden war, in das die neuen biologischen Heilslehren ungehindert einströmen konnten.

Woher kann hier Hilfe kommen? Eine staatliche Kontrolle und Parlamentsentscheidungen kann ich mir bei dem hier üblichen Handeln nach opportunistischem Zeitgeist nicht wünschen. Auch in den Rechtswissenschaften, auf die in vielen Krisen Verlaß war, zeigen sich merkwürdige Relativierungen gemäß dem Zeitgeist, wie sie in der Diskussion um den neuen Grundgesetzkommentar zu Artikel 1, Abs. 1, von dem Bonner Rechtswissenschaftler Matthias Herdegen deutlich werden. Noch dramatischer – wegen der politischen Position – ist jedoch die Aktivität der Bundesjustizministerin Brigitte Zypries, die in einer Rede an der Humboldt-Universität vorgeschlagen hat, das Grundgesetz für bestimmte Bereiche – wie z. B. die *in vitro*-Fertilisation – nicht gelten zu lassen. Ich möchte auf Details ihrer Argumentation hier nicht eingehen – dem ist schon von berufener Seite kräftig widersprochen worden – aber ich finde den Vorgang einfach politisch skandalös, daß sozusagen die oberste Hüterin unserer Verfassung sich daran beteiligt, die Grundlage unseres Rechtssystems aufzuweichen und den Geltungsbereich des Grundgesetzes einzuengen. Diese Problematik hatte Robert Spaemann bereits vorhergesagt. Er schrieb 1987 dazu: «Der Inhalt dieses Artikels ist nicht in gleicher Weise immun gegen die Begründungszusammenhänge, in die er gestellt und von denen her er ausgelegt wird. Der Begriff der Menschenwürde ist – ähnlich wie der der Freiheit – selbst ein transzendentaler Begriff.» Ich weiß keine Antwort auf die Frage, woher Hilfe kommen kann, aber ich denke mir, es wäre schon viel gewonnen, wenn das Problem, vor allem von den Forschern selbst, als Herausforderung, als Aufgabe mit Handlungsbedarf wahrgenommen würde. Hierzu ein letztes Zitat von Helmholtz von 1855: «Kein Zeitalter wird sich dem Geschäft ungestraft entziehen können, die Quellen unseres Wissens und den Grund seiner Berechtigung zu untersuchen.»

Man kann hier allerdings nicht sehr optimistisch sein, denn diese Art Forschung wird durchgeführt nach dem «fait accompli»-Prinzip: was gemacht werden kann, wird gemacht, und was einmal als Resultat beschrieben worden ist, ist nicht wieder rückgängig zu machen. Ich bin aber für die zukünftige Forschungsentwicklung doppelt pessimistisch. Zum einen – wie gesagt – im Hinblick auf eine für die Dauer ausreichende feste Schranke zum Schutz unserer ethischen Grundprinzipien, und zum anderen im Hinblick auf genügend stabile Kontrollen bei der Entwicklung biologischer Waffen, bei denen wir nur ahnen können – weil darüber eisern geschwiegen wird –, welche ungeheuren Gefahren sie für die Menschheit bringen könnten. Soviel ist jedoch bekannt, daß in einigen Ländern daran gearbeitet wird, mit Hilfe genetischer Techniken gefährliche Viren, wie die Erreger von Pocken, Ebola oder der Spanischen Grippen, im Labor herzustellen.

In diesem Sinne möchte ich schließen mit einem Gedicht von Hans-Magnus Enzensberger, der den Molekularbiologen, die so gerne Gott spielen wollen, vorhält: «Aber Gott war doch schon immer ein Molekularbiologe»:

WISSENSCHAFTLICHE THEOLOGIE

Wahrscheinlich ist er nur einer von vielen.
Er wird müde sein, manchmal,
zerstreut. Schwere Arbeit,
all diese Versuchsreihen,
unabzählbar viele. Ja,
im Prinzip weiß er alles,
aber natürlich, um die Details
kann er sich nicht kümmern:
Reaktoren, die heißlaufen,
Plasmawolken, relativistische Felder.
Wir sind schließlich nicht die einzigen.

Erst nach einer Ewigkeit
Nimmt er die Probe wieder zur Hand.
In seinem riesigen Auge
Spiegelt sich unser Universum.
Aber dann sind wir schon vorbei.
Schade. Womöglich hätten wir ihn,
rein wissenschaftlich gesehen,
interessiert. Eine Novität, nur leider
nicht sehr haltbar, unbemerkt,
weil er anderweitig beschäftigt war,
dieser Gott. Er hat uns verschlafen.

Ewiges Leben: Der Mensch eine unsterbliche Maschine?*

Christoph Cremer, Kirchhoff-Institut für Physik und Institut für Pharmazie und Molekulare Biotechnologie der Universität Heidelberg; Institute for Molecular Biophysics, The Jackson Laboratory, Bar Harbor/Maine

Im Jahre 1869 erschien in London die erste Ausgabe der Zeitschrift «Nature», die sich im Laufe der nächsten 130 Jahre zu einer der einflußreichsten Zeitschriften im Bereich der Naturwissenschaften, insbesondere der Biologie, entwickeln sollte. Heute ist eine Publikation in «Nature» gleichbedeutend mit internationaler Anerkennung der geleisteten Arbeit.

Im allerersten Artikel (Nature 1, Seite B; s. Anhang) dieses so hoch angesehenen Wissenschaftsjournals ließ der Herausgeber einen europaweit hochberühmten Naturforscher zu Wort kommen. Von dessen Maximen über die Natur meinte der Übersetzer, der bedeutende Biologe Thomas Huxley, in einem Nachwort, diese Worte hätten noch dann Gewicht, wenn alle in «Nature» abgedruckten Spezialartikel vergessen seien. Der Name des Autors war Goethe, und bei dem abgedruckten Artikel handelte es sich um das ihm damals zugeschriebene Fragment «Die Natur». Die Autorschaft dieser zuerst handschriftlich in wenigen Exemplaren im «Tiefurter Journal» veröffentlichen kurzen Zusammenstellung von naturphi-

---

* Meinem Lehrer Prof. Friedrich Vogel (1925 – 2006)

losophischen Leitgedanken hatte Goethe erst geleugnet, aber gegen Ende seines Lebens als «ihm eigen» anerkannt und in die Ausgabe seiner Werke aufgenommen. Inwieweit es damalige Gedanken Goethes im Tiefurter Kreis getreulich widerspiegelt, inwieweit der junge Autor eigene Vorstellungen und Formulierungen eingebracht hat, braucht uns hier nicht weiter zu interessieren: Es wurde wirkmächtig als eine Repräsentation von Gedanken Goethes über die Natur.

Einer der darin enthaltenen Maximen sagt, die Natur sei «ewiges Leben, Bewegung und Entwicklung», und eine andere: «Leben ist ihre schönste Erfindung, und der Tod ist ihr Kunstgriff, viel Leben zu haben.»

In der heutigen Zeit, die geprägt ist durch den Jugendlichkeitskult der modernen Gesellschaft und die Tendenz, den Tod zu verdrängen, erscheint diese fast positive, jedenfalls gelassen wirkende Einstellung zum Tode sehr merkwürdig. Was gibt es, nächst Pest, Hunger und Krieg denn Schrecklicheres als der mit dem Altern verbundene unwiderrufliche, unausweichlich zum Tode führende Verfall von Körper und Geist? Das Altern hat in der schönen neuen Welt nichts verloren, man blendet es aus so gut man kann, man spricht nicht darüber. Fitness-Studios, Kosmetik und in steigendem Maße ästhetische Chirurgie helfen, das Ausmaß des eigenen Verfalls den Mitmenschen solange es geht zu verbergen. Wenn doch (außerhalb von Talkshows zur Rentenversicherung) über das Alter gesprochen werden muss, dann möglichst über Wege, das Leben mit den Mitteln der modernen Wissenschaft ganz entscheidend zu verlängern.

Im Mythologie und Märchen werden Verjüngungskuren bereits seit Tausenden von Jahren berichtet. So bewies in der griechischen Mythologie die Zauberin Medea im Tierexperiment die Möglichkeit der Umkehrung des Alterungsprozesses: Sie schnitt einen alten Widder in Stücke – heute würde man sagen, sie legte widderspezifische Zellkulturen an – und kochte diese unter geeigneten Zaubersprüchen. Nach Beendigung der Prozedur sprang ein junges Lamm aus dem Reaktionsgefäß heraus. Während Medea bei der Übertragung ihres Tiermodells auf den Menschen aber – der Überlieferung nach absichtlich – keinen Erfolg hatte, wird dieser im Märchen vom

Schlaraffenland berichtet. Dort heißt es: «Dieses edle Land hat auch zwei große Messen und Märkte mit schönen Freiheiten... Die alten und garstigen (denn ein Sprüchwort sagt: wenn man alt wird, wird man garstig) kommen in ein Jungbad, ... darin baden die alten Weiber etwa drei Tage oder höchstens vier, da werden schmucke Dirnlein daraus von siebzehn oder achtzehn Jahren.»[1] In den Italienischen Märchen Brentanos braucht es auch keine «Nasschemie» mehr; hier wird die Verjüngungstransformation durch einen rein physikalischen Vorgang bewirkt, das Drehen eines Ringes.

Heute müssen solche Märchen-Utopien natürlich in wissenschaftlichem Gewand erscheinen. So fand kürzlich (Anfang 2007) an der Universität Heidelberg ein Vortrag des «Bio-Gerontologen» Aubrey de Grey aus der englischen Universitätsstadt Cambridge statt, in der dieser vor brechend vollem Saale darlegte, es gäbe bereits jetzt biowissenschaftliche Ansätze, das menschliche Leben auf 1000 Jahre zu verlängern, bei insgesamt bester Gesundheit; selbst die heute 60 Jährigen hätten noch eine solche Chance; natürlich würde das unvergleichlich größere Anstrengungen erfordern als ein Mondspaziergang; aber wenn die Menschheit es wirklich wolle, sei es machbar; die ungläubige Skepsis und Ablehnung von Seiten der offiziellen Wissenschaft sei Kleinmut.

De Grey ist der Überzeugung, der Tod sei grundsätzlich überflüssig, jeder könne so lange leben, wie er wolle. Im Prinzip werde die Wissenschaft bei geeigneter Förderung es schaffen, die beim Altern ablaufenden Zellprozesse in mechanistischer Weise zu verstehen und auf dieser Grundlage zu eliminieren.

Mit dieser Vision hatte de Grey in Heidelberg ein großes Auditorium; öffentliche Fernsehanstalten freuen sich, ihn zu interviewen; hübsche junge Damen (und nicht nur diese) verehren ihn als Propheten eines fast «ewigen Lebens» in Jugend und Schönheit.

In der Antike wäre wohl niemand auf den Gedanken verfallen, sich mit dem Begriff «Ewiges Leben» im Sinne einer endlosen oder doch sehr langen Fortdauer einer biologischen Individualität zu beschäftigen. Zwar gibt es einige mythische Ausnahmen, in de-

---

1) Bechstein: Deutsches Märchenbuch: 1000 Märchen und Sagen, die jeder haben muß, zitiert nach Digitale Bibliothek.

nen von Menschen berichtet wird, denen die Götter Fortdauer weit jenseits der normalen Lebenslänge gaben; aber dabei schrumpften diese langlebigen Erdenwesen zusammen wie Spinnen und konnten ihr «Leben» sicher nicht mehr in irgendeiner Art genießen. Der kluge Odysseus lehnte sogar das Angebot der ihn liebenden Göttin ab, ihm über die Unsterblichkeit hinaus auch ewige Jugend zu verschaffen; lieber wollte er sein Alter in menschlicher Weise mit Penelope verbringen. Insgesamt wurde ein individuelles Leben jenseits des gesetzten Maßes als unnatürlich und damit unmenschlich angesehen; die Anmaßung eines Asklepiaden, einen Toten wieder zum Leben zu erwecken, wurde, wie es heißt, von Zeus mit dem Tode des Arztes bestraft.

«Ewiges Leben» war eine Eigenschaft der Götter oder – philosophischer – des göttlichen Kosmos. Als Beispiel sei Aristoteles genannt, der von Gott sagt, er sei «reine Wirksamkeit, und seine Wirksamkeit an und für sich (...) ein höchstes, ein ewiges Leben.»

Im Gegensatz zur Gottheit kam das ewige Leben dem irdischen Leben nicht als eine Eigenschaft des Individuums zu. So rühmt Boethius in den «Tröstungen der Philosophie» «die Sorgfalt der Natur, die alles durch eine vielfältige Befruchtung sich fortpflanzen läßt!» Dies alles seien «Veranstaltungen (...) die nicht nur ein zeitweiliges Verharren, sondern ein durch Generationen sich fortsetzendes, gleichsam ewiges Leben gewährleisten».

Auch die Bibel sieht nach dem Sündenfall «ewiges Leben» zunächst mehr in der von Gott bei gutem Verhalten gewährleisteten Fortdauer der Generationen; ewiges Leben als solches kam nur Gott zu. (z. B. Deuteronomium 32,40). In Bezug auf Menschen wird immer wieder dessen Vergänglichkeit und kurze Dauer hervorgehoben. So z.B. Hiob 7,16, der klagt «Ich vergehe! Ich leb' ja nicht ewig! ... meine Tage sind nur noch ein Hauch». An anderer Stelle (Psalm 90) heißt es, «Unser Leben währet siebzig Jahre und wenn's hoch kommt, so sind's achtzig; Sirach 30,17 heißt den Tod sogar willkommen: «Der Tod ist besser denn ein siech Leben/ oder stete Kranckheit», wie Luther übersetzt.

Zwar wird an seltenen Stellen von einem Menschen gesagt, er möge «ewig leben» (so z.B. Nehemia 2,3; Daniel 2,4), aber da handelt es sich um ein ganz besonderes Wesen, den König. In einigen Psalmen wird diese Sonderstellung ebenfalls deutlich, so in Psalm 21, wo es heißt «Herr, der König freut sich in Deiner Kraft... Er bittet Dich um Leben; du gibst es ihm, langes Leben für immer und ewig». Später wird ewiges Leben auch für auserwählte «gewöhnliche» Menschen in Betracht gezogen. Zum Beispiel Daniel 12,2: «... Und viele, die unter der Erde schlafen liegen, werden aufwachen, die einen zum ewigen Leben, die anderen zu ewiger Schmach...», oder das Buch der Weisheit 5,15: «... Aber die Gerechten werden ewig leben...». Die Bedeutung des ewigen Lebens im Neuen Testament schließlich braucht nicht weiter belegt zu werden. Überall jedoch ist offensichtlich, daß es sich nicht um eine ewige Fortdauer dieses irdischen biologischen Lebens handelt, sondern um eine neue, verklärte und verwandelte Existenz in einer Wiedergeburt nach dem Tode.

Wurden in der Bibel, aber auch in der christlichen Theologie, viele Jahrhunderte lang Krankheit und Tod als unabwendbare Folge der Sünde angesehen, so änderte sich dies zu Beginn der Neuzeit mit dem Beginn der modernen Naturwissenschaft. Für Descartes beispielsweise ist eine der wichtigsten langfristigen Ziele der quantitativen Naturforschung nicht, die Wirtschaft zu befördern; nicht, verbesserte Kriegsmaschinen zu bauen; nicht, die Menschen schneller zu Geschäftsterminen oder in den Urlaub zu bringen; wichtigstes Ziel ist auch nicht, das tägliche Leben angenehmer zu gestalten; sondern eine der wichtigsten Zukunftsvisionen der Wissenschaft ist es, die Maschine des menschlichen Körpers soweit zu analysieren, daß dies zum Sieg über die Krankheit und zur Verlängerung des menschlichen Lebens genutzt werden kann.

Für uns scheint es reichlich «mechanistisch» oder «materialistisch» zu sein, von der «Maschine» des menschlichen Körpers zu sprechen: Wir denken dabei an Waschmaschinen, Geschirrspüler, Dampfmaschinen, vielleicht noch an Rechenmaschinen oder (für Liebhaber romanischer Sprachen) an schnelle, elegante Automobile. Für die Menschen früherer Zeiten aber war die Bedeutung dieses griechisch-lateinischen Wortes sehr viel breiter und der Bedeutung «Kunstwerk» eng verwandt. Im Breviarium des Tridentiner Konzils wird anerkennend von der «machina mundi», dem Wunderwerk der von Gott geschaffenen Welt gesprochen. Die in der Zeit Descartes' aufkommenden Taschenuhren waren hoch ästhetische Ereignisse und wurden bekanntlich ein Lieblingssymbol für den geordneten Kosmos als Ganzes. Physikalisch-technische Geräte wurden von Physikern und Ingenieuren entworfen und von Künstlern geformt. Noch am Ende des 18. Jahrhunderts spricht Wilhelm von Humboldt voll Bewunderung vom Staat als einer zusammengesetzten und komplizierten Maschine.

Wenn also von der «Maschine» des menschlichen Körpers gesprochen wird, so will dies heißen, daß dieser nicht von Willkür sondern von Naturgesetzen regiert wird, die vom Menschen erforscht und zu seinem Nutzen zur Besserung der Gesundheit und Verlängerung des Lebens eingesetzt werden können.

Die Descartes'sche Vision von der Maschine des menschlichen Körpers wird auch von Locke unterstützt: «Wenn man die mechanischen Einwirkungen der Teilchen des Rhabarber, des Schierlings, des Opiums und des Menschen kennte, so wie der Uhrmacher die Teile in seinen Uhren, vermittelst welcher sie wirken, und die einer Feile kennt, durch deren Reiben die Gestalt der Räder geändert wird, so würde man vorhersagen können, daß Rhabarber abführt, Schierling tödtet und Opium einschläfert, wie der Uhrmacher vorhersagen kann, daß ein Stückchen Papier, was zwischen die Uhrfeder gelegt wird, die Uhr so lange zum Stehen bringen wird, bis es weggenommen ist, und daß, wenn ein kleines Stück der Uhr abgefeilt wird, die Maschine ihre Bewegung verlieren und die Uhr stillstehen werde».

Die Konsequenz dieser Ideen, wie menschliche Gesundheit und Leben verlängert werden können, ist klar: Man muss zunächst die Teile der Maschine Mensch auf das Genaueste analysieren, sowie ihr Zusammenwirken:

«Was ist z. B. eine Taschenuhr? Offenbar nur eine passende Organisation oder Einrichtung von Teilen zu einem bestimmten Zweck, welchen sie, wenn eine genügende Kraft hinzukommt, erfüllen kann. Nimmt man diese Maschine als einen stetig dauernden Körper, dessen Teile in ihrer Einrichtung sämtlich in Stand gehalten und durch einen steten Zugang und Abgang unmerklicher

Teilchen vergrößert oder verkleinert worden, und der ein gemeinsames Leben hat, so müsste man daran etwas dem Körper der Tiere sehr Ähnliches haben.»

Der englische Philosoph ist sich allerdings bewusst, daß dieses Programm zwar klar definiert, aber nur sehr schwer oder vielleicht gar nicht realisiert werden kann: «Man entziehe die Luft nur eine Minute lang einem lebenden Wesen, und die meisten werden sofort die Empfindung, das Leben und die Bewegung verlieren. Die Notwendigkeit zu atmen hat dies unsrem Wissen aufgezwungen; aber auf wie vielen anderen, vielleicht feineren Körpern mögen nicht die Federn dieser wunderbaren Maschine ruhen, die man nicht bemerkt, ja, an die man nicht denkt, und wie viele mag es geben, die selbst durch die genaueste Untersuchung sich nicht entdecken lassen werden.»

La Mettrie führt den Gedanken des «L'Homme machine» (1748) weiter und sieht keine grundsätzlichen Hindernisse, daß eine «unsterbliche Maschine» konstruiert werden könne:

«Eine regierende Seele, welche mit einer Herrschaft über die willkürlichen Muskeln unzufrieden, ohne Mühe die Zügel aller Körperbewegungen an sich hielte, sie nach Belieben aufheben, beschwichtigen, erregen könnte! Mit einer so unumschränkten Herrin, in deren Händen sich gewissermaßen die Schläge des Herzens und die Gesetze der Zirkulation befänden, würde es gewiss kein Fieber mehr geben; keinen Schmerz, kein Siechtum; weder beschämende Impotenz, noch betrübenden Priapismus. Die Seele will, und die Triebfedern spielen, sie richten sich auf oder mässigen ihre Anspannung... Wer einen so großen Arzt bei sich hat, müsste unsterblich sein. ... wenn man versichern wollte, daß eine unsterbliche Maschine ein Hirngespinst sei, ... so wäre dies ein eben so ungereimter Gedanke, als den z.B. Raupen haben würden, welche beim Anblick der abgefallenen Hüllen Ihresgleichen das Schicksal ihrer Gattung, als ob dieselbe der Vernichtung anheim fiele, bitter beklagten.»

Auch wenn die Menschen derzeit nicht in der Lage sind, die Konstruktion des menschlichen Körpers bis zu dieser Konsequenz zu beherrschen, so kann die Naturwissenschaft doch äußerst hilfreich sein. La Mettrie schreibt «Von zwei Ärzten ist meines Erachtens immer derjenige der bessere, der am meisten Vertrauen verdienende, welcher am meisten in der Naturlehre oder der Mechanik des menschlichen Körpers bewandert ist, der sich um die Seele und um alle die Besorgnisse, welche diese Chimäre den Toren und Unwissenden einflösst, nicht kümmert, und der bloß wesentlich sich mit dem reinen Naturalismus beschäftigt.» La Mettrie ist allerdings sehr vorsichtig zu behaupten, daß «Naturlehre und Mechanik» Leiden, Alter und Tod beseitigen könnten. Als Arzt kennt er zu gut die engen Grenzen der praktischen Anwendung dieser Wissenschaften auf das von unendlicher Komplexität scheinende System des lebenden Organismus.

Wo soll man angesichts der sich auftürmenden, fast unlösbar scheinenden Schwierigkeiten das Menschheitsunternehmen «Analyse und Therapie der Maschine des lebenden Organismus» beginnen? Das wissenschaftsstrategische Basis-Programm wird bereits von Hobbes in folgender Weise definiert: «Denn die Elemente, aus denen eine Sache sich bildet, dienen auch am besten zu ihrer Erkenntnis. Schon bei einer Uhr, die sich selbst bewegt, und bei jeder etwas verwickelten Maschine kann man die Wirksamkeit der einzelnen Teile und Räder nicht verstehen, wenn sie nicht auseinandergenommen werden und die Materie, die Gestalt und die Bewegung jedes Teiles für sich betrachtet wird. Der erste, notwendige Schritt ist also der, das «technische» Wunderwerk des Organismus in kleinere Einheiten zu zerlegen, von denen man eher hoffen kann, ihre Wirkungsweise zu verstehen. Dieses Programm das man unter das Motto «Vom Menschen zum Kristall» stellen könnte, ist in den auf Hobbes und LaMettrie folgenden Jahrhunderten mit beispielloser Radikalität und Konsequenz durchgeführt worden.

In der Suche nach der Zerlegung des Organismus in kleinere und damit der wissenschaftlichen Analyse zugänglicheren Einheiten wurden zu Zeiten Goethes die Fundamente gelegt für eine der größten Entdeckungen in der Geschichte der Lebenswissenschaften: Die Entdeckung, daß alle Pflanzen, alle Tiere aus spezifischen, selbständigen Grundeinheiten aufgebaut sind. Goethe selbst hat sich als profunder Kenner der damaligen Naturwissenschaften, die Biologie eingeschlossen, mit dieser Frage intensiv befasst. Im Jahre

1807 fasst er seine Gedanken hierzu wie folgt zusammen: «Jedes Lebendige ist kein Einzelnes, sondern eine Mehrheit; selbst insofern es uns als Individuum erscheint, bleibt es doch eine Versammlung von lebendigen selbständigen Wesen, die der Idee, der Anlage nach gleich sind, in der Erscheinung aber gleich oder ähnlich, ungleich oder unähnlich werden können.» Man vergleiche diese Sätze mit der berühmten Entdeckung, die Matthias Schleiden, einer der Pioniere der Zellenlehre und von 1839–1862 Professor an der von Goethe bis wenige Jahre vorher jahrzehntelang betreuten Universität Jena, rund dreißig Jahre nach Goethes Vision auf der Grundlage mikroskopischer Untersuchungen veröffentlichte: «Jede nur etwas höher ausgebildete Pflanze ist aber ein Aggregat von völlig individualisierten in sich abgeschlossenen Einzelwesen, eben den Zellen selbst.» Ob zwischen den 1807 niedergeschriebenen Gedanken des Förderers der Botanik an der Universität Jena und der 1838 formulierten Entdeckung des Jenaer Gelehrten ein Zusammenhang besteht, etwa im Sinne einer Anregung zum Nachdenken, lässt sich heute wohl kaum mehr ausmachen.

In jedem Falle aber hat die Entdeckung, daß der menschliche Körper – wie der aller anderen Organismen – aus einzelnen, miteinander in komplexer Weise interagierenden Zellen besteht, zu einer Revolution der Biowissenschaften im ganzen, aber auch der Medizin geführt. Seit Virchows Entdeckung 1855, daß Krankheit eng mit Veränderungen in einzelnen Zellen verknüpft ist, haben sich vielfältige Möglichkeiten ergeben, das menschliche Leben durch Einwirkung auf spezifische zelluläre Mechanismen ganz wesentlich zu verlängern.

Auch Goethe hat sich kritisch mit spekulativen Gedanken auseinandergesetzt, das Leben des einzelnen wesentlich zu verlängern. So wird die Verjüngung des Dr. Faust mit Hilfe des Teufels bewirkt; die Faust verabreichten Pharmaka wären jedem nicht teuflisch Eingeweihten zum sofortigen Verhängnis geraten. Während diese Verjüngung und damit Erhöhung der Lebenserwartung im *Faust I* noch in einer mittelalterlichen Hexenküche bewirkt wird, geht es in *Faust II* bereits fast nach den wissenschaftlichen Prinzipien der Molekularen Medizin zu. Allerdings ist auch hier die Hilfe des Teufels ganz unentbehrlich: Als Dr. Wagner, der ehemalige Assistent und Nachfolger des noch mittelalterlich denkenden, dank Mephisto noch rechtzeitig «emeritierten» Prof. Faustus, nunmehr ein berühmter Biotechnologe, dem Teufel stolz seinen Homunculus vorstellt, ist dieser gar nicht sonderlich beeindruckt, sondern erklärt gelassen: «Wer lange lebt, hat viel erfahren, nichts Neues kann für ihn auf dieser Welt geschehen. Ich habe schon in meinen Wanderjahren, kristallisiertes Menschenvolk gesehen»[2]. Wir dürfen vermuten, daß Goethe, der sich in der Mineralogie gut auskannte und um die Dauer von Kristallen wusste, das Wort «kristallisiert» auch mit der Möglichkeit langer Existenz verbunden hat. Zwischen der Ordnung der Kristalle und dem Leben sieht er einen engen Zusammenhang: «Wäre die Natur in ihren leblosen Anfängen nicht so gründlich stereometrisch, wie wollte sie zuletzt zum unberechenbaren und unermesslichen Leben gelangen?» Heute wissen wir dank der modernen Strukturbiologie, daß eines der wesentlichen Geheimnisse des Lebens tatsächlich die fast kristalline Ordnung der einzelnen Moleküle, Makromoleküle und der aus ihnen gebildeten «biomolekularen Maschinen» ist. Diese sind Gebilde mit typischen Größen im Bereich von wenigen zehn Millionstel Millimeter und damit für das menschliche Auge unfassbar klein. Dennoch verdienen sie das Wort «Wunderwerk» vollkommen: In biologischen Makromolekülen eines bestimmten Typs wie z. B. Proteinen hat jedes Atom seinen zugewiesenen Platz: Weiß man den Ort von nur drei Atomen in einem solchen Protein, so kann man den Ort der übrigen Tausende präzise vorhersagen; sie können zu Kristallen zusammen gelagert werden, ähnlich wie viele einzelne Atome einen Salzkristall bilden können. Dies bedeutet, daß die einzelnen biologischen Makromoleküle eines bestimmten Typs außerordentlich ähnliche Anordnungen der sie bildenden Atome haben müssen, also auf atomarer Ebene sich in ähnlicher Weise gleichen wie die sich wiederholenden Grundelemente eines Kristalls in der anorganischen Natur. Mithilfe von Röntgenstrahlung kann dann die Position der einzelnen Atome in solchen Kristallen bestimmt werden. Selbst kurze Stücke des Erbmaterials DNA können Kristalle bilden. Daher können solche Makromoleküle auch als die «Kristalle» des Lebendigen bezeichnet

---

2) *Faust II*, 6860 ff

werden. Aber nicht nur biologische Makromoleküle desselben Typs können kristallisieren; in vielen Fällen ist es gelungen, auch Moleküle verschiedenen Typs, die in der Zelle bei einem Lebensvorgang zusammen wirken («biomolekulare Maschinen»), zu Kristallen zusammenzulagern. Anschließend können dann mithilfe von sehr intensiver Röntgenstrahlung die atomaren Strukturen auch dieser kristallisierten biomolekularen Maschinen bestimmt werden. Ein Beispiel hierfür sind die aus DNA und Proteinen bestehenden «Nukleosomen». Das sind nur etwa zehn Millionstel Millimeter große Gebilde, die die Grundeinheiten der «Verpackung» des Erbmaterials (also der DNA) bilden. Ihre «kristalline» Struktur, das heißt die Anordnung der Atome in ihnen, ist so bedeutsam für das Leben, daß selbst winzigste Änderungen dieser Ordnung so tödlich sind, daß neues Leben schon gar nicht entstehen kann. So hat sich die Struktur eines der am Nukleosom beteiligten Proteine in den vergangenen hunderten Millionen von Jahren nicht geändert. Sie ist in allen Menschen identisch, in allen lebenden Tieren; selbst die Pflanzen haben es in fast identischer Form. Es hatte bereits die heutige Gestalt, als noch das Urmeer die Erde bedeckte; es behielt diese Gestalt, als Europa und Asien sich bildeten, als die Alpen aufstiegen; es wird diese Gestalt in zukünftigen Lebensformen vermutlich auch dann noch haben, wenn der Himalaya wieder den Boden der Tiefsee bildet. Andere «Kristalle» des Lebendigen ändern sich etwas rascher; in vielen Fällen aber übersteigt die Formbeständigkeit von biologischen Makromolekülen in Lebewesen aufeinanderfolgender Generationen diejenige von Gebirgen.

Ein anderes Beispiel für diese gründliche Stereometrie der lebendigen Natur in ihren Grundstrukturen sind die Ribosomen, die aus Nukleinsäuren und Proteinen aufgebauten biomolekularen Maschinen der Proteinsynthese. Auch diese hochkomplexen Gebilde mit vielen Zehntausenden von Atomen und einem Durchmesser von einigen zehn Millionstel Millimetern lassen sich kristallisieren und beweisen damit ihre hochgeordnete, eben «kristalline» Struktur. Dank den Teilchenbeschleunigern der modernen Physik und den damit erzeugten intensiven Röntgenstrahlen konnte auch bei Ribosomen die atomare Anordnung aufgeklärt werden. Allerdings kann es hier zwischen verschiedenen Arten von Lebewesen kleine

Strukturunterschiede geben, z. B. zwischen Mikroorganismen wie Bakterien und dem Menschen. Diesen kleinen Unterschieden in der kristallinen Struktur verdanken Millionen von Menschen ihr Leben: Sie erlauben die Herstellung von Antibiotika.

Die in den Zellen des menschlichen Körpers sich befindenden biomolekularen Maschinen – es gibt davon Tausende verschiedene Typen – werden ständig aufgebaut, umgebaut und abgebaut. Damit ist die Zelle «ein ewiges Leben, Werden und Bewegen ... sie verwandelt sich ewig, und ist kein Moment Stillestehen in ihr. Fürs Bleiben hat sie keinen Begriff, und ihren Fluch hat sie ans Stillestehen gehängt», wie es im Fragment «Die Natur» heißt.

Störungen dieser hoch dynamischen aber auf atomarer Ebene äußerst präzisen Stereometrie können zu einer Funktionsminderung, ungewünschten Funktionsänderung, oder einem Ausfall solcher biomolekularer Maschinen führen und damit Altern, Krankheit und Tod nach sich ziehen. Das kann auf vielfältige Weise geschehen, z. B. durch Umweltgifte wie Chemikalien oder Schwermetalle, die nach und nach in den Zellen sich ansammeln. Oder Proteine können mit dem Alter beginnen, sich in unerwünschter Art zusammenzulagern, und durch ihre Aggregate das Funktionieren von Nervenzellen zu behindern, wie das bei der Alzheimerkrankheit geschieht. Eine andere wichtige Ursache sind Veränderungen der atomaren Ordnung in den von Erwin Schrödinger als «semikristallin» bezeichneten Chromosomen. Daher können solche Makromoleküle auch als die «Kristalle» des Lebendigen bezeichnet werden. Zum Beispiel können radioaktive oder Röntgenstrahlen, kosmische Strahlung, aber auch ultraviolettes Sonnenlicht oder Chemikalien zu kleinen oder größeren Veränderungen der in der DNA gespeicherten Geninformation für bestimmte Bausteine von biomolekularen Maschinen oder deren Regulation führen. Da diese aber ständig vom Körper neu aufgebaut werden müssen, ist die Wirkung so, als ob bei einem von Menschen hergestellten hochkomplexen Gegenstand ein Teil nicht mehr passgenau geliefert würde: Eine Orgel mit willkürlicher Pfeifenlänge wird ihren Klang verlieren, und in ein Flugzeug mit nichtpassenden Einzelteilen in den Turbinen würde man ungern einsteigen. Solche umweltbedingten Schäden in den Zellen können zu einem gewissen Grade vermindert werden. Aber selbst die langfristige Abschaffung aller Kernkraftwerke, aller Röntgenapparate, aller Mittelmeer- und Skiurlaube (um den Hautkrebs auslösenden Sonnenstrahlen zu entgehen), oder aller künstlich hergestellter Chemikalien könnte die aus der Erde selbst kommende radioaktive Strahlung, die aus den Tiefen des Weltalls ausgesandte kosmische Strahlung explodierender Sterne, oder die bei der natürlichen Atmung im Körper anfallenden reaktiven Stoffwechselprodukte nicht beseitigen. Eine der offenkundigsten lebensverkürzenden Entgleisungen in der Funktion von zellulären biomolekularen Maschinen sind Genveränderungen, die zu Krebs führen. Sie trotz Umwelteinflüssen zu verhindern, besitzt die Zelle zahlreiche Reparaturmechanismen für geschädigte Gene; ohne diese wäre unsere Lebensspanne sehr viel kürzer.

Die Reparaturen werden selbst wiederum durch hoch komplexe biomolekulare Maschinen ausgeführt. Ihre Effizienz ist außerordentlich hoch, aber auch ihnen unterlaufen Fehler, die sich mit den Jahren in den Zellen des Körpers akkumulieren. Werden z. B. umweltinduzierte Chromosomenbrüche bei einer Stammzelle des Blutbildenden Systems falsch repariert, so kann die Folge eine Leukämie sein; oder es können sich durch «Punktmutationen» Krebsstammzellen mit veränderten Proteinen bilden. Besonders katastrophal kann es sein, wenn die Genveränderungen Proteine der Reparaturkomplexe selbst betreffen. Dies ist so, als ob das in einer Stadt mit hoher Brandgefahr die Feuerwache selbst abbrennt.

Im Prinzip könnte man sich vorstellen, daß eine Modifikation der für Reparaturmechanismen zuständigen Gene bzw. der Regulation von Genen Altersprozesse wesentlich verlangsamen könnte, die mit der Veränderung biomolekularer Maschinen verbunden sind. Auf der Annahme der Möglichkeit einer völlig beherrschbaren zellulären Reparatur beruht z.B. die eingangs genannte Vision einer «tausendjährigen» individuellen Lebensspanne. Ob diese Vision aber jemals Wirklichkeit werden kann, ist völlig unklar: Bereits ein der Gravitation unterliegendes System von drei kleinen frei beweglichen Körpern kann nur noch in Sonderfällen in seiner zeitlichen Entwicklung genau berechnet werden. Schon eine einzelne Zelle mit ihren rund hunderttausend Milliarden Atomen ist mit ihren Wechselwirkungen so komplex, daß ihre vollständige Analyse sehr

sehr schwierig ist. Zwar haben die Biochemie und die Molekularbiologie der Zelle in den letzten Jahrzehnten so große Fortschritte gemacht, daß im Prinzip wenigstens alle Molekülsorten in einer Zelle bestimmt werden können; selbst die Abfolge der Basenpaare in der DNA einer einzelnen Zelle kann analysiert werden. Von hier ist es aber noch ein riesiger Schritt bis zu einem wirklichen Verständnis der Interaktion dieser Bausteine: Wer noch nie ein Auto gesehen hat (und auch sonst nichts über seine Mechanik weiß) und die hunderttausend Einzelteile eines solchen in einem großen Sack findet, wird das Gefährt kaum zusammensetzen können. Auf zellulärer Ebene bedeutet dies: Es ist notwendig, wenigstens an einigen Beispielen zu wissen, wie die molekular kleinen Einzelteile zum Ganzen der Zelle zusammengefügt sind. Dazu reichen Elektronenmikroskope allein nicht aus; aus einer Reihe technischer Gründe benötigt man auch höchstauflösende lichtoptische Analysen an ganzen Zellen. Bis vor kurzem schien dies jedoch unmöglich zu sein, da selbst das beste Lichtmikroskop nur Struktureinzelheiten analysieren konnte, die der Zusammenballung von tausenden von biologischen Makromolekülen entsprachen. In den letzten Jahren scheint dieses Problem dank der Entdeckung völlig neuer Prinzipien der lichtmikroskopischen Analyse einer Lösung ein wenig näher gekommen zu sein; diese neuen lichtoptischen «Nanoskopie» Methoden haben möglich gemacht, was noch vor wenigen Jahren als den Naturgesetzen widersprechend angesehen wurde: Einzelne nebeneinander liegende Proteine desselben Typs in einer ganzen Zelle von einander zu unterscheiden und damit ihre für ihre Funktion wichtige räumliche Anordnung bestimmen zu können. Aber selbst wenn man den Ort und die Bewegung aller wichtigen Moleküle in einer einzelnen Zelle wüsste (wovon die heutige Biophysik noch «Lichtjahre» entfernt ist), so müsste man das Ineinandergreifen all dieser Hunderttausende von Bewegungen und Reaktionen noch so präzise verstehen, daß eine verlässliche Voraussage der Wirkung von Pharmaka möglich würde. Dank der Arbeit vieler tausender von Forschern im Bereich der molekularen Zellbiologie gibt es heute mehr und mehr «konzeptuelle» Modelle zu dem Ablauf einzelner molekularer Prozessketten in der Zelle und der Wirkung einzelner Pharmaka. Aber selbst die Möglichkeit einer molekularen Strukturanalyse einzelner Zellen unter der Wirkung einzelner Pharmaka vorausgesetzt: Ohne eine wirklich «greifende» Theorie, d. h. ein Verständnis der zellulären Vorgänge nicht nur auf qualitativem Niveau («Konzept»),sondern auf quantitativer Ebene («Theorie» im Sinne der Physik) wird es extrem schwierig sein, die für eine radikale Beseitigung von Zellschäden erforderlichen Pharmaka zu entwickeln. Nun könnte man sagen: «Seien wir eben fleissig; stellen wir alle möglichen Kombinationen pharmazeutischer Wirkstoffe her, und probieren wir deren Wirkungen aus.» Dieser Ansatz, die sogenannte «kombinatorische Chemie» wurde in der Tat versucht. Solange man nur relativ wenige Versuche machen muß (z. B. hundert Millionen), ist dieser Ansatz auch höchst erfolgreich. Es können aber sehr schnell auch sehr viel mehr werden. Nehmen wir z.B. an, wir wollten für die Elimination eines bestimmten Zellschadens ein proteinähnliches Pharmakon (ein «Oligopeptid») entwickeln, das aus einer Aneinanderreihung von 15 frei kombinierbaren «Aminosäurebausteinen» bestünde. An der ersten Stelle hätten wir dann 20 Möglichkeiten (da es in den natürlichen Proteinen 20 Typen von Aminsäurebausteinen gibt). An der zweiten Stelle hätten wir wieder 20 Möglichkeiten, also insgesamt $20 \times 20 = 400$. An der dritten Stelle kämen wieder 20 Möglichkeiten hinzu; insgesamt wären jetzt bereits $20 \times 20 \times 20 = 8.000$ Möglichkeiten zu analysieren. Mit jeder weiteren Stelle steigt die Anzahl der bei freier Kombinierbarkeit zu untersuchenden Substanzen um den Faktor 20. Insgesamt wäre bei einer aus 15 solchen Bausteinen bestehenden Substanz $20^{15} = 3 \times 10^{19}$ (dreißig Milliarden Milliarden) Möglichkeiten zu untersuchen. Selbst wenn man pro Sekunde 1 Million Substanzen analysieren könnte (z. B. indem man 1 Million Forschergruppen gleichzeitig arbeiten ließe), dann bräuchte man immer noch rund eine Million Jahre. Dies ist eine offensichtliche Unmöglichkeit; irgendwie muß die Zahl der Substanzkombinationen und damit der erforderlichen Versuche auf menschliches Maß gebracht werden. Hier könnte eine Grundidee der Physik helfen, die auch der Vorstellung des menschlichen Körpers als einer «Maschine» inhärent ist: Die quantitative Vorhersage wenigstens von globalen Systemeigenschaften aufgrund bekannter Naturgesetze und bekannter quantitativer Eigenschaften des Systems. Beispielsweise kann kein Physiker (auch kein zukünftiger) auf der Welt jemals den Weg der einzelnen Gasteilchen in einer ausgetrunkenen, nunmehr luftgefüllten Weinflasche vorhersagen, dafür sind es einfach zu viele, ständig miteinander interagierende Luftmoleküle; aber er kann ziemlich genau vorhersagen, welchen Wanddruck wie viele Moleküle bei einer bestimmten Temperatur ausüben; oder er kann vorhersagen, bei welcher Geschwindigkeit ein bestimmtes Großflugzeug vom Boden abheben wird. Das heißt, quantitative Theorien können den «Parameterraum» selbst komplexer Vorgänge soweit einengen, daß Verbesserung durch «Probieren» möglich wird. Angewandt auf die Entwicklung neuer Arzneimittel bedeutet dies: Ein quantitatives Modell der wesentlichen Stoffwechselvorgänge im System einer Zelle und der Auswirkungen bestimmter Umwelteinflüsse wäre außerordentlich hilfreich, um letzten Endes wenigstens grobe Voraussagen über die Wirkung bestimmter pharmazeutischer Substanzen oder anderer Behandlungsweisen machen zu können.

An solchen quantitativen «systembiologischen» Modellen wird derzeit an vielen Orten gearbeitet. Zum Beispiel werden Computermodelle biochemischer Stoffwechselvorgänge aufgestellt; oder es werden quantitative Modelle der Zellkernstruktur zur Berechung der Wirkung von Strahlenschäden entwickelt. Je mehr diese ‹theoretische Biophysik› der Zelle voranschreitet, desto deutlicher werden auch die Schwierigkeiten. Eine Hauptschwierigkeit ist unser immer noch sehr geringes quantitatives Wissen über zelluläre Grundvorgänge; ohne dieses Wissen ist es noch viel mühsamer, irgendwie brauchbare Voraussagen zu machen. Aber seien wir einmal optimistisch: Irgendwann zu einer Zeit, die uns nur durch H. G. Wells «Zeitmaschine» erreichbar wäre, würde man die Reaktion einer einzelnen Zelle auf bestimmte Umwelteinflüsse/Pharmaka mit genügender Genauigkeit voraussagen können. Dann wäre man noch lange nicht am Ziel: Ein erwachsener menschlicher Körper besteht nicht nur aus einer Zelle, sondern aus rund zehntausend Milliarden Zellen, mit außerordentlich komplexen Wechselwirkungen zwischen ihnen.

Die höchst verwickelten und höchst dynamischen Lebensvorgänge, die sich aus der Interaktion der Moleküle im Inneren der Zellen und zwischen den Zellen eines Organismus ergeben, sind das große Zukunftsthema der Biowissenschaften des 21. Jahrhunderts, der «Systembiologie». Derzeit beginnt in den Lebenswissenschaften diese Erweiterung vom Molekül zum System, vom Kristall zum Menschen, vom Teil zum Ganzen. Auf diese Weise wird es möglich werden, unser Wissen von den Molekülen und den vielfältigen biochemischen Reaktionen in ein geistiges Bild der materiellen Grundlagen des Lebens zu integrieren und voll für die Medizin der Zukunft nutzbar zu machen.

Dieser systembiologische Weg «vom Kristall zum Menschen» – gegen den der bemannte Flug zum Pluto ein Spaziergang wäre – stellt ungeheure Herausforderungen an alle Wissenschaften und ihre interdisziplinäre Verknüpfung.

Nehmen wir einmal an, diese gewaltigen Probleme könnten in einer vermutlich weit entfernten Zukunft wenigstens teilweise gelöst werden, und es könnten Therapien von heute unvorstellbarer Wirkungskraft gefunden werden, die in einer so behandelten Zelle alle durch Krankheit und Alter bedingten Schäden reparieren (z. B. auch durch Ersatz defekter Gene oder defekter Regulationseinheiten durch funktionierende, wie bei einer technischen Maschine): Dann müssten die Myriaden Zellen des Körpers – oder wenigstens sehr viele von ihnen – durch diese höchstspezifischen Therapeutika erreicht werden. Ob und wie dies gelingen könnte, ist derzeit ebenfalls unklar. Aber selbst ein nur partielles Gelingen auf breiter Skala – etwa eine Erhöhung der jetzigen maximalen Lebenserwartung um einige weitere Jahrzehnte – würde das Leben der Menschheit wesentlich grundlegender verändern, als es die moderne Technik bislang jemals vermocht hat. Nicht vergessen sollte man, daß selbst in dieser Welt der vollständigen Therapie altersbedingter Krankheiten eine sehr wirksame Beschränkung des menschlichen Lebens genauso weiter existieren würde wie zur Zeit unserer Vorväter: Gegen die Auswirkungen von Hunger, Krieg und Unfällen ist «kein Kraut gewachsen». Bereits ein Übersehen eines entgegenkommenden Lasters oder ein kleines Ausgleiten auf einem Stückchen Eis kann einem potentiell «ewigen» (oder wenigstens sehr langen) Leben ein jähes Ende bereiten.

Im Kontext der «molekularen Systembiologie» und ihrer Anwendungen ergeben sich vielfältige übergreifende Fragen, die in einer auch der Würde des Menschen angemessenen Weise zu beantworten sind, z.B.

- Was sind die grundlegenden wissenschaftlichen Konzepte der Lebenswissenschaften, z.B. in der Molekularbiologie, der Systembiologie, der Biophysik (experimentell und theoretisch)?
- Ist die Auffassung von Organismen als hochkomplexer «Maschinen» nach den heute bekannten Grundgesetzen von Physik und Chemie die wahre, oder müssen sie als «Steigerung der Materie» (Goethe) aufgefasst werden?
- Ist die Entwicklung grundsätzlich neuer physikalischer/molekularer/biologischer/theoretischer/systemorientierter Methoden notwendig?
- Können wir das Leben erst verstehen aufgrund der Entdeckung neuer physikalischer Grundgesetze, die nur bei der Interaktion sehr komplexer Systeme beobachtbar werden?
- Welche neuen Ansätze der ethischen und sozialen Bewältigung der Folgen der Anwendung neuer Konzepte der Lebenswissenschaften sind notwendig, z.B. in Betracht des stark ansteigenden Anteils einer nicht-arbeitenden, alten Bevölkerung, des Anstiegs des Anteils chronisch kranker Menschen/Altersdemenz, der anscheinend nicht mehr aufzubringenden Finanzierungslasten?
- Welche Konsequenzen ergeben sich für die Zukunft der menschlichen Spezies? Wird die menschliche Spezies durch die Umsetzung neuer Konzepte der Lebenswissenschaften so bleiben wie sie heute ist? Oder werden z.B. langfristige Veränderungen möglich werden oder eintreten?
- Welche Folgen ergeben sich für die poetisch-künstlerischen Konzepte der Lebenswissenschaften, z.B. für eine neue Synthese von wissenschaftlicher und poetischer Sprache wenigstens in Einzelfällen; für eine erneute engere Verbindung von wissenschaftlicher Kultur und «Geisteskultur» bzw. «Gefühlswelt»; für die Darstellung wissenschaftlicher Konzepte der Lebenswissenschaften in der visuellen Ästhetik, von Laboratoriumsbauten bis zu goldenen Schalen für die In Vitro Fertilisation (IVF); für die Ausbildung neuer «ritueller» Formen, z.B. bei der IVF, oder der Gentherapie?

- Welche Konsequenzen ergeben sich für die therapeutische Umsetzung, z. B. in der Organtherapie mithilfe von Stammzellen, der somatischen Gentherapie, der Verwendung neuartiger Prothesen auf der Grundlage von Biomaterialien/Elektronik?
- Ist ein Überdenken erforderlich der ethischen Konzepte, z.B. der Verwendung von humanen embryonalen Stammzellen? der Verwendung von adulten Stammzellen? Der Reprogrammierung differenzierter Körperzellen? Der Definition von Beginn und Ende eines Lebewesens mit «menschlicher Würde» und der damit verbundenen Ausgestaltung eines vollständigen oder abgestuften Rechtsschutzes? Dem Ausmaß zulässiger gentherapeutischer Massnahmen? Der Gleichheit der Rechte aller Menschen bei therapeutischen Massnahmen, oder der Gewährung einer aufwändigen Lebensverlängerung nur für die Zahlungskräftigen/Mächtigen/Berühmten? Der Würde außermenschlicher hoch organisierter Lebensformen?
- Führt die Entwicklung der Lebenswissenschaften in ihrer Konsequenz zur Lebensvervollkommnung oder zur Lebenszerstörung?
- Möchten wir wirklich «unsterbliche Maschinen» werden oder doch lieber, wie Odysseus, das unmenschliche Angebot ablehnen und dafür unser Leben in Jugend, Reife und Altern in Würde leben, mit der möglichen Aussicht auf eine wirkliche lebenerfüllte Unsterblichkeit?

Literaturhinweise
Die Bibelzitate sowie die Goethezitate beruhen auf allgemein zugänglichen Ausgaben. Die Zitate aus Werken der genannten Philosophen, von Aristoteles bis LaMettrie, erfolgten aufgrund der Anthologie in der DB Schüler-Bibliothek: Philosophie. Zur wissenschaftlichen Seite wird auf allgemein zugängliche Quellen verwiesen (z. B. www.google.com: Altern, Aging). Hierzu insbesondere empfehlenswert: *Die Zukunft des Alterns – Die Anwort der Wissenschaft* (Hrsg. Peter Gruss). C.H.Beck, München 2007. Zu Problemen von Gentherapie und Stammzellenforschung siehe auch: *Homunculus – Der Mensch aus der Phiole* (Hrsg. Letizia Mancino-Cremer und Dieter Borchmeyer). Edition Mnemosyne, Heidelberg 2003. Zu den im wissenschaftlichen Umfeld des Autors bearbeiteten Fragen siehe www.google.com: light optical nanoscopy, nanobiophotonics, cellular networks, radiation biophysics, sowie www.bmm.uni-heidelberg.de.

Natürliche Grenzen statt Ewiges Leben

Hans Mohr, Institut für Biologie, Universität Freiburg i. Br.

Warum müssen wir sterben?

Der Alterstod ist in unserem Erbgut vorprogrammiert. Das maximal zu erreichende Alter, die Lebensspanne, läßt sich durch eine Optimierung der äußeren Lebensbedingungen nicht verlängern. Unsere ganze Individualentwicklung, auch das Altern, ist ein zielgerichteter Ablauf in Raum und Zeit, gekennzeichnet durch «Biomarker» und bestimmt durch unsere Gene. Der unaufhaltsame und irreversible Entwicklungsprozeß, dem wir unterliegen, beruht auf dem Wirken eines materiell vorgegebenen Programms, dessen Struktur und Wirkungsweise die Molekularbiologie unserer Tage entschlüsselt. Sicher, die Molekulargenetik des Alterns steht noch am Anfang, aber wir kennen bereits Gene und Genprodukte, die Schlüsselrollen beim Alterungsprozeß spielen. Das Altern ist also keine Krankheit, auch wenn es mit Krankheit und Leiden verbunden sein kann, und der Eintritt der Altersschwäche ist nicht das düstere Resultat von aufaddierten Organdefekten oder Verfehlungen in der Lebensführung, sondern die abschliessende Entwicklungsphase unseres Lebens, die erstaunlich präzisen Regelprozessen unterliegt.

Die Menschen in unserer Population würden, wenn sie alle den Alterstod erlitten, im Durchschnitt mit etwa 80 Jahren sterben. Die Grenze der Lebenserwartung liegt bei etwa 95 Jahren. Was darüber hinausreicht, sind seltene Ausnahmen. Unser Ende wäre also auch dann besiegelt, wenn es keine Infektionen, keine Unfälle, keine chronischen Krankheiten, keinen Drogengenuß, kein Übergewicht, keinen Mangel an Bewegung und keinen Dysstreß gäbe.

Ziel der Medizin kann es deshalb nicht sein, die Lebensspanne künstlich zu verlängern; die Anstrengungen der Ärzte bei der Beeinflussung des Alterungsprozesses sollten sich vielmehr darauf richten, durch Therapie und Prävention die Gesundheitsspanne so weit wie möglich der Lebensspanne anzugleichen.

Unsere wissenschaftlich-technische Kultur hat die Folge gezeitigt, daß Lebensspanne und Lebenserwartung heute nahe zusammen liegen. Die in der Bibel angesprochene Lebensspanne: «Unser Leben währet 70 Jahre, und wenn es hoch kommt, so sind es 80 Jahre» (Psalm 90,10), entspricht natürlich der unsrigen – wir haben die gleichen Gene wie unsere bronzezeitlichen Vorfahren –, aber die mittlere Lebenserwartung lag damals wegen der widrigen Lebensumstände in der Größenordnung von 20–30 Jahren. Noch in der Goethezeit betrug die mittlere Lebenserwartung etwa 32 Jahre, vor 100 Jahren etwa 40 Jahre.

Seitdem hat sich die Lebenserwartung der Neugeborenen glatt verdoppelt, von etwa 40 auf 80 Jahre. Wer heute das 70. Lebensjahr nicht vollendet, gilt als früh gestorben.

Die gesteigerte Lebenserwartung hat einen hohen Preis. Ein Beispiel: Nur ein Prozent der Gesamtbevölkerung leidet bei uns an der Alzheimer-Krankheit, bei den mehr als 70jährigen sind es schon 3 Prozent. Von den Deutschen, die das 80. Lebensjahr überschreiten, seien, so lernte ich dieser Tage, fast ein Viertel dazu verurteilt, am Morbus Alzheimer dahinzusiechen.

Ein Novum unserer Zeit ist es, daß immer mehr Menschen bei entsprechender medizinischer Behandlung ihren Alterstod verfehlen. Dies ist ein weites, schwieriges Gebiet. Das Selbstverständnis der Medizin steht hier zur Diskussion. Der Biologe oder Philosoph tut gut daran, sich mit Ratschlägen zurückzuhalten, auch wenn er, wie in meinem Fall, von Amts wegen intensiv über Gesundheitsökonomik nachgedacht hat. Aber zwei Anmerkungen seien mir gestattet. Die Intensivmedizin – auch die Transplantationschirurgie – sollte sich von Maßnahmen widernatürlicher Lebensverlängerung distanzieren und ihre eigentliche Position behaupten, als Hochleistungsmedizin zur Überbrückung krankheitsbedingter Krisenzustände. Und der zweite Punkt: Die beiden großen Volkskrankheiten – Herz-Kreislauf-Leiden und Krebs – sind beide alterskorreliert. Dies bedeutet, daß erfolgreiches ärztliches Wirken auf der einen Seite den tödlichen Ausgang auf die andere Seite verschiebt. Dies kann die Lebensqualität entscheidend treffen: Eine hochwirksame Therapie beim Bluthochdruck erhöht insgesamt den Leidensdruck. Für die Bewertung innovativer medizinischer Maßnahmen wird in Zukunft weniger der Einfluß auf die absolute Lebensdauer als vielmehr ihre Bedeutung für die Lebensqualität entscheidend sein.

Es ist, glaube ich, das Ziel der Medizin, Leiden zu mindern, die Gesundheitsspanne der Lebensspanne immer mehr anzugleichen. Und in dieser Mission ist die Medizin in der Bilanz ungeheuer erfolgreich gewesen. Wer dies nicht anerkennt, weiß einfach nicht, wie unsere Vorfahren gelitten haben. Wer unter den Kritikern unserer wissenschaftlich-technischen Kultur hat sich die Mühe gemacht, nachzuempfinden, was in den Häusern und in den Seelen der Menschen vorging, wenn sie der Pest und der Cholera, den Pocken und der Tuberkulose, dem Ergotismus und der Syphilis, dem Knochenbruch und den Salmonellen hilflos ausgeliefert waren oder wenn die schwangere Frau wußte, daß viele der Gebärenden an Kindbettfieber unter entsetzlichen Qualen sterben mußten? Aber wir sollten uns nicht zu sicher fühlen! Eine zunehmend kompakter und mobiler werdende, in Sachen Promiskuität nicht gerade zimperliche Menschheit bietet glänzende Voraussetzungen für das Gedeihen von Parasiten und Viren. Die Retro- und Coronaviren, aber auch die neuen Formen der Tuberkulose sind düstere Vorboten für das Wirken einer evolutorischen Regulation, deren wissenschaftliche und therapeutische Bewältigung keineswegs garantiert ist.

Was bleibt uns an Einsicht?

Wir wissen, daß wir ein Entwicklungsprogramm in uns tragen, das uns unentrinnbar dem Alter und dem Tode zuführt. Und wir verstehen aus der Theorie der Evolution, daß die zeitliche Begrenztheit des Individuallebens die Voraussetzung für die Stammesentwicklung gewesen ist, die auch den Homo sapiens hervorgebracht hat. Die Gesetze der Evolution können nur dann wirksam werden, wenn das Individualleben begrenzt ist, wenn immer wieder neue Genkombinationen den Platz der alten übernehmen. Gäbe es keinen Tod, so gäbe es kein Leben.

Viele Biomediziner bewerten die Entwicklung der Altersforschung optimistischer als ich es tue. Nach ihrer Auffassung wird es eines nahen Tages möglich sein, den Vorgang des Alterns tatsächlich zu verlangsamen. Manche meiner Kollegen rechnen auch damit, defekte Gewebe und Organe mit noch unspezialisierten Stammzellen wieder instand zu setzen und zu verjüngen. Nicht alle Biomediziner teilen diese Zuversicht, aber wir alle sind uns darin einig, daß von uns Mäßigung und Klugheit verlangt wird, weil wir offensichtlich an den ökonomischen und ethischen Grenzen der Medizin angekommen sind.

Aber was bedeuten Klugheit und Fairness in der modernen Medizin, was bedeuten Mäßigung und Gerechtigkeit? Die biologischen und ökonomischen Grenzen der Medizin lassen sich aufzeigen; die ethisch gebotenen Grenzen müssen wir noch finden. Auch in der Medizin ist nicht alles «gut», was möglich ist. Aber bei aller Skepsis, mit der viele von uns die Entwicklung des Gesundheitswesens begleiten, dürfen wir einen glücklichen Umstand nie aus dem Auge verlieren: In der Bilanz war und ist die moderne, an den Naturwissenschaften orientierte Medizin ein Segen ohne Beispiel, ein Segen, an dem wir alle teilhaben. Wir leben – um dies noch mal zu sagen – weit besser, als jemals Menschen vor uns gelebt haben.

Reproduktives Klonen als ein Weg zur Überwindung der natürlichen Grenze?

Klonierung, die Bildung von Klonen, ist ein natürlicher Prozess. Die Gesamtheit der vegetativ, also ohne geschlechtliche Vorgänge, aus einem Individuum, z. B. einer Hefezelle, hervorgegangenen Nachkommen nennt man in der Wissenschaft einen Klon (nach dem griechischen Wort für Sproß). In der Regel, wenn keine Mutationen auftreten, besitzen alle Individuen eines Klons das gleiche Erbgut. Klonbildung kommt auch bei höheren Organismen häufig vor. Die Bildung von Kartoffelknollen gilt als Paradigma einer auf

Klonierung beruhenden vegetativen Fortpflanzung. Die künstliche Klonierung, das aktive Klonen, ist eine uralte Methode der Züchtung und Vermehrung von Kulturpflanzen: Stecklingsvermehrung, Pfropfung, Teilung von Knollen ... alles Klonierungsvorgänge! Die Nutzung von Bananen, Bataten, Maniok, Kartoffeln, Weinreben, Olivenbäumen und vielen anderen wichtigen Kultur- und Forstpflanzen geschieht durch künstliche Klonierung.

Bereits um 1960 herum hat man gelernt, über somatische Embryogenese ganze Pflanzen aus isolierten adulten Einzelzellen zu regenerieren. Die isolierten Zellen werden mit Pflanzenhormonen zur Teilung angeregt. Es entsteht ein Zellhaufen (Kallus genannt), aus dem «somatische Embryonen» herauswachsen. Diese Embryonen lassen sich auf einzelne somatische «Keimzellen» im Kallusgewebe zurückführen, die sich offenbar genau so verhalten wie befruchtete Eizellen. Da sich die somatischen Embryonen zum Kallusgewebe hin abgrenzen, lassen sie sich leicht abtrennen und isoliert kultivieren. Die entstehenden Pflanzen sind ihrem Genotyp nach mit der ursprünglichen Mutterpflanze (Lieferant der Ausgangszelle) identisch.

Die praktische Bedeutung der Erzeugung somatischer Embryonen wurde in der Pflanzenzüchtung natürlich sofort erkannt. Genphysiologisch bedeutete die somatische Embryogenese seinerzeit nicht nur den Beleg für die Totipotenz adulter Zellen, sondern vor allem auch den Nachweis dafür, daß adulte Zellen auf den genphysiologischen Stand einer embryonalen Zelle und schließlich einer Keimzelle (Zygote) zurückgedreht werden können.

Auch bei Tieren ist die Klonbildung von Natur aus weit verbreitet. Bei manchen Coelenteraten (Hohltieren) zum Beispiel beruht der Generationswechsel zwischen Polypen und Medusen auf der Fähigkeit der Polypen zur Knospung. Bei den Säugetieren ist die Bildung genetisch identischer Mehrlinge über eine natürliche Embryoteilung weit verbreitet. Die künstliche Mehrlingsbildung über künstliche Embryoteilung spielt in der Rinderzucht seit Jahren eine wichtige Rolle.

Neuerdings hat der Transfer von diploiden Zellkernen aus somatischen Zellen in zuvor entkernte Oozyten auch bei Säugern zur Entwicklung adulter Tiere geführt (Dolly). Die Aufregung um Dolly und andere Produkte des «reproduktiven Klonens» hat die sachverständigen Wissenschaftler überrascht, da entsprechende Experimente, die J. B. Gurdon (Oxford) bereits in den 60er-Jahren mit dem Krallenfrosch Xenopus geglückt waren, von der Öffentlichkeit ebenso wenig zur Kenntnis genommen wurden wie die oben geschilderte Erzeugung somatischer Embryonen. Offenbar hatten Juristen, Philosophen und Theologen und vor allem die Medien seinerzeit das neue Zielgebiet noch nicht entdeckt.

Entwicklungsbiologisch bedeutet die Kreation des Schafs Dolly allerdings eine wichtige Zäsur in Richtung «reproduktives Klonen» bei Säugetieren. Bei Säugerzellen ging man nämlich davon aus, daß sie im Zuge der Entwicklung ihre Totipotenz rasch verlieren. Die Erfahrungen mit Dolly und anderen Säugetieren deuten aber darauf hin, daß Zellkerne aus differenzierten Säugerzellen – ähnlich wie Pflanzenzellen – über eine «Reprogrammierung» wieder totipotent werden können. Damit war die Basis für «reproduktives Klonen» geschaffen.

Beim Menschen kommt natürliche Klonierung in Form der Mehrlingsbildung über Embryoteilung bei etwa vier Promille der Geburten vor. Eineiige (genauer, monozygotische) Zwillinge haben die Wissenschaft seit jeher fasziniert. Für die Frage nach der Bedeutung von Erbgut und Umwelt für die körperliche und geistig-seelische Entwicklung des Menschen wurde das Studium monozygotischer Zwillinge zur wichtigsten Erkenntnisquelle. Da wohl niemand die Idee verfolgt, die natürliche Klonbildung beim Menschen zu verbieten, betrifft die gegenwärtige ethische Diskussion lediglich die Frage, ob auch beim Menschen eine Zellkernübertragung aus Körperzellen in zuvor entkernte Eizellen mit nachfolgender intrauteriner Entwicklung der «künstlichen» Zygote statthaft sein soll.

Aus Sicht der Wissenschaft spricht einiges dagegen. Technische Schwierigkeiten sind zu erwarten, vor allem bei der Kernübertragung. Eine schrittweise Optimierung dieser Verfahren wäre vermutlich möglich, aber das biologische Ziel würde den experimentellen Einsatz unzähliger Oocyten erfordern, eine heteronome Zwecksetzung, die das geltende Embryonenschutzgesetz in

Deutschland strikt verbietet. Also besteht im Grunde kein Diskussionsbedarf: Lex locuta causa finita! Das «künstliche» Klonieren von Menschen würde insofern eine qualitative Änderung des menschlichen Selbstverständnisses bedeuten als sich die Menschen mit dem gleichen genetischen Programm im physiologischen und geistig-seelischen Alter, auch im Grad der Erfahrung und Reife unterschieden. Dies wäre ein neuer, vermutlich unerfreulicher Beitrag zum Generationenkonflikt.

Die Möglichkeit einer kruden Instrumentalisierung des «Klonbruders», z. B. zum Zweck einer individuellen Organbank, wäre nicht auszuschließen. Die Klonierung müßte somit einem strengen Instrumentalisierungsverbot unterworfen werden. Ein solches Verbot ließe sich erfahrungsgemäß international nicht durchsetzen, usw.

Den Biologen irritieren darüber hinaus einige experimentelle Tatbestände, die in der «philosophischen» Diskussion meist übersehen werden. Meine Kollegen berichten seit Jahren über Entwicklungsdefekte und hohe Mortalitätsraten bei Säugetieren, die über Zellkern-Transfer-Klonierung entstanden sind (z.B. *Nature Biotechnology* 17, 405, 1999). Bei Kälbern zeigen Zellkern-Transfer-Klone regelmäßig eine erhebliche phänotypische Variabilität, die deutlich über dem liegt, was man von monozygotischen Zwillingen her kennt (z. B. Reprod. Dom. Anim. 33, 67, 1998). Die Forscher gehen davon aus, daß unterschiedliche cytoplasmatisch-nukleäre Wechselwirkungen ins Spiel kommen, die entweder auf die biotechnischen Eingriffe zurückzuführen sind oder auf unterschiedlichen Interaktionen der übertragenen Kern-DNA mit der heteroplasmatischen mitodrondrialen DNA beruhen. Neuerdings wird die fehlerhafte Reaktivierung eines X-Chromosoms für die ausgeprägten Entwicklungsdefekte bei weiblichen Tieren verantwortlich gemacht.

Diese irritierenden Befunde erinnern den Fachmann an ähnliche Probleme, auf die man bereits vor Jahrzehnten bei der Regeneration höherer Pflanzen aus Zell-oder Gewebekulturen (somatische Embryogenese, s. o.) gestoßen ist. Zu ihrer Überraschung beobachteten seinerzeit die Forscher bei den Regeneraten eine erhebliche phänotypische Variabilität, die bei den mutmaßlich genetisch identischen

Regeneraten nicht zu erwarten war. Man nannte das Phänomen «somaklonale Variation». Die Diskussion über die Ursachen der somaklonalen Variation kann hier nicht repetiert werden. Auf was es mir ankommt, ist die Feststellung, daß die hohe Variabilität und die beträchtliche Mortalität bei geklonten Säugetieren – in Analogie zur somaklonalen Variation vermutlich eher mit genetisch/epigenetischen Entwicklungsstörungen zu tun hat als mit den biotechnischen Eingriffen als solchen. Derzeit hält man die fehlerhafte «Reprogrammierung» des Erbguts für das eigentliche Problem. Was immer die Ursachen für die Entwicklungsanomalien bei geklonten Säugetieren sein mögen, die Lehre, die man aus den Erfahrungen mit den via somatische Embryogenese geklonten Pflanzen ziehen kann, lautet: Klonale Uniformität ist eher die Ausnahme als die Regel. Darüber hinaus muß mit gravierenden Entwicklungsstörungen gerechnet werden, die nicht «technisch» zu erklären sind.

Bei diesem Stand der entwicklungsbiologischen Grundlagenforschung wäre es m. E. unverantwortlich, die künstliche Klonierung von Menschen über Zellkerntransfer ins Auge zu fassen. Zugunsten eines «reproduktiven Klonens» in Analogie zu dem Dolly-Verfahren gibt es nach meiner Einschätzung beim Menschen keine guten Gründe. Wir sollten entsprechende Versuche lieber bleiben lassen.

LITERATUR

Mohr, H. (2006) *Wissen und Demokratie*, Kapitel 13: Biomedizin. Rombach-Verlag, Freiburg

Verjüngung durch Liebe – Goethe und immer noch kein Ende

Dieter Borchmeyer, Präsident der Bayerischen Akademie der Schönen Künste München

Unsterblichkeit ist der älteste Traum des Menschen. Sie war ihm im Paradies verheißen, durch die Erbsünde hat er sich jedoch den Tod eingehandelt. So die Bibel, so zumal die paulinische Theologie: der Tod ist der Sünde Sold. Mythen und Märchen aller Kulturkreise setzen dem Prozeß des unaufhaltsam zum Tode führenden Alterns und Verfalls den Traum der Verjüngung entgegen. Von Religion und Philosophie über Kunst und Wissenschaft bis zu Kosmetik und Kulinarik reichen die immer aufwendigeren und ausgefeilteren, den ganzen Spielraum zwischen Sublimität und Banalität ausschöpfenden Angebote, der Zeit und damit dem Tode zu entrinnen.

Immer erwartete die Menschheit zumal von Naturwissenschaft und Medizin oder von dem, was man dafür hielt, von Quacksalbern und vermeintlich über geheime Quellen der Natur verfügenden Heilspropheten Hilfe bei der Suche, dem Tod wie Franz von Kobells Brandner Kaspar ein Schnippchen zu schlagen und das «ewig' Leben» zu erschleichen. Zu keiner Zeit aber waren die Hoffnungen in dieser Hinsicht so groß wie heute, da Biophysik und Gentechnologie vermeintlich bisher ungeahnte Möglichkeiten geschaffen haben, das Leben unabsehbar auszudehnen und den Tod in weite Ferne zu rücken.

Doch wollen wir, so fragte Christoph Cremer in seinem Beitrag, wirklich «unsterbliche Maschinen» werden oder nicht doch lieber wie Odysseus ein solches gegen die conditio humana verstoßendes Angebot ablehnen «und dafür unser Leben in Jugend, Reife und Altern in Würde leben, mit der möglichen Aussicht auf eine wirkliche lebenerfüllte Unsterblichkeit»? Es läßt sich nun einmal nicht umgehen: «Der Alterstod ist in unserem Erbgut vorprogrammiert.» So Hans Mohr. Das Altern ist als solches mithin keine Krankheit, sondern «die abschließende Entwicklungsphase unseres Lebens». Auch ohne Krankheiten und Unfälle und auch bei der gesündesten Lebensführung wäre unser Lebensende besiegelt. «Wir wissen, daß wir ein Entwicklungsprogramm in uns tragen, das uns unentrinnbar dem Alter und dem Tode zuführt. Und wir verstehen aus der Theorie der Evolution, daß die zeitliche Begrenztheit des Individuallebens die Voraussetzung für die Stammesentwicklung gewesen ist, die auch den Homo sapiens hervorgebracht hat. Die Gesetze der Evolution können nur dann wirksam werden, wenn das Individualleben begrenzt ist, wenn immer wieder neue Genkombinationen den Platz der alten übernehmen. Gäbe es keinen Tod, so gäbe es kein Leben.»

Man könnte diesen Satz von Hans Mohr in Schopenhauersche Philosophie übertragen. In seiner Abhandlung *Über den Tod und sein Verhältnis zur Unzerstörbarkeit unsers Wesens an sich* (1819) verkündet Schopenhauer: «Der Tod ist die große Zurechtweisung, welche der Wille zum Leben und näher der diesem wesentliche Egoismus durch den Lauf der Natur erhält. [...] Der Egoismus besteht eigentlich darin, daß der Mensch alle Realität auf seine eigene Person beschränkt, indem er in dieser allein zu existieren wähnt, nicht in den andern.» Das Sterben nun, so Schopenhauer, «ist der Augenblick jener Befreiung von der Einseitigkeit einer Individualität, welche nicht den innersten Kern unsers Wesens ausmacht, vielmehr als eine Art Verirrung desselben zu denken ist: die wahre, ursprüngliche Freiheit tritt wieder ein, in diesem Augenblick, welcher [...] als eine restitutio in integrum betrachtet werden kann.» Stirbt das menschliche Individuum, so lebt die menschliche Gattung fort; und wenn das Individuum einsehen lernt, daß «unser Wesen an sich» nicht in der Individualität, sondern in der Gattung liegt, wenn dieses Wesen demgemäß nicht in der eigenen Person, im principium individuationis, sondern in dessen Aufhebung, im Anderen zu suchen ist – eine Suche, die sich in der Tugend des Mitleids vollendet, welche die eigene Person mit der anderen identifiziert, zum Wissen des Veda gelangt: «Tat twam asi! (Dieses bist du!)» –, dann kann das Individuum sich der «Unzerstörbarkeit» seines Wesens gewiß sein. Das ist die Gewißheit, in der sich Wagners Tristan und Isolde, welche mit dem vermeintlichen Liebestrank den Zaubertrank der Schopenhauerschen Philosophie genossen haben, dem Tode öffnen, das ist der Trost, den sich in Thomas Manns erstem Roman Thomas Buddenbrook – sein Lebensende ahnend – bei seiner Schopenhauer-Lektüre spendet.

Schopenhauer ist der Philosoph der Epochenstimmung des Weltschmerzes, in welcher die Sehnsucht nach dem ewigen Leben aufgrund der Einsicht in die Verdorbenheit des hiesigen in Sehnsucht nach dem Tode umschlägt. Der Fluch, sterben zu müssen, verwandelt sich in den Fluch, zu ewigem Leben verdammt zu sein. Das ist der Angelpunkt der zu neuer Aktualität gelangenden Ahasver-Legende, die auch in Wagners *Fliegendem Holländer* und der Kundry seines *Parsifal* variiert wird. Wie in der Bibel der Tod der Sünde Sold, so ist in einem vom Todestrieb heimgesuchten Zeitalter nun das Nicht-Sterben-Können der Sold menschlicher Hybris und Schuld. Diese wird in der Ahasver-Legende und ihren Metamorphosen durch eine die Naturgesetze außer Kraft setzende Verwünschung bestraft, welche das, was die Folge der Ursünde Adams und Evas gewesen ist – den Tod – wieder aufhebt, aber den paradiesischen Urzustand in einen höllischen Fluch verkehrt: eben nicht sterben zu dürfen.

In der Literatur gerade des letzten Jahrhunderts, in einem Zeitalter, das mehr und mehr die metaphysische Sicherheit und den Glauben an die – mit Lyotard zu reden – «großen Erzählungen» verloren hat, ist die Unausweichlichkeit des Todes zu einem immer wieder in Hoffnung und Verzweiflung umspielten Thema geworden. Es seien hinsichtlich ihrer Todesbilder nur zwei radikale Antipoden erwähnt: der Schopenhauerianer Thomas Mann mit seiner Lebensformel von der «Sympathie mit dem Tode» und Elias Canetti in seiner hybriden Tod-Feindschaft, seinem absurden Unterfangen, «die Unsterblichkeit von den Göttern zurückzufordern».

Um aber am Schluß dieses Bandes noch einmal zu Goethe zurückzukehren: Wie war es mit seinem Verhältnis zum Tode bestellt? Gewiß: er ist keiner der großen Todesdichter der Weltliteratur – anders als Schiller, von dem er in seinem *Epilog zu Schillers Glocke* gesagt hat: «Dem Leiden war er, dem Tod vertraut.» Der Tod scheint für ihn ein großes Tabu, an das er ungern rührte, gewesen zu sein, wie zumal seine Scheu zeigt, an Bestattungen selbst der Nächststehenden teilzunehmen, ja sich von diesen abzuschirmen, wenn sie von tödlicher Krankheit heimgesucht wurden. Und doch finden sich in seinem Werk tiefgründige Todesvisionen, die zeigen, daß der Tod für ihn immer Bestandteil, ja Bedingung des Lebens war. In der ungeheuren Szene am Ende des *Prometheus*-Fragments identifiziert der Titan den Eros, dessen Gewalt seine Tochter Pandora in einer von ihr beobachteten Liebesszene erfahren hat, mit dem Tod: «Da ist ein Augenblick, der alles erfüllt, / Alles, was wir gesehnt, geträumt, gehofft, / Gefürchtet, meine Beste. Das ist der Tod.»

Eros und Thanatos verschmelzen in diesen Versen des jungen Goethe. In ihrer Aufhebung der Grenzen der Menschheit werden Liebe und Tod eins. So schreibt ein junger Dichter, dem der Tod noch fern ist. Je älter Goethe freilich wurde, je näher der Tod ihm rückte, desto mehr erfuhr er die Liebe im Gegenteil als eine todesaufschiebende, zeitaufhebende, verjüngende Macht. Das bedeutendste poetische Dokument dafür ist sein *West-östlicher Divan*. Die fiktive Reise in den Osten, in die Jugend der Menschheit, ist zugleich eine Liebes-Reise in den Westen Deutschlands: in die Landschaft der Jugend Goethes an Rhein, Main und Neckar. Und beide «Zeitreisen» sollen den Dichter verjüngen. Den Aufbruch zu einem neuen poetischen Ufer hat Goethe wie einst die Flucht von Karlsbad nach Italien – nun in einem angemesseneren historisch-geographischen Kontext – als «Hegire» bezeichnet: nach der Hedschra des Mohammed von Mekka nach Medina, mit der die islamische Zeitrechnung beginnt.

Gleich im ersten Gedicht des Zyklus «Hegire» erklingt das Motiv der Verjüngung durch die Zeitreise in den Orient und durch die altbekannten Verjüngungselixiere Weib, Wein und Gesang: «Flüchte du, im reinen Osten / Patriarchenluft zu kosten, / Unter Lieben, Trinken, Singen / Soll dich Chisers Quell verjüngen.» Oder über die verjüngende Wirkung des Weins als Liebestranks heißt es im

«Schenkenbuch»: «Jugend ist Trunkenheit ohne Wein; / Trinkt sich das Alter wieder zu Jugend, / So ist es wundervolle Tugend.» Auch der Greis wird durch die Liebe jung: «So sollst du, muntrer Greis, / Dich nicht betrüben, / Sind gleich die Haare weiß, / Doch wirst du lieben.« («Phänomen»). Wie ein Kommentar zu diesem Gedicht wirkt die folgende Passage über den Dichter aus Goethes *Noten und Abhandlungen zu besserem Verständnis des west-östlichen Divans*: «ihm entwich die Jugend; sein Alter, seine grauen Haare schmückt er mit der Liebe Suleikas [...]. Sie, die Geistreiche, weiß den Geist zu schätzen, der die Jugend früh zeitigt und das Alter verjüngt.»

Goethe hat wiederholt betont, daß die zyklisch wiederkehrende Verjüngung im Leben eines Menschen – namentlich durch die Liebe – das A und O jeglicher Kreativität ist. In seinem Gespräch mit Eckermann am 11. März 1828 hat er von der «wiederholten Pubertät» gesprochen, die «geniale Naturen» durchleben – «während andere Leute nur einmal jung sind. [...] Daher kommt es denn, daß wir bei vorzüglich begabten Menschen auch während ihres Alters immer noch frische Perioden besonderer Produktivität wahrnehmen; es scheint bei ihnen immer einmal wieder eine temporäre Verjüngung einzutreten, und das ist es, was ich eine wiederholte Pubertät nennen möchte.»

Goethe hat freilich auch erfahren müssen, daß solcher Verjüngung im unaufhaltsamen Fortschritt der Zeit und des Alters Grenzen gesetzt sind – gerade, wenn es um Liebe geht. Das letzte tragische Exempel dafür in seinem Leben ist die vergebliche Leidenschaft für Ulrike von Levetzow gewesen. Und für ihn bestand ein bedeutender Unterschied zwischen einer gewissermaßen symbolischen Verjüngung, wie sie ihm immer wieder zuteil wurde, und dem Unterfangen, die biologische Differenz zwischen Jugend und Alter zu negieren. Das lyrische Ich des *West-östlichen Divan* bleibt ein Greis («sind gleich die Haare weiß») – wenn auch durch Liebe jung («doch wirst du lieben»). Den Versuch, jene biologische Differenz zu verwischen, gleichsam magisch oder kosmetisch aufzuheben, hat Goethe nur mit tragischer oder komischer Ironie bedacht. Die beiden Musterbeispiele in seiner Dichtung sind Fausts Verjüngungstrank und die kosmetische Verjüngung des «Manns von funfzig Jahren» in *Wilhelm Meisters Wanderjahre*.

«Hat die Natur und hat ein edler Geist / Nicht irgendeinen Balsam ausgefunden?» Einen Balsam, ihm «dreißig Jahre [...] vom Leibe» zu schaffen? So fragt Faust Mephisto in der Szene «Hexenküche». Die Banalität des Verjüngungswunsches wird durch das «tolle Zauberwesen» und die «Sudelköcherei» der Hexe doch allzu deutlich offenbar. Das spürt Faust sehr wohl. Deshalb möchte er das Banale lieber in sublimer Verschleierung genießen. Daraufhin macht ihm Mephisto einen ironischen Vorschlag: «Dich zu verjüngen, gibt's auch ein natürlich Mittel» – nämlich Fitneß-Training und Bio-Kost:

> Gut! Ein Mittel, ohne Geld
> Und Arzt und Zauberei zu haben:
> Begib dich gleich hinaus aufs Feld,
> Fang an zu hacken und zu graben,
> Erhalte dich und deinen Sinn
> In einem ganz beschränkten Kreise,
> Ernähre dich mit ungemischter Speise,
> Leb mit dem Vieh als Vieh, und acht es nicht für Raub,
> Den Acker, den du erntest, selbst zu düngen;
> Das ist das beste Mittel, glaub,
> Auf achtzig Jahr dich zu verjüngen!

Das freilich ist nicht nach dem Geschmack Fausts, der da eine recht lächerliche Figur abgibt:

> Das bin ich nicht gewöhnt, ich kann mich nicht bequemen,
> Den Spaten in die Hand zu nehmen.
> Das enge Leben steht mir gar nicht an.

Mephistos lakonischer Kommentar, der Fausts Verjüngungswunsch schonungslos ridikülisiert: «So muß denn doch die Hexe dran.» Durch den Hexentrank wird Faust in seinem Wesen tiefgreifend verändert – von der Banalität des Bösen eingeholt, nur noch von sexuellem Begehren erfüllt, in Selbsttäuschung dahintaumelnd. «Du siehst, mit diesem Trank im Leibe, / Bald Helenen in jedem Weibe.» So der Kommentar Mephistos hinter vorgehaltener Hand.

Schonender geht Goethe mit einem anderen Mann um, der sich durch die Liebe eines jungen Mädchens verführen läßt, sein Alter zu verleugnen und sich zwar nicht durch magische «Genmanipulation», aber durch Kosmetik zu verjüngen – und damit, wenn auch nicht so radikal und unheilvoll wie Faust, einer Selbsttäuschung und Selbstentfremdung zu verfallen: der Major in *Der Mann von funfzig Jahren*. Im Tagebuch Ottilies in den *Wahlverwandtschaften* stoßen wir auf folgende Bemerkung: «Einem bejahrten Manne verdachte man, daß er sich noch um junge Frauenzimmer bemühte. Es ist das einzige Mittel, versetzte er, sich zu verjüngen und das will doch jedermann» Diese «Verjüngung» und ihre Problematik ist das Thema der Goetheschen Novelle aus den *Wanderjahren*. Für ihn gewann es 1823 bestürzende Aktualität, als seine Marienbader Liebe zu Ulrike von Levetzow seine ganze Lebensdisziplin auf eine tragische Probe stellte. Unter dem Eindruck dieser letzten Leidenschaft gestaltete er die Fortsetzung der Novelle vom «Mann von funfzig Jahren» im vierten und fünften Kapitel des zweiten Buchs der Neufassung der *Wanderjahre*, die in deren erster Fassung von 1821 noch gefehlt hatte.

Thomas Mann hat sich lange mit dem Gedanken getragen, eine Novelle über Goethe in Marienbad zu schreiben: «die – grotesk gesehene – Geschichte des Greises Goethe zu jenem kleinen Mädchen in Marienbad [...], diese Geschichte mit allen ihren schauerlich-komischen, hoch-blamablen, zu ehrfürchtigem Gelächter stimmenden Situationen» (an Carl Maria Weber vom 4. Juli 1920). Aus diesem ursprünglichen Novellenplan ist schließlich *Der Tod in Venedig* hervorgegangen. In einem Brief an Julius Bab vom 2. März 1913 hat Thomas Mann sich mit der Frage auseinandergesetzt, ob die «letzte Leidenschaft in Marienbad» Goethe «nur Verjüngung gebracht hat», wie Bab wähnt; Thomas Mann zweifelt daran: «Ohne eine groteske Entwürdigung wird es kaum abgegangen sein». Diese Entwürdigung ist ein Leitmotiv auch im *Tod in Venedig*: wir erinnern an die kosmetische Verjüngung Aschenbachs – auch er ein Mann von fünfzig Jahren – am Ende der Erzählung.

Kein Zweifel, dieses Motiv ist inspiriert durch die Novelle der *Wanderjahre*, wo sich der Titelheld durch einen Schauspieler kosmetisch verjüngen läßt. Hier bereits hat das Motiv groteske Vorzeichen, die vor allem hervortreten, als der verjüngte Major zwei Vorderzähne verliert. Für ihn freilich ist der Zahnausfall ein ernüchterndes Signal, das ihm die Notwendigkeit zu Bewußtsein bringt, sein Alter zu akzeptieren: «der Liebeswahn des Alters verschwindet in Gegenwart leidenschaftlicher Jugend», der Major vertauscht seiner Nichte gegenüber die Rolle des «ersten Liebhabers», die er – altersgerecht – seinem Sohn überläßt, wieder gegen die Haltung des «zärtlichen Vaters».

Goethe hat den Gedanken einer veritablen Verjüngung ebenso abgewiesen wie haltlose Spekulationen über ewiges Leben und Unsterblichkeit. «Die Beschäftigung mit Unsterblichkeitsideen ist für vornehme Stände und besonders für Frauenzimmer, die nichts zu tun haben», bemerkt Goethe am 25. Februar 1824 Eckermann gegenüber. Gleichwohl war er überzeugt von «unserer Fortdauer, denn die Natur kann die Entelechie nicht entbehren.» Doch die Fortdauer gründet für ihn nicht platonisch in der Unsterblichkeit jeder Seele, sondern aristotelisch in der Größe der Entelechie – als des »Wesens, das immer in Funktion ist« (*Maximen und Reflexionen* 1365), wie er Eckermann am 1. September 1829 bekennt: «Aber wir sind nicht auf gleiche Weise unsterblich, und um sich künftig als große Entelechie zu manifestieren, muß man auch eine sein.»

In einem Gespräch mit Eckermann am 11. März 1828 hat Goethe seinen Glauben an die Entelechie ausführlicher dargelegt: «Jede Entelechie nämlich ist ein Stück Ewigkeit, und die paar Jahre, die sie mit dem irdischen Körper verbunden ist, machen sie nicht alt. Ist diese Entelechie geringer Art, so wird sie während ihrer körperlichen Verdüsterung wenig Herrschaft ausüben, vielmehr wird der Körper vorherrschen, und wie er altert, wird sie ihn nicht halten und hindern. Ist aber die Entelechie mächtiger Art, wie es bei allen genialen Naturen der Fall ist, so wird sie, bei ihrer belebenden Durchdringung des Körpers, nicht allein auf dessen Organisation kräftigend und veredelnd einwirken, sondern sie wird auch, bei ihrer geistigen Übermacht, ihr Vorrecht einer ewigen Jugend fortwährend geltend zu machen suchen.» Kein Zweifel, daß Goethe sich diesen genialen Naturen zuzählte, deren Entelechie sich über die Hinfälligkeit des Körpers so erhoben hat, daß ihr – nach dem Tode – ewige Jugend zuteil wird.

In diesem und nur diesem Sinne hat Goethe an Unsterblichkeit geglaubt. In einem Brief an Zelter vom 19. März 1827 hat er sich deshalb der Zuversicht hingegeben, daß «der ewig Lebendige uns neue Tätigkeiten, denen analog, in welchen wir uns schon erprobt, nicht versagen» wird und uns weiterhin «in die Kämme des Weltgetriebes eingreifen» läßt. Am 2. Mai 1824 drückt er Eckermann gegenüber die «feste Überzeugung» aus, «daß unser Geist ein Wesen ist ganz unzerstörbarer Natur; er ist ein fortwirkendes von Ewigkeit zu Ewigkeit. Er ist der Sonne ähnlich, die bloß unsern irdischen Augen unterzugehen scheint, die aber eigentlich nie untergeht, sondern unaufhörlich fortleuchtet.»

Vor dem Hintergrund dieser Überzeugung hat der Tod für Goethe im Grunde seinen Schrecken verloren. Man solle, so schreibt er am 27. September 1826 an Nees von Esenbeck, «das Leben aus dem Tode betrachten, und zwar nicht von der Nachtseite, sondern von der ewigen Tagseite her, wo der Tod immer vom Leben verschlungen wird». Die bewegendsten Worte über die Einheit von Tod und Leben aber hat Goethe dem Pfarrer im neunten Gesang von Hermann und Dorothea in den Mund gelegt, wo es heißt:

> [...] Des Todes rührendes Bild steht
> Nicht als Schrecken dem Weisen und nicht als Ende dem Frommen.
> Jenen drängt es ins Leben zurück und lehret ihn handeln;
> Diesem stärkt es zu künftigem Heil im Trübsal die Hoffnung;
> Beiden wird zum Leben der Tod. [...]

Anhang
Die Natur (1780)

Fragment von Christof Tobler, mit handschriftlichen Änderungen von Goethe, der sich zu einem viel späteren Zeitpunkt (irrtümlicherweise) als Verfasser bekannte.

Natur! Wir sind von ihr umgeben und umschlungen – unvermögend aus ihr herauszutreten, und unvermögend tiefer in sie hineinzukommen. Ungebeten und ungewarnt nimmt sie uns in den Kreislauf ihres Tanzes auf und treibt sich mit uns fort, bis wir ermüdet sind und ihrem Arme entfallen.

Sie schafft ewig neue Gestalten, was da ist, war noch nie, was war, kommt nicht wieder – alles ist neu, und doch immer das Alte. Wir leben mitten in ihr und sind ihr fremde. Sie spricht unaufhörlich mit uns und verrät uns ihr Geheimnis nicht. Wir wirken beständig auf sie und haben doch keine Gewalt über sie.

Sie scheint alles auf Individualität angelegt zu haben und macht sich nichts aus den Individuen. Sie baut immer und zerstört immer, und ihre Werkstätte ist unzugänglich.

Sie lebt in lauter Kindern, und die Mutter, wo ist sie? – Sie ist die einzige Künstlerin: aus dem simpelsten Stoff zu den größten Kontrasten; ohne Schein der Anstrengung zu der größten Vollendung – zur genausten Bestimmtheit, immer mit etwas Weichem überzogen. Jedes ihrer Werke hat ein eigenes Wesen, jede ihrer Erscheinungen den isoliertesten Begriff, und doch macht alles eins aus.

Sie spielt ein Schauspiel: ob sie es selbst sieht, wissen wir nicht, und doch spielt sies für uns, die wir in der Ecke stehen.

Es ist ein ewiges Leben, Werden und Bewegen in ihr, und doch rückt sie nicht weiter. Sie verwandelt sich ewig, und ist kein Moment Stillestehen in ihr. Fürs Bleiben hat sie keinen Begriff, und ihren Fluch hat sie ans Stillestehen gehängt. Sie ist fest. Ihr Tritt ist gemessen, ihre Ausnahmen selten, ihre Gesetze unwandelbar.

Gedacht hat sie und sinnt beständig; aber nicht als ein Mensch, sondern als Natur. Sie hat sich einen eigenen allumfassenden Sinn vorbehalten, den ihr niemand abmerken kann.

Die Menschen sind alle in ihr und sie in allen. Mit allen treibt sie ein freundliches Spiel und freut sich, je mehr man ihr abgewinnt. Sie treibts mit vielen so im Verborgenen, daß sies zu Ende spielt, ehe sies merken.

Auch das Unnatürlichste ist Natur, auch die plumpste Philisterei hat etwas von ihrem Genie. Wer sie nicht allenthalben sieht, sieht sie nirgendwo recht.

Sie liebt sich selber und haftet ewig mit Augen und Herzen ohne Zahl an sich selbst. Sie hat sich auseinandergesetzt, um sich selbst zu genießen. Immer läßt sie neue Genießer erwachsen, unersättlich sich mitzuteilen.

Sie freut sich an der Illusion. Wer diese in sich und andern zerstört, den straft sie als der strengste Tyrann. Wer ihr zutraulich folgt, den drückt sie wie ein Kind an ihr Herz.

Ihre Kinder sind ohne Zahl. Keinem ist sie überall karg, aber sie hat Lieblinge, an die sie viel verschwendet und denen sie viel aufopfert. Ans Große hat sie ihren Schutz geknüpft.

Sie hat wenige Triebfedern, aber, nie abgenutzte, immer wirksam, immer mannigfaltig.

Sie spritzt ihre Geschöpfe aus dem Nichts hervor und sagt ihnen nicht, woher sie kommen und wohin sie gehen. Sie sollen nur laufen; die Bahn kennt sie.

Ihr Schauspiel ist immer neu, weil sie immer neue Zuschauer schafft. Leben ist ihre schönste Erfindung, und der Tod ist ihr Kunstgriff, viel Leben zu haben.

Sie hüllt den Menschen in Dumpfheit ein und spornt ihn ewig zum Lichte. Sie macht ihn abhängig zur Erde, träg und schwer, und schüttelt ihn immer wieder auf.

Sie gibt Bedürfnisse, weil sie Bewegung liebt. Wunder, daß sie alle diese Bewegung mit so wenigem erreicht. Jedes Bedürfnis ist Wohltat; schnell befriedigt, schnell wieder erwachsend. Gibt sie eins mehr, so ists ein neuer Quell der Lust; aber sie kommt bald ins Gleichgewicht.

Sie setzt alle Augenblicke zum längsten Lauf an, und ist alle Augenblicke am Ziele.

Sie ist die Eitelkeit selbst, aber nicht für uns, denen sie sich zur größten Wichtigkeit gemacht hat.

Sie läßt jedes Kind an sich künsteln, jeden Toren über sich richten, Tausende stumpf über sich hingehen und nichts sehen, und hat an allen ihre Freude und findet bei allen ihre Rechnung.

Man gehorcht ihren Gesetzen, auch wenn man ihnen widerstrebt; man wirkt mit ihr, auch wenn man gegen sie wirken will.

Sie macht alles, was sie gibt, zur Wohltat, denn sie macht es erst unentbehrlich. Sie säumet, daß man sie verlange; sie eilet, daß man sie nicht satt werde.

Sie hat keine Sprache noch Rede, aber sie schafft Zungen und Herzen, durch die sie fühlt und spricht.

Ihre Krone ist die Liebe. Nur durch sie kommt man ihr nahe. Sie macht Klüfte zwischen allen Wesen, und alles will sich verschlingen. Sie hat alles isoliert, um alles zusammenzuziehen. Durch ein paar Züge aus dem Becher der Liebe hält sie für ein Leben voll Mühe schadlos.

Sie ist alles. Sie belohnt sich selbst und bestraft sich selbst, erfreut und quält sich selbst. Sie ist rauh und gelinde, lieblich und schrecklich, kraftlos und allgewaltig. Alles ist immer da in ihr. Vergangenheit und Zukunft kennt sie nicht. Gegenwart ist ihr Ewigkeit. Sie ist gütig. Ich preise sie mit allen ihren Werken. Sie ist weise und still. Man reißt ihr keine Erklärung vom Leibe, trutzt ihr kein Geschenk ab, das sie nicht freiwillig gibt. Sie ist listig, aber zu gutem Ziele, und am besten ists, ihre List nicht zu merken.

Sie ist ganz, und doch immer unvollendet. So wie sies treibt, kann sies immer treiben.

Jedem erscheint sie in einer eignen Gestalt. Sie verbirgt sich in tausend Namen und Termen, und ist immer dieselbe.

Sie hat mich hereingestellt, sie wird mich auch herausführen. Ich vertraue mich ihr. Sie mag mit mir schalten. Sie wird ihr Werk nicht hassen. Ich sprach nicht von ihr. Nein, was wahr ist und was falsch ist, alles hat sie gesprochen. Alles ist ihre Schuld, alles ihr Verdienst.

veröffentlicht 1783 im Tiefurter Journal
aus: J. W. v. Goethe, Werke, Hamburger Ausgabe in 14 Bänden, dtv, 1998, Band 13, *Naturwissenschaftliche Schriften I*, S. 45ff.

A WEEKLY ILLUSTRATED JOURNAL OF SCIENCE

*"To the solid ground
Of Nature trusts the mind which builds for aye."*—WORDSWORTH

THURSDAY, NOVEMBER 4, 1869

NATURE: APHORISMS BY GOETHE

NATURE! We are surrounded and embraced by her: powerless to separate ourselves from her, and powerless to penetrate beyond her.

Without asking, or warning, she snatches us up into her circling dance, and whirls us on until we are tired, and drop from her arms.

She is ever shaping new forms: what is, has never yet been; what has been, comes not again. Everything is new, and yet nought but the old.

We live in her midst and know her not. She is incessantly speaking to us, but betrays not her secret. We constantly act upon her, and yet have no power over her.

The one thing she seems to aim at is Individuality; yet she cares nothing for individuals. She is always building up and destroying; but her workshop is inaccessible.

Her life is in her children; but where is the mother? She is the only artist; working-up the most uniform material into utter opposites; arriving, without a trace of effort, at perfection, at the most exact precision, though always veiled under a certain softness.

Each of her works has an essence of its own; each of her phenomena a special characterisation: and yet their diversity is in unity.

She performs a play; we know not whether she sees it herself, and yet she acts for us, the lookers-on.

Incessant life, development, and movement are in her, but she advances not. She changes for ever and ever, and rests not a moment. Quietude is inconceivable to her, and she has laid her curse upon rest. She is firm. Her steps are measured, her exceptions rare, her laws unchangeable.

She has always thought and always thinks; though not as a man, but as Nature. She broods over an all-comprehending idea, which no searching can find out.

Mankind dwell in her and she in them. With all men she plays a game for love, and rejoices the more they win. With many, her moves are so hidden, that the game is over before they know it.

That which is most unnatural is still Nature; the stupidest philistinism has a touch of her genius. Whoso cannot see her everywhere, sees her nowhere rightly.

She loves herself, and her innumerable eyes and affections are fixed upon herself. She has divided herself that she may be her own delight. She causes an endless succession of new capacities for enjoyment to spring up, that her insatiable sympathy may be assuaged.

She rejoices in illusion. Whoso destroys it in himself and others, him she punishes with the sternest tyranny. Whoso follows her in faith, him she takes as a child to her bosom.

Her children are numberless. To none is she altogether miserly; but she has her favourites, on whom she squanders much, and for whom she makes great sacrifices. Over greatness she spreads her shield.

She tosses her creatures out of nothingness, and

tells them not whence they came, nor whither they go. It is their business to run, she knows the road.

Her mechanism has few springs—but they never wear out, are always active and manifold.

The spectacle of Nature is always new, for she is always renewing the spectators. Life is her most exquisite invention; and death is her expert contrivance to get plenty of life.

She wraps man in darkness, and makes him for ever long for light. She creates him dependent upon the earth, dull and heavy; and yet is always shaking him until he attempts to soar above it.

She creates needs because she loves action. Wondrous! that she produces all this action so easily. Every need is a benefit, swiftly satisfied, swiftly renewed.—Every fresh want is a new source of pleasure, but she soon reaches an equilibrium.

Every instant she commences an immense journey, and every instant she has reached her goal.

She is vanity of vanities; but not to us, to whom she has made herself of the greatest importance. She allows every child to play tricks with her; every fool to have judgment upon her; thousands to walk stupidly over her and see nothing; and takes her pleasure and finds her account in them all.

We obey her laws even when we rebel against them; we work with her even when we desire to work against her.

She makes every gift a benefit by causing us to want it. She delays, that we may desire her; she hastens, that we may not weary of her.

She has neither language nor discourse; but she creates tongues and hearts, by which she feels and speaks.

Her crown is love. Through love alone dare we come near her. She separates all existences, and all tend to intermingle. She has isolated all things in order that all may approach one another. She holds a couple of draughts from the cup of love to be fair payment for the pains of a lifetime.

She is all things. She rewards herself and punishes herself; is her own joy and her own misery. She is rough and tender, lovely and hateful, powerless and omnipotent. She is an eternal present. Past and future are unknown to her. The present is her eternity. She is beneficent. I praise her and all her works. She is silent and wise.

No explanation is wrung from her; no present won from her, which she does not give freely. She is cunning, but for good ends; and it is best not to notice her tricks.

She is complete, but never finished. As she works now, so can she always work. Everyone sees her in his own fashion. She hides under a thousand names and phrases, and is always the same. She has brought me here and will also lead me away. I trust her. She may scold me, but she will not hate her work. It was not I who spoke of her. No! What is false and what is true, she has spoken it all. The fault, the merit, is all hers.

Kurzbiographien der beteiligten Autoren

BORCHMEYER, DIETER

war 1982–1988 Professor für Theaterwissenschaft an der Universität München und 1988–2006 Ordinarius für Neuere deutsche Literatur und Theaterwissenschaft an der Universität Heidelberg. Seit 2004 ist er Präsident der Bayerischen Akademie der Schönen Künste und Stiftungsratsvorsitzender der Ernst von Siemens-Musikstiftung. 2000 erhielt er den Bayerischen Literaturpreis (Karl Vossler-Preis). Im Oktober 2005 wurde ihm von der Universität Montpellier III (Paul Valéry) der Ehrendoktor verliehen. Er war Gastprofessor an Universitäten in Frankreich (Montpellier), Österreich (Graz) und besonders in den USA. Sein hauptsächliches Arbeitsfeld ist die deutsche Literatur vom 18. bis 20. Jahrhundert und das Musiktheater, mit dem Schwerpunkt auf Goethe, Schiller, Richard Wagner und Thomas Mann. Von seinen Publikationen (selbständigen Büchern, Editionen und Aufsätzen) sind namentlich zu erwähnen: *Tragödie und Öffentlichkeit*. Schillers Dramaturgie (1973), *Höfische Gesellschaft und Französische Revolution bei Goethe* (1977), *Das Theater Richard Wagners* (1982), *Macht und Melancholie*. Schillers Wallenstein (1988, überarbeitete Neuauflage 2003), *Richard Wagner – Theory and Theatre* (1991), *Weimarer Klassik. Portrait einer Epoche* (1994, erweiterte Neuauflage 1998), *Goethe. Der Zeitbürger* (1999), *Richard Wagner. Ahasvers Wandlungen* (2002, amerikanische Ausgabe: *Drama and the World of Richard Wagner*, 2003) und: *Mozart oder die Entdeckung der Liebe* (2005).

CREMER, CHRISTOPH

1964–1970 Studium der Physik an den Univ. Freiburg und München; 1970 Diplom in Physik; 1970–1979 Wiss. Mitarbeiter am Inst. f. Humangenetik und Anthropologie Univ. Freiburg; 1976 Promotion zum Dr. rer. nat. in Biophysik/Genetik; 1980–1983 Forschungstätigkeit am Lawrence Livermore National Laboratory, Univ. of California; 1983 Dr. med. habil. für Allg. Humangenetik und Experimentelle Cytogenetik (Med. Fak. d. Univ. Freiburg). Seit Okt. 1983 Prof. für Angewandte Optik und Informationsverarbeitung an der Univ. Heidelberg (Fak. für Physik und Astronomie; 2004 Ordinarius); 1987 wiss. Gründungsmitglied des Inst. f. Wiss. Rechnen der Univ. Heidelberg; 1999 Mitglied des Senats der Univ. Heidelberg (Wiederwahl 2002, 2004, 2006); 2002 Ausw. Wiss. Mitglied des Jackson Laboratory, Bar Harbor/Maine; 2005 Leiter Biophysik der Genomstruktur, Institut für Pharmakologie und Molekulare Biotechnologie der Univ. Heidelberg; 2006 Zweiter Sprecher des Senats der Univ. Heidelberg.

CREMER, THOMAS

Nach dem Studium der Humanmedizin (1964-1970) und der Approbation als Arzt (1971) wurde der wissenschaftliche Weg von der Suche nach evolutionär konservierten, generell gültigen Prinzipien und zell-typspezifischen Besonderheiten der Zellkernarchitektur bestimmt. Forschungstätigkeit an den Instituten für Anthropologie und Humangenetik der Universitäten Freiburg i. Br. (1972-1978; Promotion zum Dr. med. 1973) und Heidelberg (1978-1996; 1983 Habilitation für das Fach Humangenetik). 1996 Berufung auf den Lehrstuhl für Anthropologie und Humangenetik an der Ludwig Maximilians Universität, München. Aufenthalte als Gastwissenschaftler am Max-Planck Institut für experimentelle Medizin, Göttingen (1972), an der University of California, Irvine (1978), an der Yale University, New Haven (1986-1988) und an der Washington University, St. Louis, Missouri (1989 und 1990). Seit 2002 korrespondierendes Mitglied der Heidelberger Akademie der Wissenschaften; seit 2006 Mitglied der Deutschen Akademie der Naturforscher Leopoldina.

DOSCH, H. GÜNTER

Hans Günter Dosch, 1955-1960 Studium der Physik in Heidelberg und Paris. 1963 Promotion in Theoretischer Physik (Heidelberg). 1963-1969 Wissenschaftlicher Mitarbeiter u. a. am Europäischen Forschungszentrum CERN, Genf, und am Massachusetts Institute of Technology, Cambridge, Mass. Seit 1969 ordentlicher Professor für Theoretische Physik an der Universität Heidelberg, seit 2002 emeritiert. Arbeitsgebiet: Theorie der Elementarteilchen Zahlreiche Originalbeiträge in physikalischen, neuerdings auch neurophysiologischen Fachzeitschriften. Mitautor einer Monographie über Hochenergiestreuung und Autor eines populärwissenschaftlichen Buches über Elementarteilchenphysik.
homepage: http://www.thphys.uni-heidelberg.de/dosch

HO, ANTHONY D.

1975 Approbation als Arzt, Ärztekammer Nordbaden; 1982 Habilitation an der Fakultät für Klinische Medizin 1 der Univ. Heidelberg; 1982-1983 Honorary Lecturer, Dep. of Hematology, Royal Free Hospital und School of Medicine, Hampstead; 1983-1990 (Leitender) Oberarzt der Abteilung für Innere Medizin V, Univ. Heidelberg; 1989 apl. Professor Univ. Heidelberg; 1990-1992 Full Professor, Dep. of Medicine, University of Ottawa; 1990-1992 Director of Research, Northeastern Ontario Regional Cancer Center, Sudbury, Ontario; 1991-1992 Adjunct Professor, Department of Chemistry, Laurentian University, Sudbury, Ontario; 1992-1998 Professor of Medicine, Department of Medicine, University of California, San Diego; 1992-1998 Director of Bone Marrow Transplantation and Malignant Hematology Program, UCSD Cancer Center, University of California, San Diego; California 1996-1998 Chief, Division of Hematology-Oncology, University of California San Diego; seit 1998 Ordinarius und Ärztlicher Direktor der Abteilung Innere Medizin V, Univ. Heidelberg. Mitglied in zahlreichen internationalen Fachkommissionen.

HUBER, PETER

Studium der Germanistik, Theaterwissenschaft, Musikwissenschaft und Informatik in München, Promotion über Hermann Hesse, bis 2007 wiss. Angestellter an der Universität Heidelberg, dazwischen Gastprofessuren an der University of Massachusetts, Amherst und an der Universität Montpellier; Hauptarbeitsgebiete: Goethe(-zeit), moderne Literatur, Literatur und Naturwissenschaft; (Mit-)Herausgeber der Goethe-Ausgaben des Deutschen Klassiker und des Artemis & Winkler Verlags, Rezensent der Fachzeitschrift *Germanistik*; Mitarbeit am Goethe-Handbuch und am Historischen

Wörterbuch der Rhetorik, Arbeiten zu Kosmologie und Wissenschaftsgeschichte.
Weitere Veröffentlichungen in thematischer Auswahl: *Naturforschung und Meßkunst.* Spuren Goethescher Denkart in der frühen Quantentheorie, Hamburg 2000; *Kreativität und Genie in der Literatur.* In: Heidelberger Jahrbuch 2000. Hrsg. v. Rainer Holm-Hadulla, Heidelberg 2000; *Goethes und Schellings Naturphilosophie: Antizipation moderner Naturwissenschaft?* In: Antizipation in Kunst und Wissenschaft. Hrsg. v. Friedrich Gaede und Constanze Peres, Tübingen 1997; *Does the Velocity of Light Decrease?* In: Apeiron 14 (1992); *The Static Universe of Walther Nernst.* In: Apeiron vol. 2, no. 3 (1995); *A Cosmologic Model Based on the Equivalence of Expansion and Light Retardation,* Part 1: Large-Scale Aspects (www.Arxiv.org/gr-qc/0211077); Part 2: Quantum Aspects and Quanta (www.Arxiv.org/gr-qc/0212009).
Auf dem Steinenberg 13, 72622 Nürtingen. Huber-Kellerer@t-online.de

LOHFF, BRIGITTE

Studium der Psychologie in Hamburg; kurzfristig Kriminalpsychologin an der Justizbehörde Hamburg. Studium der Geschichte der Naturwissenschaften, Zoologie und Philosophie in Hamburg; Promotion zum Dr. rer. nat. 1986 Habilitation im Fach «Geschichte der Medizin» an der Universität in Kiel. 1994 Ruf auf den Lehrstuhl für Geschichte der Medizin des Instituts für Geschichte, Ethik und Philosophie der Medizin an der Medizinischen Hochschule Hannover.
Forschungsschwerpunkte: Einfluß der Philosophie auf die Medizin im 18. und 19. Jahrhundert, Geschichte der Medizin im Nationalsozialismus; Gender medicine.
Neue Publikationen zum Themenfeld der Medizin im Nationalsozialismus: *From Berlin to New York: Life and Work of the allmost forgotten German-Jewish biochemist Carl Neuberg (1877–1956)* 2007; *Carl Neuberg (1877–1956) – Biochemie, Politik und Geschichte. Lebenswege eines fast verdrängten Forschers.* 2006 sowie «... *die Grundgedanken des Nationalsozialismus aufsaugen und verarbeiten.» Die politisch-ideologische Funktion der Medizinischen Fakultät der Christian-Albrechts-Universität zu Kiel 1933–1945.* Jahrbuch für Universitätsgeschichte, 8, (2005) 211–234.
Zum Einfluss der Philosophie auf die Medizin erschien die Arbeit: *Johannes Müller: Integration und Transformation naturphilosophischer Naturinterpretation.* In: Olaf Breitbach, Thomas Bach (Hrsg.): *Naturphilosophie nach Schelling.* 2005, S. 331–370.
Im Feld der Genderforschung sind neuere Publikationen: *Klinische Forschung in der Gender medicine.* In: *Gender, kulturelle Identität und Psychotherapie,* hrsg. von M. Neises. 2007, S.15–25. und gemeinsam mit Anita Rieder: *Gender Medizin. Geschlechtsspezifische Aspekte für die klinische Praxis,* 2004 (2. Auflage erscheint 2008).

MAHLKNECHT, ULRICH

Geb. 1967 in Ravensburg; Medizinstudium in Bochum, Tübingen, Paris und Birmingham (UK); 1996 Approbation als Arzt (Universität Freiburg im Breisgau), Ärztekammer Südbaden; 1997 ECFMG, 1998 PhD an der State University of New York, 2002 Facharzt für Innere Medizin; 2003 Schwerpunktbezeichnung Hämatologie und Internistische Onkologie (Johann Wolfgang Goethe Universität Frankfurt); seit 2004 Oberarzt an der Universität Heidelberg, Abteilung für Hämatologie/Onkologie, Task-Force Leiter für Akute Leukämien und das Myelodysplastische Syndrom. 2005 Leiter MDS Center of Excellence Heidelberg; 2005 Vertrauensdozent der Studienstiftung des Deutschen Volkes. Seit 2007 Direktor des José Carreras Forschungszentrums für Immuntherapie und Gentherapie an der Universität des Saarlandes. Mitglied in zahlreichen internationalen Fachkommissionen.

Mancino, Letizia

In Rom geboren, dort Studium der Architektur (Università La Sapienza). 1976 Staatsexamen und Promotion. 1978/1979 Aufbaustudium in Denkmalpflege (ICC-ROM/International Centre for the Study of the Preservation and the Restauration of Cultural Property, Rom). Seit 1976 Architektin in Rom: u. a. Entwürfe für Projekte der königlichen Familie in Saudi-Arabien. Seit 1984 in Heidelberg: u. a. Anfertigung von Zeichnungen für die Rekonstruktion der historischen Leuchter der Alten Aula der Universität sowie der Universitätsbibliothek Heidelberg. Künstlerische Gestaltung der Ausstellung «Bibliotheca Palatina» (1986), sowie architektonische Planung und Gestaltung der Ausstellung «Codex Manesse» (1988), Universitätsbibliothek Heidelberg. Ausstellungen «Zu Goethes Farbenlehre» 1991 und 1999 (Universitätsbibliothek Heidelberg). Seit 1991 als Malerin tätig mit zahlreichen Ausstellungen u. a. in Rom, Heidelberg, Mannheim, Speyer, Ludwigshafen, Neustadt (Weinstraße), Chemnitz, Koblenz, Mainz sowie Bar Harbor und Castine (Maine, USA). Dauerausstellungen/Leihgaben: «Der Dom zu Speyer – Im Spiel der Farben» im Speyerer Dom: «Confluentia – Licht an Rhein und Mosel» im Kurfürstlichen Schloß Koblenz; Zeichnungen zur Rekonstruktion historischer Leuchter in der Universitätsbibliothek Heidelberg; «Architekturen im Licht» in der Konrad-Adenauer-Stiftung in-Mainz: «Italienische Impressionen» in den Reiss-Engelhorn-Museen Mannheim; «Portraits Of The Jackson Laboratorys» in The Jackson Laboratory, Bar Harbor, Maine/USA. 1979–1998 Mitarbeiterin der Zeitschrift «Ars Uomo» (Rom). Aufsätze über Kunst, Denkmalpflege, u. a. *Restauro e Codice Genetico*. 1991 Veröffentlichung des Gedichtbandes: *Luce ed ombra – Licht und Schatten*. 2007 Veröffentlichung der Gedichte *Sage nicht Tod* (in Memoriam Hilde Domin). Seit 1992 Vorsitzende der Goethe-Gesellschaft Heidelberg. 2003 Herausgeberin (zusammen mit Dieter Borchmeyer) des Buches *Homunculus – Der Mensch aus der Phiole*. Weitere Informationen: www.letizia-mancino.eu.

Mohr, Hans

Prof. Dr. rer. nat. Dres. h. c., geb. 1930. Studium der Biologie, Physik und Philosophie. Promotion 1956; anschließend Stipendiat in den USA. Seit 1960 bis zur Emeritierung 1997 o. Professor für Biologie an der Universität Freiburg i. Br. Gastprofessuren in den USA. Von 1992 bis 1996 Direktor an der Akademie für Technikfolgenabschätzung in Stuttgart. Breit gefächerte Politikberatung, u. a. Mitglied der Umweltkommission und des Innovationsbeirats der Landesregierung. Forschungsschwerpunkte: Molekulare Grundlagen der Entwicklung, Erkenntnistheorie. Buchveröffentlichungen (Auswahl): *Wissenschaft und menschliche Existenz* (1968), *Structure and Significance of Science*. (1977), *Biologische Erkenntnis* (1981), *Natur und Moral* (1987), *Qualitatives Wachstum* (1995), *Wissen – Prinzip und Ressource* (1999), *Strittige Themen im Umfeld der Naturwissenschaften* (2005).
Biologisches Institut II, Schänzlestraße 1, 79104 Freiburg.
felicitas.adobatti@biologie.uni-freiburg.de

Osten, Manfred

Studium der Rechtswissenschaften, Philosophie, Musikwissenschaft und Literatur in Hamburg und München. Promotion *Über den den Naturrechtsbegriff in den Frühschriften Schellings*. 1969 Eintritt in den Auswärtigen Dienst mit Stationen in Frankreich, Kamerun, Tschad, Ungarn, Australien und Japan. 1993 Leiter des Osteuropa-Referats im Presse- und Informationsamt der Bundesregierung. Von 1995 bis Januar 2004 Generalsekretär der Alexander von Humboldt-Stiftung in Bonn.
Mitglied der Akademie der Wissenschaften und Literatur, Mainz. «Order of the Rising Sun», Japan (1993). Ehrendoktor der Bulgarischen Akademie der Wissen-

schaften und der Universitäten Bukarest, Pécs und Iasi.
Veröffentlichungen: *Die Erotik des Pfirsichs*. 12 literarische Porträts japanischer Schriftsteller. Hrsg. *Alexander von Humboldt: Über die Freiheit des Menschen*; *Alles veloziferisch oder Goethes Entdeckung der Langsamkeit*; *Das geraubte Gedächtnis. Digitale Systeme und die Zerstörung der Erinnerungskultur*; *Die Kunst, Fehler zu machen*. Über 30 Fernsehgespräche mit Alexander Kluge.

SELLER, HORST

geb. 1938, Prof. em. für Physiologie. Studium der Medizin in Göttingen und München; 1964 Promotion Göttingen; 1968 Habilitation München. 1970-71 Forschungsaufenthalt am Down State Medical Center, Brooklyn, New York. 1974 Berufung auf den Lehrstuhl für Physiologie am 1. Physiologischen Institut der Universität Heidelberg. Arbeitsgebiete: Regulation und Steuerung der Aktivität des vegetativen Nervensystems; Herz-Kreislaufregulation; Atmungs-Kreislauf-Interaktion.
Andreas-Hofer-Weg 40, 69121 Heidelberg

AIG I. Hilbinger Verlag
Edition Literatur

HEINRICH SCHIRMBECK

Heinrich Schrimbecks Erzählungen erinnern an E.T.A. Hoffmanns und Edgar Allan Poes skurrile Alpträume, sie leiten uns in eine Welt der Zeichen, der magischen Wiederkehr, der unscharfen Identitäten, der verschwimmenden Grenzen zwischen Traum und Realität, Gegenwart und Vergangenheit. Stets geben Sie eine „unerhörte Begebenheit" im Goetheschen Sinn, ungewöhnliche, ja unheimliche Erfahrungen und Konflikte. „Souverän wandelt der Erzähler Schirmbeck durch Grenzräume menschlicher Existenz, durch die Abgründe der Seele." (W. Hädecke in der „Stuttgarter Zeitung").

Heinrich Schirmbeck wurde 1915 in Recklinghausen geboren. Früh zeichnete sich sein soziales Engagement, das Interesse für Politik und Wirtschaft ab. Der hoch Begabte, dem ein Studium verwehrt blieb, arbeitete für das Feuilleton der „Frankfurter Zeitung", wo seine ersten Erzählungen erschienen. Gefördert von Peter Suhrkamp war Schirmbeck nach der Kriegsgefangenschaft Mitarbeiter verschiedener Zeitungen und Rundfunksender. 1957 erschien sein großer Roman *Ärgert Dich Dein rechtes Auge*, über den die New York Times urteilte: „... das Beste was nach Thomas Manns Zauberberg erschien!" In der Folge veröffentlichte er den Roman *Der junge Leutnant Nicolai*, eine biologisch-philosophische Anthropologie, zahlreiche Essaybände und wissenschaftliche Artikel und Radiobeiträge. Schirmbeck, neben anderem Mitglied des PEN und der Deutschen Akademie für Sprache und Dichtung, setzte sich weltweit für Frieden und Menschenrechte ein. Nach 1985 wurde es still um ihn, den Walter Jens „ein(en) Schriftsteller, der auf seinem Feld im deutschen Sprachraum keinen Konkurrenten hat," nannte. Schirmbeck starb 2005 in Darmstadt, resigniert und bettelarm.

Ärgert dich dein rechtes Auge
Roman – mit einem Nachwort von Karlheinz Deschner
29,50 € – ISBN 3-927110-19-1

„Es ist ein makabrer Gesang, den Schirmbeck hier schrieb, vibrierend von Widersprüchen wie das Leben, faszinierend und abstoßend, hingebungsvoll, zynisch, obszön, nervöskapriziös, blasiert, hysterisch und pervers, Spiegelbild von etwas Furchtbarem, das täglich in der Welt geschieht, eine bestürzende Vision vom Untergang des Abendlandes, ein belletristisches Meisterwerk."
KARLHEINZ DESCHNER

Die Pirouette des Elektrons
Meistererzählungen – mit einem Nachwort von Robert Jungk
27,50 € – ISBN 3-927110-20-5

„Heinrich Schirmbeck ist bis heute der einzige deutsche Schriftsteller geblieben, der versucht hat, die Veränderung der Welt und der Menschen durch die wissenschaftlich-technische Veränderung der letzten Jahrzehnte in seinen Erzählungen und Romanen zu erfassen. Er ist ein literarischer Pionier."
ROBERT JUNGK

Der Kris
Novelle – herausgegeben von Gerald Funk
12,90 € – ISBN 3-927110-21-3

„Erstveröffentlichung der 1942 entstandenen Novelle. Schirmbecks Erzählung um den dämonischen Fluch eines javanischen Dolches, des Kris, ist ein nicht unbedeutendes Beispiel für das, was man die ‚verdeckte Schreibweise' oder die ‚ästhetische Opposition' der im Dritten Reich herangewachsenen jungen Autorengeneration genannt hat."
GERALD FUNK

Jubiläumsausgabe
Drei Bände im Schuber
63,00 € – ISBN 3-927110-22-1

AIG I. Hilbinger Verlag
Edition Literatur

Letizia Mancino

Die gebürtige Römerin, promovierte Architektin, ist seit 1983 in Heidelberg als Architektin und Künstlerin tätig. Zu ihrer ersten Ausstellung in der Universitätsbibliothek Heidelberg (1991) erschien ihr Gedichtband *Licht und Schatten* in den Heidelberger Bibliotheksschriften Bd. 42. Seit 1980 ist sie Mitarbeiterin der italienischen Zeitschriften *Ars Uomo, I Beni Culturali* und *Archetipo*. Sie ist seit 1992 Vorsitzende der Goethe-Gesellschaft Heidelberg. Herausgeberin des Buches *Homunculus – Der Mensch aus der Phiole* (2003) zusammen mit Dieter Borchmeyer. Prägend war ihre 1999 entstandene Freundschaft mit Hilde Domin. Frau Mancino übertrug ihre Gedichte ins Italienische.

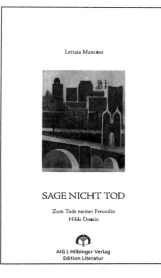

SAGE NICHT TOD

Zum Tode meiner Freundin Hilde Domin

Gedichte
Mit einem Gemälde der Autorin
12,90 €

Die Gedichte, die in diesem Band versammelt sind und uns heute von Letizia Mancino vorgestellt werden, entstanden unmittelbar nach dem Tod von Hilde Domin. Sie erzählen den letzten Tag und die letzte Stunde im Leben der Dichterin. Sie sprechen über den Tod und über eine Freundschaft, die den Tod überdauert. Die Texte sind ein Gespräch, eine Fortsetzung der Gespräche, die im Leben stattgefunden haben. Fragen, die Hilde Domin bewegten, sei es Liebe oder die Frage nach Gott, sei es der Tod oder die Einsamkeit in der Vertreibung, sie alle finden in den Gedichten eine poetische Antwort.

»Merke es Dir: Sage nicht Tod. Dies ist Täuschung«